水稻生产知识与问题之释

李伟平 编著

暨南大學出版社
JINAN UNIVERSITY PRESS

中国·广州

图书在版编目（CIP）数据

水稻生产知识与问题之释/李伟平编著．—广州：暨南大学出版社，2014.12
ISBN 978－7－5668－1281－0

Ⅰ．①水…　Ⅱ．①李…　Ⅲ．①水稻—生长发育—基本知识②水稻栽培—基本知识　Ⅳ．①S511

中国版本图书馆 CIP 数据核字（2014）第 275928 号

出版发行：暨南大学出版社

地　址：中国广州暨南大学
电　话：总编室（8620）85221601
营销部（8620）85225284　85228291　85228292（邮购）
传　真：（8620）85221583（办公室）　85223774（营销部）
邮　编：510630
网　址：http://www.jnupress.com　http://press.jnu.edu.cn

排　版：广州市天河区东棠尚诚图文快印服务部
印　刷：佛山市浩文彩色印刷有限公司

开　本：787mm×960mm　1/16
印　张：12
彩　插：24
字　数：240 千
版　次：2014 年 12 月第 1 版
印　次：2014 年 12 月第 1 次

定　价：35.80 元

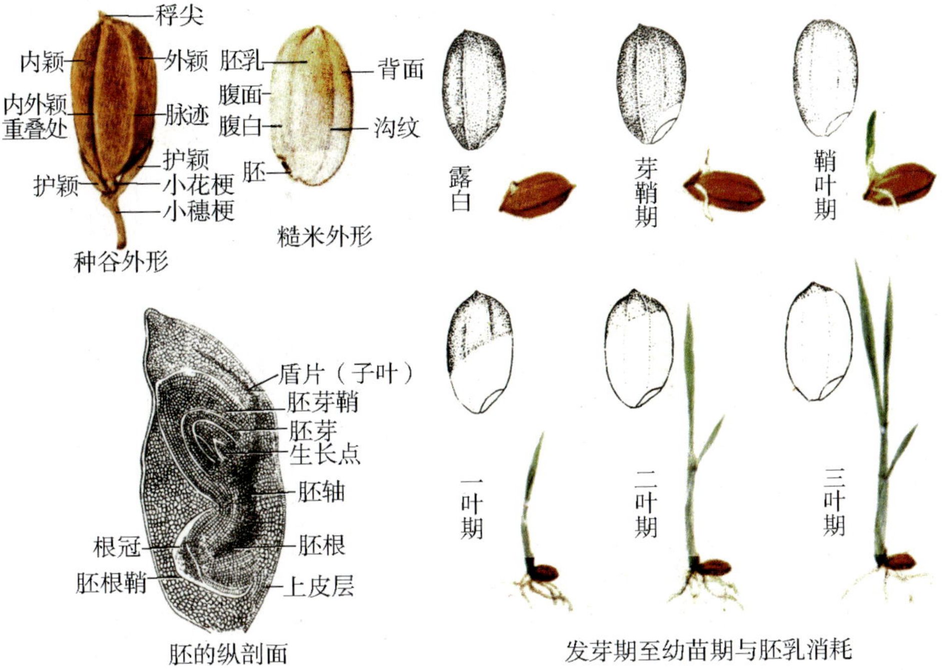

彩图 1　发芽期至幼苗期

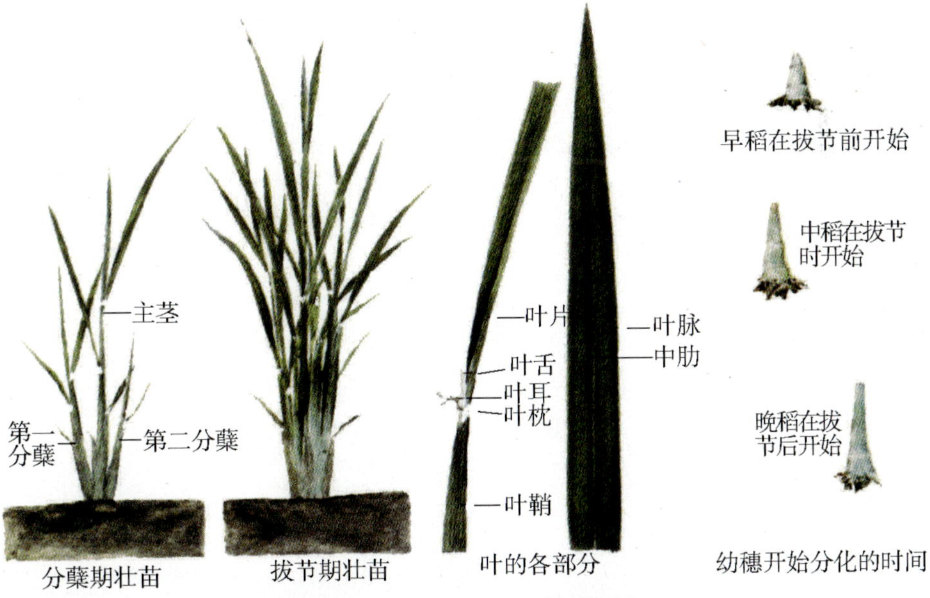

彩图 2　分蘖、拔节与幼穗分化期

植株形态

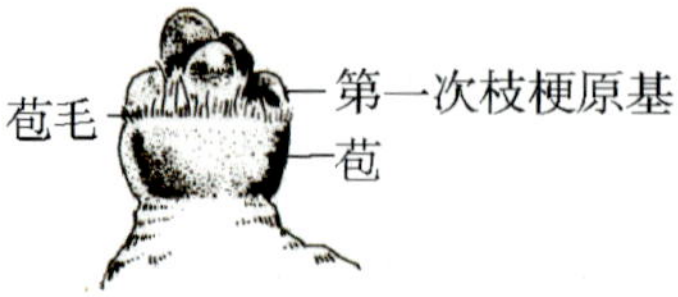

第一次枝梗分化期幼穗外形

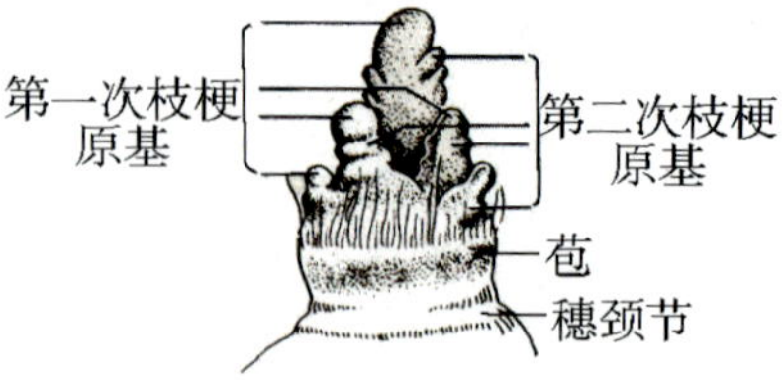

第二次枝梗分化期幼穗外形

枝梗分化期需5 ~ 7天，是决定第一、第二次枝梗总数的时期，在第二次枝梗分化出现白毛时，肉眼可以看出。

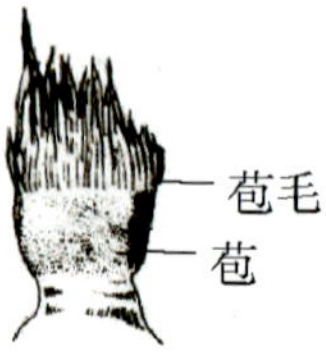

颖花分化期幼穗外形

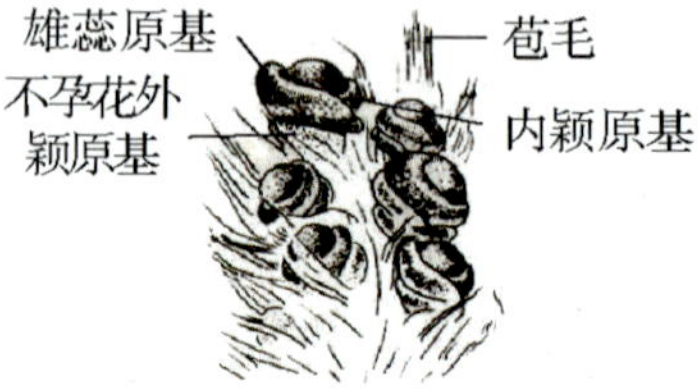

颖花分化期的一个枝梗

植株形态

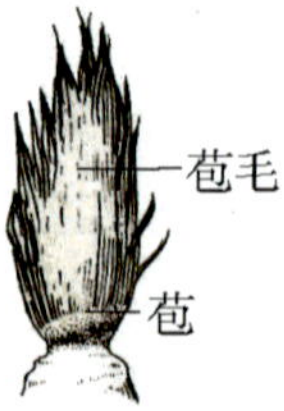

雌雄蕊形成期幼穗外形

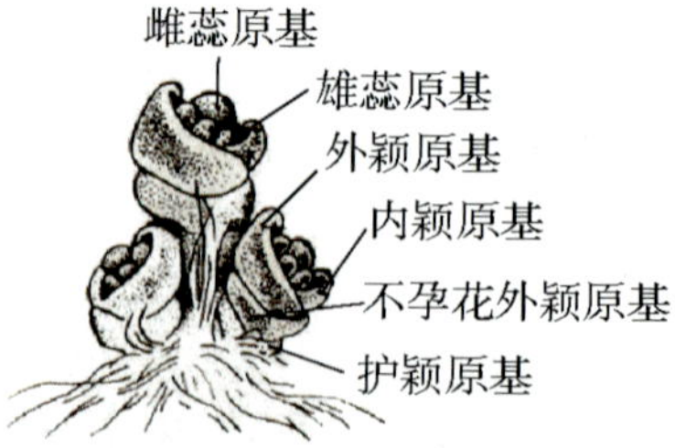

雌雄蕊形成期的一个枝梗

颖花分化期约需12天，是决定颖花总数的时期，幼穗长度为0.1 ~ 1.0厘米。

彩图3　枝梗分化期与颖花分化期

减数分裂期，一朵颖花只需2天左右，而就一穗而言，从始期到末期，一般要5～7天。

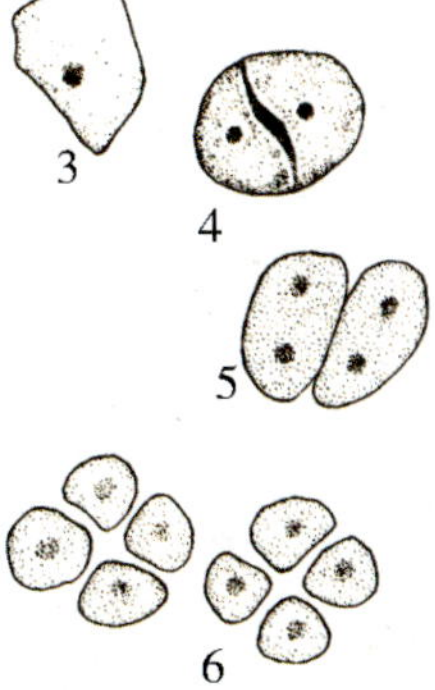

1.幼穗外形
2.幼穗中上部的一个小穗
3.花粉母细胞
4.第一次分裂完毕
5.第二次分裂开始
6.第二次分裂完毕，形成四分体

减数分裂初期：早稻剑叶叶枕在倒二叶叶枕之下约6厘米。中稻和连作晚稻均约7厘米。
减数分裂末期：早稻剑叶叶枕约与倒二叶叶枕相齐，中稻和连作晚稻均约伸出5厘米。

彩图4　花粉母细胞减数分裂期

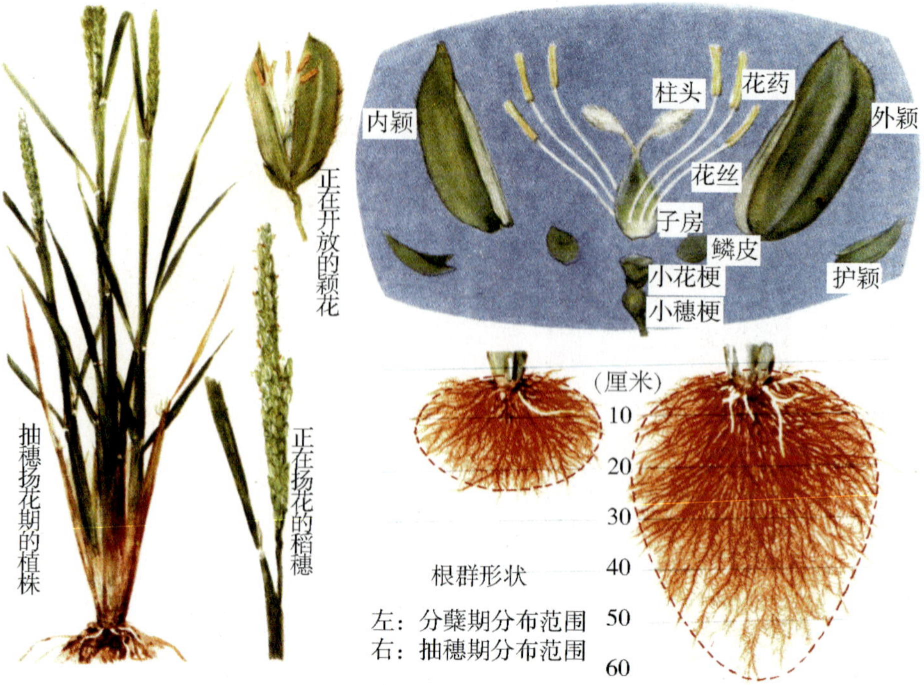

彩图 5　抽穗扬花期

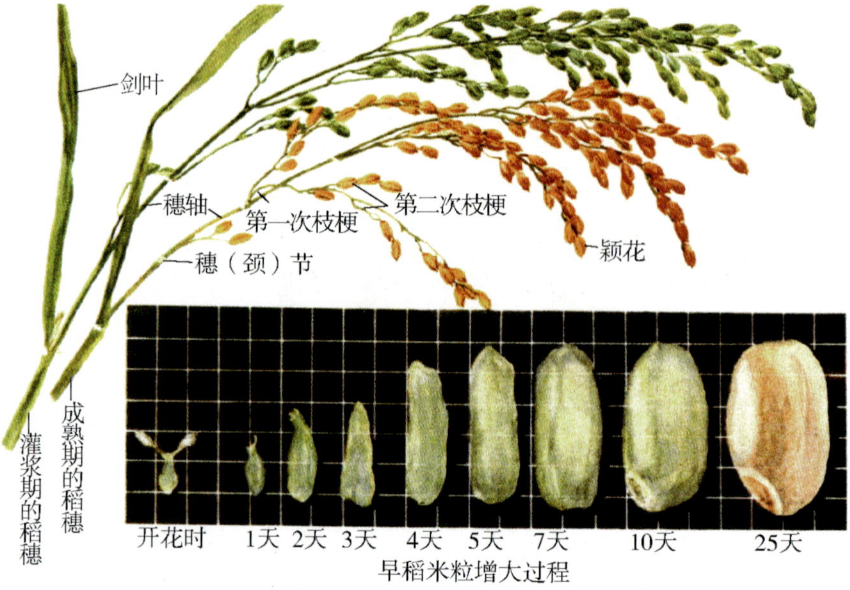

彩图 6　灌浆成熟期

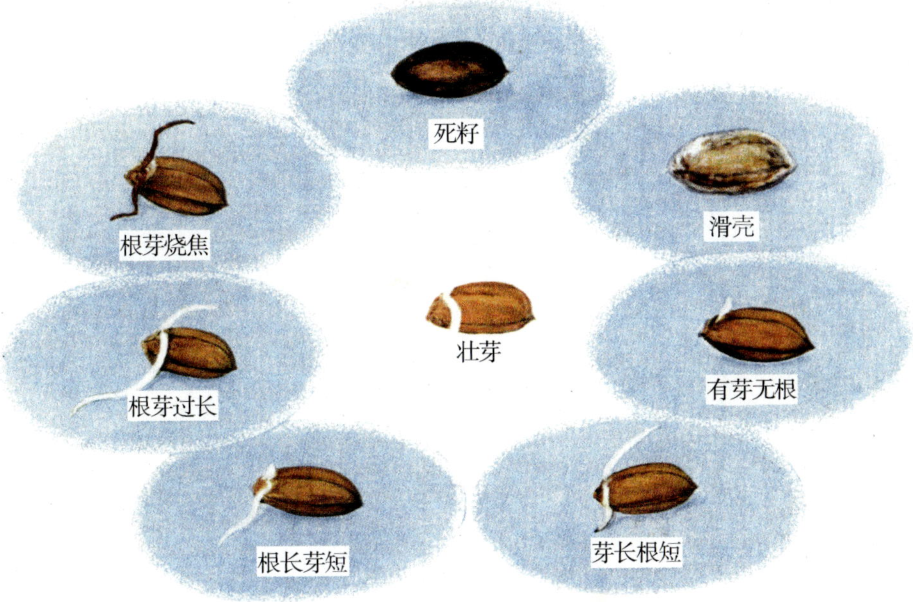

彩图 7　催芽不当使芽生长不良的现象

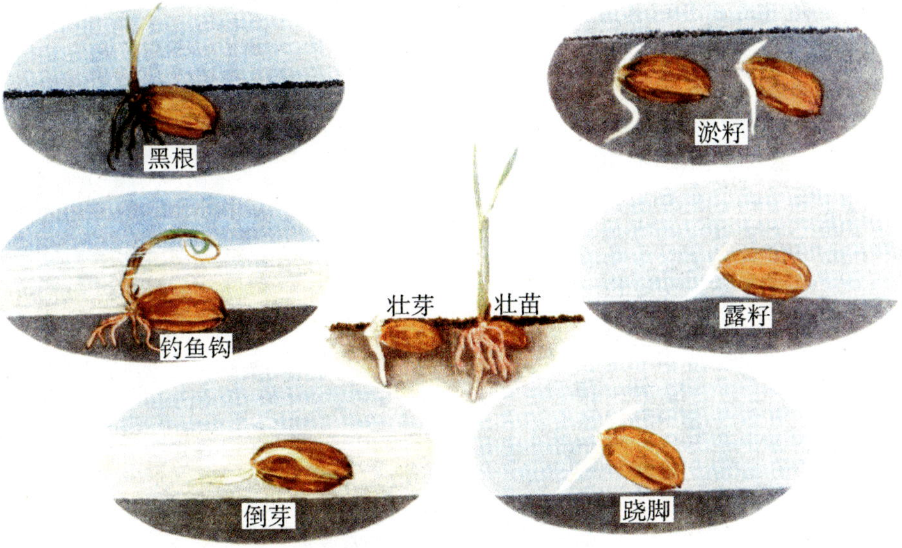

彩图 8　烂芽的现象

1. 青枯死苗　2. 黄枯死苗　3. 寒害苗　4. 低温黄苗　5. 脱肥黄苗　6. 黑根黄苗
7. 白化苗　8. 白条斑苗

彩图 9　幼苗生长不良的现象

（一）节节白（黄）：1. 病株　2. 病叶　（二）冷水发僵：3. 病丛　4. 冷泉冒出状
（三）低温发僵：5. 病丛　6. 病叶

彩图 10　节节白（黄）和冷害发僵

彩图 11　深插发僵

彩图 12　氮、磷、钾三要素比较

彩图 13　水稻氮素失调的症状

彩图 14　水稻钙、镁、硫、硅素失调的症状

苗期水稻缺氮的长势　　　　　　（鲁剑巍　拍摄）

分蘖中期水稻严重缺氮的症状　　　　（王　筝　拍摄）

彩图 15　水稻不同时期缺氮的症状

水稻缺磷叶片的典型症状　　（鲁剑巍　拍摄）

分蘖期水稻缺磷的症状　　（鲁剑巍　拍摄）

彩图 16　水稻缺磷的症状

分蘖期水稻严重缺钾的症状　　　　　　（李　昆　拍摄）

水稻缺钾叶片的典型症状　　　　　　（王　筝　拍摄）

彩图 17　水稻缺钾的症状

水稻缺镁叶片的典型症状　　　　（鲁剑巍　拍摄）

水稻严重缺镁叶片的症状　　　　（鲁剑巍　拍摄）

彩图 18　水稻缺镁的症状

水稻缺硅叶片的症状 （鲁剑巍　拍摄）

分蘖期水稻严重缺硅的症状 （鲁剑巍　拍摄）

彩图 19　水稻缺硅的症状

水稻缺钙的典型症状　　　　　（佚　名　拍摄）

成熟期水稻缺钙的症状　　　　　（鲁剑巍　拍摄）

彩图 20　水稻缺钙的症状

苗期水稻缺硫的症状　　　　（佚　名　拍摄）

分蘖期水稻缺硫的症状　　　　（鲁剑巍　拍摄）

彩图 21　水稻缺硫的症状

育苗期水稻缺铁的典型症状　　　　（佚　名　拍摄）

苗期水稻严重缺铁的症状　　　　（鲁剑巍　拍摄）

彩图 22　水稻缺铁的症状

水稻缺锌叶片的症状　　　　（佚　名　拍摄）

冷浸田水稻缺锌的症状　　　　（佚　名　拍摄）

彩图 23　水稻缺锌的症状

水稻严重缺锰的典型症状　　　　　（鲁剑巍　拍摄）

水稻缺锰叶片的典型症状　　　　　（佚　名　拍摄）

彩图 24　水稻锰素失调的症状（Ⅰ）

缺 锰　　　　锰 害

彩图 24　水稻锰素失调的症状（Ⅱ）

缺 硼　　　　硼 害

彩图 25　水稻硼素失调的症状

1~3. 稻脚青或稻宁等明机砷农药的药害　4. 2甲4氯或2，4-滴丁酯等除草剂的药害　5. 施用柴油等杀虫的油害　6. 施用六六六等农药的黏附性药害

彩图26　药　害

青立：1. 病穗　旱青立：2 ~ 4. 各种畸形穗　5 ~ 11. 各种畸形的颖花

彩图 27　青立和旱青立

（摄于五华县大田镇）

（摄于梅县西阳镇）

彩图 28　水稻幼穗分化发育期间，受农药为害，造成“死苞”的现象

彩图 29　左边两株水稻幼穗致死后，出现高位分蘖的现象

彩图 30　稻穗受药为害的现象

前　言

“民以食为天，食以稻为先。”水稻是世界上最主要的粮食作物之一，也是我国最主要的粮食作物，水稻播种面积仅占全国粮食作物的1/4，而产量则占一半以上，60%以上的人口都以稻米为主食。

“稻丰收，国无忧。”发展水稻生产，提高单产，增加总产，是我们长期不懈努力的目标。1980年后，杂交水稻的发展和大面积的推广种植，给水稻生产带来了质的飞跃，使水稻单产在矮秆良种的基础上提高了20%左右，在保障国家粮食安全、社会稳定中占有举足轻重的地位。

水稻高产栽培，是在人的主观能动作用下，协调水稻与土壤、气候、养分、病虫等因素动态平衡的结果。水稻生产过程中，不可避免地会出现一些问题，都需要我们及时地发现并给予解决，才能达到粮食创高产的预期目标。

我在农业战线工作近40年，在其中深有体会：要做好技术工作，除深入生产实践外，最重要的是要有较深厚的基础理论知识，方能在工作实践中运用自如，及时解决生产中出现的问题，或指导农业生产。为此，本书编著方法如下：一是介绍水稻的一生各生长发育时期的基础理论知识；二是描述水稻各生长发育时期的生理需求及未能满足要求条件下引发的问题；三是纪实或释疑水稻生产中出现的问题与事例。本书通过这三方面的编写，祈望能对农业技术干部、种子工作者和农民群众，在生产实践中起到借鉴和启发的作用。

在本书编辑过程中，得到了梅州市农业局的重视，其专门成立编委会指导编著工作，并提供素材，审修文稿，凝聚着集体智慧；本书参考了有关的书籍和资料，并且得到有关人士的支持和帮助。在此，我谨表示衷心感谢！
由于编著水平有限，书中有不妥或错误之处，欢迎读者批评指正。

李伟平

2014年10月于梅州

目　录

第一章　种子的形态构造与内在要素

水稻从种子开始，经萌发、育秧、分蘖、孕穗和开花结实的全过程，叫作水稻的一生。水稻的一生有其自身各阶段的生长发育规律，遵循其生长发育规律，通过人的智慧来充分发挥它的增产潜力，方能达到水稻高产的目的。为此，稻种的选择、质量的判断、品质的优劣和种子的保管等，都与种子的基础理论知识有着密切联系，我们需要了解稻种的形态构造和特征。

第一节　水稻种子的形态构造和解剖

1. 稻谷的形态构造

谷粒由谷壳和糙米两个部分构成。谷壳包括护颖及内外稃（或称内颖和外颖），护颖是着生在籽粒基部的一对披针形状的小片，实质是第一、第二不孕花退化后的外稃；内外稃各一片包裹着整个籽粒，其顶端称为稃尖，稃尖若伸长则为芒（见图 1–1）。水稻的品种、组合多种多样，其护颖、内外稃和芒的颜色及其特征各不相同，可以作为鉴定品种、组合的依据。

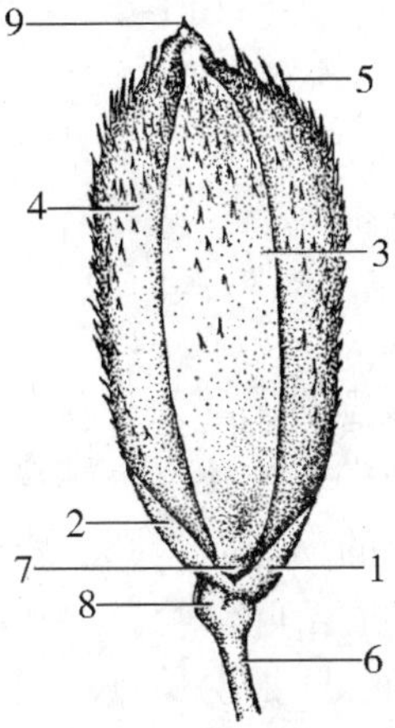

图 1–1　谷粒的外形

1. 第一不孕花外稃
2. 第二不孕花外稃　3. 外稃
4. 内稃　5. 茸毛　6. 小穗梗
7. 小花梗　8. 副护颖　9. 稃尖

糙米由皮层（包括果皮和种皮）、胚乳及胚三部分组成。果皮包括表皮、中层横细胞和管状细胞；种皮以内是糊粉层，最内部分是淀粉层细胞组成的胚乳；米粒胚所在一侧是腹面，另一侧是背面，背面有一条沟，称为背沟；米粒两侧有两条纵沟，称为侧纵。

2. 稻谷的解剖

稻谷的纵剖面：从外至内分别为颖毛、内颖、糊粉层、内胚乳、护颖 、芒、外颖 、果皮及种皮、子叶盘、胚芽、胚根、护颖（见图 1 –2）。

谷壳的横剖面：从外至内分别为外表皮、皮下组织、海绵柔组织、内表皮、叶绿素（见图 1 –3）。

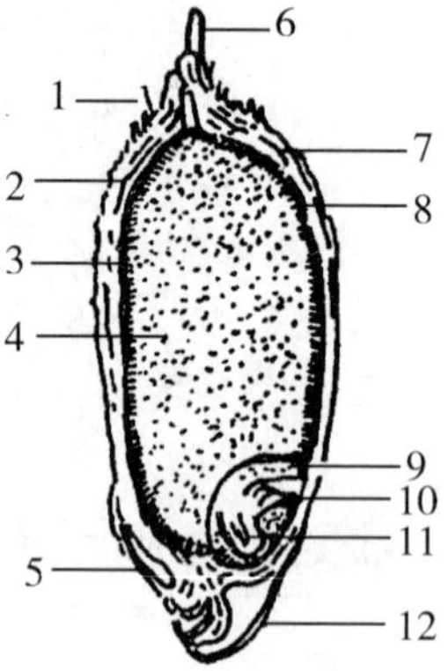

图 1–2　稻谷的纵剖面

1. 颖毛　2. 内颖　3. 糊粉层　4. 内胚乳　5. 护颖　6. 芒　7. 外颖　8. 果皮及种皮　9. 子叶盘　10. 胚芽　11. 胚根　12. 护颖

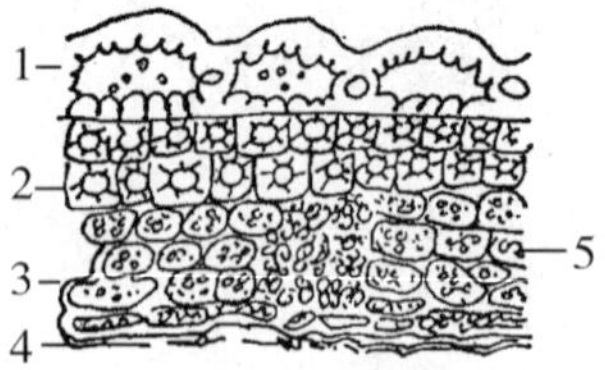

图 1–3　谷壳的横剖面

1. 外表皮　2. 皮下组织　3. 海绵柔组织　4. 内表皮　5. 叶绿素

米粒的横剖面：从外至内分别为表皮、中层、横细胞、管状细胞、果皮、种皮、外胚乳、糊粉层（见图 1–4）。

胚的纵剖面：胚主要由胚芽、胚根和吸收层组成。胚芽包括盾片、胚芽鞘、不完全叶幼叶、第一叶幼叶、第二叶原基、茎生长点。胚根包括根冠、胚根鞘、胚根生长点。吸收层是指胚芽和胚根外的细胞组织，又称上皮层，排列整齐，具有吸收水分和贮藏物质等功能（见图 1–5）。

稻种剥开谷壳后，胚很小，约占稻谷重量的 2%；正常稻种的胚，正视时表面干瘪并且对称内拗，呈乳白色、光滑并有光泽，具备了长成一株小秧苗的基本构造。胚的颜色、体积、形态等的变化，是判断种胚生命或者种子质量的重要依据。

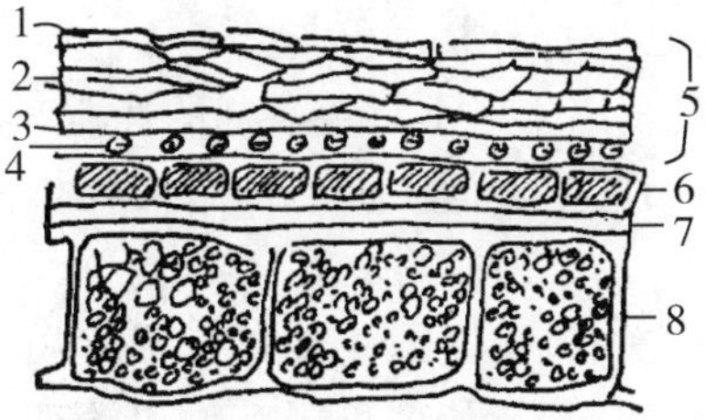

图1-4　米粒的横剖面

1.表皮　2.中层　3.横细胞
4.管状细胞　5.果皮　6.种皮
7.外胚乳　8.糊粉层

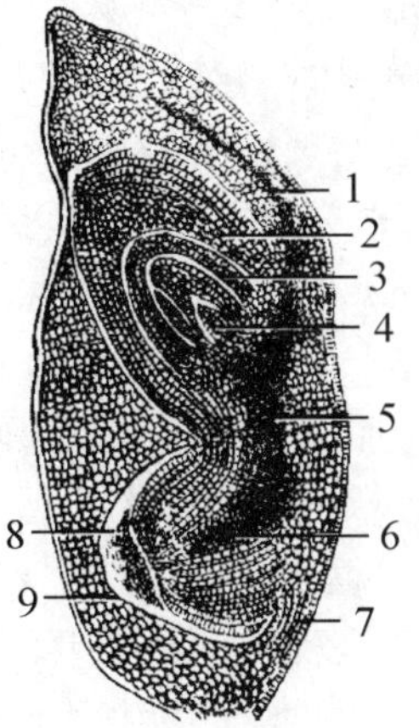

图1-5　胚的纵剖面

1.盾片　2.胚芽鞘　3.胚芽
4.生长点　5.胚轴　6.胚根
7.上皮层　8.根冠　9.胚根鞘

3.稻种内容物

稻种内部的贮藏物质是幼苗初期生长所必需的养料及能量来源。了解其生理机能的特性，能帮助人们妥善合理地进行种子贮藏、种子加工以及种子萌发，避免在这个过程中遭受损失。

稻种最主要的内容物是水分、糖类（亦称碳水化合物）、脂肪、蛋白质及其他含氮物质，此外还含有少量的矿物质、维生素、酶及色素等（见表1-1）。

表1-1　水稻种子的化学成分（%）

水分	蛋白质	碳水化合物	脂肪	纤维素	灰分
13.0	8.0	68.2	1.4	6.7	2.7

根据1975年中国农科院用气干种子进行的分析，全国各地籼稻种子的蛋白质含量大部分为8%～10%，脂肪为含量2%～3%；粳稻种子蛋白质含量大部分为6%～9%，脂肪含量为2%～3%；淀粉含量大部分为65%～70%。所测的品种中，蛋白质含量最高达12.96%，脂肪含量最高为3.42%。

（1）水分。

水分是种子细胞内部新陈代谢的介质，在种子的成熟、后熟和贮藏期间，种子物理性质的变化和生化过程都与水分的状态和含量有着密切关系。

种子中存在的水分有两种状态：一种是游离水（又称自由水），它具有一般水的性质，可作为溶剂，温度到0℃时能结冰，容易从种子中蒸发出来；另一种是胶体结合水（又称束缚水），它牢固地与种子中的亲水胶体（主要是蛋白质、糖类及拟脂等）结合在一起而不容易蒸发出来，不具备溶剂的性能，在低温下不会结冰，但具有一种折光率。晒种的目的主要是降低种子内的自由水。

（2）糖类。

糖类是种子中最重要的贮藏物质之一，也是最主要的呼吸基质。在种子萌发时，它供给胚生长发育所必需的养料和能量。糖类分为可溶性糖和不溶性糖。可溶性糖又分为单糖（主要有葡萄糖和果糖）和双糖（主要有蔗糖和麦芽糖）。不可溶性糖主要有淀粉、纤维素、半纤维素、果胶等。

淀粉是稻种中最主要的贮藏物质，它由物理性质与化学性质不同的直链淀粉和支链淀粉组成。淀粉的特性主要取决于直链淀粉和支链淀粉的比例，一般稻种含20%～25%直链淀粉和75%～80%支链淀粉，优质糯稻的淀粉中完全没有直链淀粉。人们可以根据这一特性，选择品种、组合，判断米质的优劣。一般来说，直链淀粉含量低于20%，米质较好。

稻种中有淀粉就必然有淀粉酶，其功能是把淀粉分解、转化、水解成葡萄糖，供生物体吸收利用。淀粉酶的活性以盾片部分为最强，靠近糊粉层的胚乳外层也含有大量活性淀粉酶，它的活性的强弱与种子的水分、温度、氧气以及本身种质有关。

除淀粉外，种子中还存在其他多糖类，其中最主要的是纤维素和半纤维素。纤维素是组成细胞壁的基本成分，它和木质素、矿物盐类及其他物质结合在一起，成为果皮和种皮最重要的组成部分。半纤维素也是构成种子细胞壁的主要成分，它是种皮和果皮最重要的成分之一。它们在酶的作用下，可被水解利用。

（3）蛋白质。

蛋白质是种子萌发生长的重要物质之一。所有种子的蛋白质，在种子萌发时其根吸收外源氮素前，用来满足幼苗生长发育对氮素的需要。稻米的营养价值取决于种子中蛋白质的含量，这是一个很重要的品质指标。根据一般经验，蛋白质含量高的稻米，营养价值高，但往往米质稍硬。

蛋白酶能直接将复杂的蛋白质分解为简单含氮物质，供给生命体利用。它主要存在于胚部分，其次是在盾片部分、胚乳部分。

（4）脂肪。

稻种中脂肪的含量为1.4%左右，主要集中于胚中，即存在于胚和糊粉层的细胞里，其次在胚乳之中。脂肪由脂肪酸和具有3个羟基的甘油结合而成，在脂肪酶的作用下，氧化变成糖，然后运往胚轴。

脂肪酶主要存在于胚中，其次在胚乳和糊粉层中。脂肪经脂肪酶作用，水解后生成甘油和游离脂肪酸。

脂肪酸又可分为饱和脂肪酸与不饱和脂肪酸两大类，不饱和脂肪酸含量愈高，脂肪就愈容易氧化。脂肪的分子中含氧较少，氧化时必须从空气中摄取较多的氧气而释放更多的热能，比如，与糖类相比，脂肪氧化所释放的热能几乎高出一倍。同时，种子在贮藏过程中，不饱和脂肪酸容易氧化生成醛、酮等物质，并释放不良气味和苦味。所以，稻种在贮藏过程中，应该防止它发生这一变化，以免影响种子的质量或稻米的品质。

（5）维生素。

稻种中含有多种维生素，各有不同的功能。维生素E（生育酚）在禾谷类种子的胚中大量存在，它是一种阻氧化剂，对于防止油脂的氧化及变味变质有显著作用；维生素B有许多种，在禾谷类种子中含量丰富，主要存在于胚部和麸皮中；维生素B1（抗神经炎维生素或硫胺素）在禾谷类的胚部、盾片和糊粉层里浓度很高，在胚乳（如碾出的白米）中很少，甚至没有；维生素B2（黄核素）以游离态和磷酸酯态存在；维生素B6（吡醇素）和维生素PP（烟碱酸）是某些酶的重要组成成分，在种子生理生化过程中起着催化剂作用；维生素H是种子中的促生素；维生素C（抗坏血酸）在成熟干燥的种子中没有，在种子萌发过程中才大量生成。

维生素与种子发芽有密切关系。许多酶由维生素和酶蛋白结合而成，而维生素的缺失，会严重影响酶的形成，故此，维生素对种子发芽有着重要的作用。

（6）色素。

种子的色素能表示出种子的成熟度、品种特性和品质状况。种子内的色素常常受环境条件影响而发生变化，例如，雨天收获的、冻坏的、烘干坏的、发热霉变的和陈旧的种子，其颜色与正常种子的颜色是有差别的，人们可根据此特性来鉴别种子的质量。

（7）矿物质。

矿物质在生物体内的代谢过程中起着很大的作用。例如，镁盐和铁盐对发芽后的幼苗形成叶绿素有影响，硫参加某些蛋白质的合成，锰对植物生长具有刺激作用。它们主要存在于胚和种皮之中，一般在纤维素和半纤维素中含量最多。种子中矿物质的含量各不相同（见表1-2）。

表 1-2　水稻种子中的矿物质的含量（占干物质的百分比）

P_2O_5	K_2O	CaO	MaO	MnO	SiO_2
0.60	0.40	0.02	0.20	0.002	15.0

第二节　稻种的内在性质

不同品种、组合的水稻种子都具有共性和特殊性，各自相传，形成了种子的多样性。

1. 种子的遗传性

一般来说，“种瓜得瓜，种豆得豆”，以种相传，世代不绝。但是，杂交水稻与常规稻就有不同的遗传特性。

常规水稻品种，能代代相传，是由于其种子具有稳定的遗传特性。常规水稻品种的选育，一般都是父母亲本有性杂交选育或辐射选育等，按照选育目标进行选育，经过 5 ~ 8 年、近十几代的选育过程，其遗传特性基本稳定。若其综合性状良好且高产，经种子审定部门审定批准后，才可成为推广种植的常规水稻品种。

杂交水稻种子，不能代代相传，是由于种子具有不稳定的遗传特性。它是杂种优势利用的第一代种子，留种再种植第二代以后，就会出现高度分离的现象，在生产上无利用价值，故杂交水稻不能留种，俗称为“一代英雄”。杂交水稻的种子，是不育系与恢复系配育而成的杂优种子，即杂交第一代的种子。由于每一粒种子的遗传基因都来自相同的父母亲本，基因相同，每一个个体都表现出一致性，并且体现着杂种优势，表现出高产、抗逆性强等特性。若其综合性状良好且高产，经种子审定部门审定批准后，才可成为推广种植的杂交水稻种子。一般按父母亲本来命名，称为“某某组合”，以有别于常规品种。

2. 种子的呼吸性质

作为种子的稻谷是有生命的有机体，它每时每刻都在进行着呼吸，即使是非常干燥或处于休眠状态的种子，其呼吸作用照样进行，新陈代谢并未停止。只有当种子丧失了生命力时，呼吸才停止。

一般通气良好的种子，以进行有氧呼吸为主，消耗有机物质（葡萄糖）并释放二氧化碳、水分和热量：

$$C_6H_{12}C_6 + 6O_2 \rightarrow 6CO_2 + 6H_2O + 674 \text{ 千卡}$$

一般通风不良的种子，往往进行缺氧呼吸，消耗有机物质，产生乙醇（酒精）、二氧化碳和热量：

$$C_6H_{12}C_6 \rightarrow 2C_2H_5OH + 2CO_2 + 25 \text{ 千卡}$$

影响种子呼吸强度的主要因素有：

（1）水分。种子呼吸强度与种子含水量呈正相关关系。干燥种子含水量低，其呼吸作用微弱；反之，潮湿的种子呼吸作用旺盛，酶的活性增强，呼吸强度增强，消耗种子内的物质和氧气越多，同时释放出来的二氧化碳、热量也就越多。特别是在无氧呼吸作用下，产生的有毒物质易毒害胚。总之，呼吸作用增强将严重影响种子的质量与寿命。

（2）温度。在一定的温度范围内，种子呼吸强度与温度呈正相关关系。温度升高，种子呼吸作用增强，尤其是在种子含水量增高的情况下，呼吸作用不断增强。所以，低温和将种子含水量按制在安全范畴内，是贮藏种子的必备条件。

（3）通气。空气流通的程度与种子的呼吸强度和呼吸方式有着密切的关系。一般情况下，不论种子本身含水量高低，在种子通气条件下的呼吸强度均大于密闭贮藏；同时，种子含水量越高，温度越高，通气对种子呼吸强度的作用就越大。但是，含水量较高的种子，若在密封条件下，往往会进行无氧呼吸，引起大量有毒物质产生与积累，会导致种子死亡。

（4）种子本身的状态。种子的呼吸强度还受种子本身状态的影响。凡是未充分成熟的、不饱满的、损伤的、冻伤的、发芽的、胚萌动过的、病虫为害过的种子，呼吸强度高；反之，则呼吸强度低。一般常规水稻品种，其种子成熟充分、饱满、干净、均匀、新鲜，易于贮藏。但是，杂交水稻的种子由于授粉时间长、使用农药激素多，因而种子成熟度不一、饱满度差异较大，加上杂交水稻酶的活性较强，其呼吸强度比常规水稻种子更强。因此，贮藏杂交水稻种子比较困难，条件要求较高。

（5）化学物质。杀虫灭病的药剂、二氧化碳、氮气和氨气等对种子的呼吸作用有影响。加大剂量时，往往影响种子发芽率，特别是在种子贮藏室用氧化铝熏杀时，若用药过量，或药剂分布不均，或未及时通风，往往会使种子通过呼吸作用而中毒死亡。

（6）间接因素。贮藏室的仓虫和微生物，一旦条件适宜，便大量繁殖，释放并积累大量的热能和水分，间接地促进了种子呼吸强度的增强，影响着种子的生活力。

3. 种子的吸湿性和耐热性

种子本身是一团胶体，其中分布着无数大大小小的毛细管。种子能依靠毛细管的内表面吸附水分子，此外，种子内的蛋白质和糖类都具有亲水性，吸水能力强，能使种子含水量升高；同时，种子体内的水分又会通过毛细管排出体外，进行双向交换。当空气湿度升高，温度在一定范畴内时，种子吸附水分子的能力增强，使种子含水量升高。

稻种各部分对水分子的吸附能力不相同，一般胚部最强，果皮和种皮（米糠层）次之，胚乳更次，稃壳最弱。

种子有一定的耐热性，依据这种特性，收获的种子可以晒种或进行人工机械干燥。据测定，种子含水量较高时，耐热性较差；种子含水量较低时，其耐热性稍高。刚收获的稻种进行人工机械干燥时，出机种温不可超过43℃；如利用日光曝晒稻种，在炎夏季节强光直射时，摊晒宜稍厚并勤翻动，尤其是水泥晒场更要加以注意，以防局部稻种受热偏高，影响原始生活力，或说“晒死”种子。如果温度控制不当，会增加稻种爆腰率（米粒有横断纹），引起种子变质，降低种子的发芽率和品质。贮藏的种子，温度升高、时间延长均与种子寿命呈负相关关系。

4. 种子的休眠

凡种子具有生活力而停留在不能发芽的状态，广义上称为休眠。不同的种子有不同的休眠期，造成种子休眠的原因有：种胚未发育成熟、种子尚未完成后熟、种皮的障碍、抑制物质的存在和不适宜条件的影响。

不同类型的水稻种子的休眠期存在显著差异，一般粳稻类型特别是早粳品种休眠较深，休眠期可长达数月；籼稻品种大多数不存在休眠期，或仅仅存在一些萌发较迟缓的休眠现象。所以，有些籼稻品种在种子成熟过程中遇到不良天气时，将引起穗上萌芽的现象，影响种子质量。杂交水稻的遗传因子较为复杂，其种子休眠现象也各不相同，若有粳稻基因的，其杂交种子休眠现象较明显。例如，深优 97125 组合，在收获后检测，其发芽率仅为80%左右，但贮藏半年后检测，其发芽率竟有 90%左右，人们就推测是种子的休眠现象；还有培杂泰丰组合等，也有此类休眠现象。

打破种子休眠、提高种子发芽率，有药物处理、温度处理等方法。在生产中，刚收获的稻种，往往因种子的休眠，导致发芽率低且不整齐。

5. 种子的寿命

种子的寿命是种子在一定环境条件下能保持生活力的期限。种子寿命的长短，一方面取决于本身的遗传特性，另一方面取决于种子成熟过程中，留在母株上时的生态条件和采收后保管过程中的环境条件。

（1）影响种子寿命的内在因素。不同品种，遗传特性不同，其寿命也不同。同一水稻品种或组合的稻种，其遗传特性基本一致，其寿命的长短主要有三方面的决定因素：一是种子的成熟度，二是种子的大小、饱满度和完整性，三是籽粒内的生化状态。

实践证明，生产杂交水稻种子的过程中，往往上述三方面都存在问题。较之于常规水稻，杂交水稻种子成熟度稍差，较不饱满。另外，杂交水稻酶的活性较强，即体内生化活跃，呼吸作用较旺盛，有毒物质易产生和积累，往往造成寿命缩短。特别是在种子成熟收获过程中，天气等环境条件不良，易促使种胚萌发或者发生病变，大大缩短了种子的寿命。

（2）影响种子寿命的外在因素。影响种子寿命的外因主要是水分、温度，其次是空气、光、微生物、仓虫和外源化学物质。一般而言，低温、干燥、密封是仓库贮藏种子的基本条件，目的是减弱种子的呼吸强度，延长种子寿命；反之，种子含水量高、仓库湿度大、微生物和仓虫存在等，都加剧了种子的呼吸强度和生理生化变化，缩短了其寿命。光照过强，有毒气体的积累，都不利于延长种子寿命。仓库内进行种子消毒时，如果外源有毒药剂使用不科学、不规范，往往会造成种胚中毒死亡。

6. 种子的抗病虫害性与带病性

任何水稻品种、组合都有对环境的适应性和抗逆性，也有抗病虫害的特性。水稻的抗病虫害性与其遗传基因有关，表现在水稻体内外的形态构造上，如体态直立硬朗，叶片窄直厚硬，硅质含量高等，其抗病虫害的能力就强。另外，其抗病虫害性与地域环境、稻体状态、天气条件、肥水管理、防治时效、对症农药、药液浓度和施药水平等都有密切关系。

在种子形成至成熟的过程中，往往出现病害侵染种子发病或者病原体侵存于种子的表面或内部的现象，造成种子带病性。水稻谷种常带的病害有：稻瘟病、白叶枯病、胡麻叶斑病、恶苗病、稻曲病、稻条叶枯病、稻一柱香病、稻粒黑粉病、稻谷枯病等。因此，生产上使用种子时，要求在种子浸种前要晒种和对种子消毒，尽量避免种子带病而造成生产上的损失。

7. 其他

稻种的比重、千粒重，稻米的垩白度、垩白粒率、透明度、胶稠度、碱消值和米粒的长宽比等，都是评稻种判品质的依据。

第三节　种子知识的运用与实践

种子是特殊的生产资料，关系着人们的生产生活和国家粮食安全。种子工作者应遵守法规，尊重科学，实事求是，对事负责，正确分析，公正处事，才能做好种子工作。本节结合本章知识，介绍有关法律责任与实践体会的内容。

1. 种子的定义

《种子法》所称的种子是指农作物和林木的种植材料或者繁殖材料，包括籽粒、果实和根、茎、苗、芽、叶等。农作物种子包括粮、棉、油、茶、糖、菜、烟、果、药、花卉、牧草、绿肥及其他做种用的、能繁衍后代的种植材料或繁殖材料。

本文谈论的水稻种子，是指具有生命活力的水稻谷子。

2. 常规水稻被称为“某某品种”，杂交水稻被称为“某某组合”的原因

目前，农业生产中常用的水稻可分为两大类：常规水稻和杂交水稻。

常规水稻包括杂交选育、辐射选育、变异选育、组织培养等方法培育出来的品种。它们的一个共同特性是：经过几代或十几代的选育后，其遗传基因相对稳定，能代代相传。人们根据种源的特性或选育方法等，将水稻命名为“某某品种”，如象牙香粘、桂朝 2 号、梅选 6 号等，以区分众多的常规水稻品种。

杂交水稻是人工组合、配制、生产的水稻，杂交水稻种子是利用不育系与恢复系的配组，进行杂交授粉所生产出来的第一代种子。由于第一代杂种的每一粒种子所含的遗传基因都相同，生产上表现出一致性，并具有父母亲本的杂交优势，水稻生产上有很高的利用价值。杂交水稻有一个共同特性：它们的遗传基因极不稳定，到第二代以后，种植出现高度分离的现象，生产上没有利用价值，故俗称杂交水稻为“一代英雄”。为区别于常规水稻，人们冠名时根据其不育系和恢复系的特性，称之为“某某组合”。

目前，杂交水稻有两种类型，即三系杂交水稻和二系杂交水稻，其组合命名有如下特点：三系杂交水稻如汕优 2 号、天优 998、Q 优 6 号等，中间有一个“优”字，前边表示不育系的代码字，后边表示恢复系的代码字；二系杂交水稻如培杂泰丰、培杂双七、深两优 5814、Y 两优 2 号等，中间有一个“杂”字或“两”字，前边表示不育系的代码字，后边表示恢复系

的代码字，以区别于三系杂交水稻组合。

3. 杂交水稻与“杂交水稻之父”的由来

水稻栽培的历史已有 14 000 ~ 18 000 年了。特别是在 19 世纪 30 年代，人们在利用有优良特性的父母亲本进行有性杂交选育常规水稻品种时，育种家发现，杂交第一代种子种植后，田间表现出一致性，其长势、生活力、生产力、抗逆性、适应性以及产量和品质方面都有超越双亲的优势现象。这一发现，促使众多育种家们思考：假如农业生产上能大面积种植杂交第一代种子，充分利用杂种优势，必将大大提高水稻的单产和总产，这是创新水稻生产的世界级课题。这引导着育种家们的追求，他们提出了多方面的设想。

但是，水稻是雌雄同花的作物，自花授粉，难以一朵一朵地去掉雄花来进行杂交，以获得大量的杂交第一代种子，而只能获得几粒或几十粒杂交第一代种子，不能供给农户广为使用，真是无奈！在当时，人工进行有性杂交是艰辛的工作，追梦杂交水稻已是世界难题。

但袁隆平知难而进，他深信：“知识 + 汗水 + 灵感 + 机遇 = 成功。”“功夫不负有心人”，1960 年受到天然杂交稻株启发后，在育种方法上，他由系统选育法转变到水稻雄性不育研究课题上来。1964 年 6 月，袁隆平终于在田间发现了一株雄花花药不开裂、性状奇特的植株，他欣喜若狂！到 1965 年 7 月间，他和妻子邓哲，又找到了 6 株雄性不育的植株。待这几株水稻成熟时，他们采收了自然授粉的第一代雄性不育材料种子。经过两年的试验和对科学数据的分析整理，他撰写出第一篇重要论文《水稻的雄性不孕性》，文中预言，通过进一步选育，可以从中获得雄性不育系、保持系（使后代保持雄性不育的性状）和恢复系（恢复雄性可育能力），实现三系配套，使利用杂交水稻第一代优势成为可能，将会给农业生产带来大面积、大幅度的增产。又经过 8 年的艰辛，袁隆平于 1974 年配制种子成功，并组织了优势鉴定。

1975 年，在湖南省委、省政府的支持下，杂交水稻获得大面积制种成功，为次年大面积推广做好了种子准备，使该项研究成果进入大面积推广阶段。1975 年冬，国务院作出了迅速扩大试种和大量推广杂交水稻的决定，国家投入了大量人力、物力、财力，一年三代地进行繁殖制种，以最快的速度推广。

随着杂交水稻的培育成功和在全国大面积的推广，袁隆平名声大震。20 世纪 80 年代初期，袁隆平心中再一次萌发了一个惊人的设想，大胆提出了杂交水稻超高产育种的课题。

1985 年，袁隆平以强烈的责任感发表了《杂交水稻超高产育种探讨》

一文，提出了选育强优势超高产组合的四个途径。1987年又提出了“杂交水稻育种的战略设想”，高瞻远瞩地设想了杂交水稻的三个战略发展阶段，即以三系法为主的品种间杂种优势利用；以两系法为主的籼粳亚种杂种优势利用；以一系法为主的远缘杂种优势利用。这是袁隆平的杂交水稻理论发展的又一个新高峰。随着杂交水稻在世界各国试验试种，杂交水稻已引起世界的关注和称赞！

自1981年袁隆平的杂交水稻成果在国内获得新中国成立以来第一个特等发明奖之后，1985—1988年的短短4年内，他又连续荣获了3个国际性科学大奖。国际水稻研究所所长、印度前农业部长斯瓦米纳森博士高度评价说：“我们把袁隆平先生称为‘杂交水稻之父’，因为他的成就不仅是中国的骄傲，也是世界的骄傲，他的成就给人类带来了福音。”袁隆平成为举世瞩目的名人，成为“杂交水稻之父”。

4. 审定合法的水稻种子的程序

《种子法》规定：主要农作物品种和主要林木品种在推广应用前应当通过国家级或者省级审定，申请者可以直接申请省级审定或者国家级审定。由省、自治区、直辖市人民政府农业、林业行政主管部门确定的主要农作物品种和主要林木品种实行省级审定。

广东省农作物品种审定委员会（以下简称省品审委）负责全省农作物品种审定、登记工作，其日常工作由省种子管理机构负责。主要农作物品种必须通过审定才是合法的品种。

省品审委审定水稻品种，必须依照如下法定程序：

（1）区域试验。省品审部门根据管辖范围内的生态环境，布点设立品比实验区，依照操作程序，科学地开展品种、组合对比实验。统一管理措施，不施用防治病害的农药。按其田间的生态表现，做好生育期、植株形态、产量性状、抗病性、抗倒性、耐寒性、产量等的综合评述。每一个参试的品种、组合都必须经过两个生产周期的区域试验，方为合法。

（2）生产试验。每一个参试的品种、组合都必须有一个生产周期的生产试验，以进一步验证区域试验所评估的各项指标。

（3）抗病性鉴定。每一个参试的品种、组合，都要送样本种子给省品审部门指定的科研部门（广东省农科院植保所）进行检测鉴定。目前主要检测鉴定稻瘟病和白叶枯病，按规定程序进行病菌抗谱测定和病区病圃鉴定，根据其受害程度而作评价。当前，抗病级别分为高抗、抗、中抗、中感、感、高感六级。一般品种、组合以高抗、抗级为佳。

（4）抗寒性鉴定。每一个参试的品种、组合，都要送样本种子给省品审部门指定的科研部门（如华南农业大学）进行检测鉴定。目前主要检测鉴定品种、组合在孕穗期和开花期的耐寒特性，在人工气候室模拟进行。水稻受低温影响后，调查其结实率下降的程度，评估其耐寒性。当前，品种、组合的耐寒性分为五级：强（-5%）、中强（-5.1%～-10%）、中（-10.1%～-20%）、中弱（-20.1%～-30%）、弱（-30.1%以下）。一般品种、组合以强、中强级为佳。

（5）米质检测。每一个参试的品种、组合，都要送样本种子给省品审部门指定的科研检测部门进行检测鉴定。目前主要检测项目有：糙米率、精米率、整精米率、粒长、长宽比、垩白率、垩白度、透明度、碱消值、胶稠度、直链淀粉、蛋白质等。一般米质好的品种、组合，其米粒细长、长宽比较大、垩白米率和垩白度较低、胶稠度高、透明度级数较高、直链淀粉含量较低。

（6）基因检测。每一个参试的品种、组合，都要送样本种子给省品审部门指定的科研检测部门，进行转基因项目检测鉴定。目前推广种植的品种、组合不允许有转基因的成分。

（7）专家审议。品种审定由专业组初审，省品审委全体会议终审。省品审委专业组对报审品种进行初审，采取无记名投票表决，并将初审意见及表决结果提交全体会议；全体会议对专业组的初审意见又采取无记名投票表决，获得超过1/2参评人数票额的品种、组合，为审定通过；同时，又根据本行政管辖区各稻作区的农业生产气候条件等，划定该品种、组合的推广种植范围，并确认其种性和提出栽培意见。

（8）发布公告。通过审定的各品种、组合，省品审部门进行登记并编号，拟定文件送交省农业行政主管部门确认并给予公告。

通过以上法定程序审定的品种、组合才是合法的种子。

5. 经营、推广未通过审定的水稻种子的法律责任

未通过审定的主要农作物品种，不得发布广告，不得经营、推广。《种子法》第六十四条规定，经营、推广应当审定而未审定通过的种子的，由县级以上人民政府农业行政主管部门责令停止种子的经营、推广，没收种子和违法所得，并处以一万元以上五万元以下罚款。

近期，广东省种子管理部门发文通知，未审定的水稻品种、组合，其试种面积一般在300～3 000平方米之内，不得超过3 000平方米。

另一种情况，即某一合法的品种、组合，经过数年后，抗性下降，发病面积大，生产价值下降，经品种审定部门审议通过退出市场的，自发布公告停止该品种的生产、经营、推广，一个生产周期后，任何单位和个人不得继续生产、经营与推广。

6. 合法合格的杂交水稻种子

按照《种子法》，杂交水稻大田生产所使用的种子，必须是合法合格的种子。

合法的杂交水稻种子是指：一是生产上使用的种子必须是经种子审定部门审定后公布的种子；二是种子使用的地区是种子审定部门所规定该种子推广种植的范围；三是杂交水稻种子必须包装销售，并依法注明种子的特征特性、栽培要点、购种说明和种子质量执行标准等；四是种子的生产者、经销商、代销商，必须是依法审批的许可者，种子使用者应该在合法经销商或代销商处依规定程序购买杂交水稻种子，以维护自己的合法权益。种子经销商或代销商若有违背上述原则或规定的，均属于违法经营，要追究法律责任。

合格的杂交水稻种子是指：按照杂交水稻种子质量标准 GB4404. 1—2008 的规定，其种子纯度不低于 96. 0%，净度不低于 98. 0%，发芽率不低于 80. 0%，水分不高于 13. 0%。如果上述四个指标中有其中之一不达标，该种子即为不合格种子。

7. 假、劣种子的界定及生产、经营假、劣种子的法律责任

《种子法》第四十六条规定，下列种子为假种子：

（1）以非种子冒充种子或此种品种种子冒充他种品种种子的。

（2）种子种类、品种、产地与标签标注的内容不符的。

《种子法》第四十六条规定，下列种子为劣种子：

（1）质量低于国家规定的种用标准的。

（2）质量低于标签标注指标的。

（3）因变质不能作种子使用的。

（4）杂草种子的比率超过规定的。

（5）带有国家规定检疫对象的有害生物的。

《种子法》第五十九条规定，生产、经营假、劣种子的，由县级以上人民政府农业行政主管部门或工商行政管理机关责令停止生产、经营，没收种子和违法所得，吊销种子生产许可证、种子经营许可证或营业执照，并处以罚款；有违法所得的，处以违法所得五倍以上十倍以下罚款；没有违法所得的，处以两千元以上五万元以下罚款；构成犯罪的，依法追究刑事责任。

8. 种子销售商的责任与义务

市县级种子销售商经销杂交水稻种子时，必须依法经营、履行义务：

（1）严格遵守《种子法》，订购、销售的杂交水稻种子，必须是经过种子审定部门审定后的、规定推广种植区域范围内的，即适合本地区内种植的

杂交水稻组合。

（2）根据种子销售地域内的生态环境、气候特点、耕作条件和耕作习惯等，选择订购不同生态类型、不同生育期的杂交水稻组合。

（3）种子销售商有责任也有义务协助当地政府或农业部门做好种子安排和布局工作，确保用种数量，并且备配中早熟、中熟、中迟熟、迟熟的多样组合，科学搭配销售，推广高产良种。

（4）切实做好种子质量的检查测验工作，确保种子质量安全。例如，到制种田检查种子的田间纯度；到种子仓库抽样进行种子干谷分析和发芽试验；或取数斤种子，模拟早春天气农户式的发芽试验。多方测试以确保种子质量，尽量避免损失。

（5）依据《合同法》，明确种子质量问题的处理与赔偿条款，维护种子使用者的合法权益。

9. 农户选购杂交水稻种子时的注意事项

农户购买杂交水稻种子时，应当慎重考虑如下几点：

（1）认真阅读种子标签的说明，对该组合适宜种植的范围、生育期、抗病性、耐寒性等要了解和熟悉，以作为选择和栽培的依据。

（2）根据自己所处地区的耕作条件和气候特点，选择生育期适中、抗病性强、耐寒性好的组合；早、晚两造配套的组合，最好不要使用同一种种子；充分利用当地光能，尽量采用中迟或迟熟组合，增加全年的总产量。

（3）认真检查种子谷粒，在干净、饱满、新鲜的基础上，还要细查谷种胚部有无裂缝痕、变色肿大的现象。一般情况下，谷色不新鲜、谷胚部有裂缝痕，剥开谷壳后见胚芽肿大变为褐色的种子，可初步判断该种子的发芽势较差，发芽率也相应较低；严重的在浸种催芽时会发酸、不长芽。

（4）切实保管好购种的发票凭证及该种子的包装袋，以便在发生种子发芽率低或种子纯度低等问题时，提供依据，维护自身权益。

10. 在水稻品种、组合安排上努力推广“平行布局”

梅州地区的杂交水稻生产，组合的种植安排基本上是“垂直布局”的方法，即在某一地区只推广种植几个或近十个组合。这样布局的优点：一是在高抗高产组合的前提下，可以在该地区获得单产、总产较显著的增加；二是方便邻里互相参照，统一管理；三是便利于种子生产者和的生产经销商的销售。但是，随着种植时间的推移，品种、组合的抗性下降，病虫害耐药性增强，或天气变化等因素，往往易造成种植的某一组合大面积受灾，单产、总产波动大，涉及农户多，不利于社会稳定。

“平行布局”是指在该稻区内，同时推广种植十多个或几十个品种、组合，即使发生较严重的病虫害，也不会造成大面积受灾，单产、总产波动较小，涉及农户较少，较易化解矛盾，有利于社会稳定。种子生产者、管理者、经销者和使用者，要有统一的认识，以逐步推进水稻生产。

11. 红色的种子包衣的好处

种子包衣是一项农业新技术。一般来说，配制包衣的主要成分是杀虫剂、杀菌剂、微量元素、植物生长调节剂、成膜剂、色素、填充剂等。对这些材料进行先进的工艺加工并制成药肥复合剂，然后对优良种子进行包衣处理，经过处理的种子即为包衣种子。由于加工工艺先进，时间又短，对种子基本无损害，种子质量是完全有保证的。

经过包衣处理，可以杀灭原附着在种子上的病原菌；可以提高种子在调运、仓存、保管过程中对环境的适应能力；可以防止病虫鼠危害；同时，微量元素和生长素有利于种子萌发。

12. 杂交水稻种子质量问题的鉴定特点

杂交水稻种子质量问题包括两方面：一是种子的发芽率；二是种子的纯度。种子生产者和经销商对种子质量负法律责任。

一般情况下，种子使用者在购买种子时，即可发现种子的净度和含水量是否合格，但种子的发芽率则要在当造用种子发芽时方可验证；种子纯度质量问题，按规定是在当造的一个生产周期内的表现为准。所以，种子使用者必须依照时效规定，及时使用种子；当发现种子质量有问题时，种子使用者应持购种凭证，及时反映和追索，才能维护自己的合法权益。

种子发芽率低的质量问题，追索其原因，有如下主要几种情况：穗上已发芽或萌动过的；干燥种子时已焖过种或说已萌动过的；曝晒或烘干种子致死的；保管、贮藏条件不良造成种子霉变的；仓库内种子消毒致死的；种子贮藏时间过长，种子寿命下降至临界程度内等。

种子纯度低的质量问题，有四个方面的原因：一是父母亲本纯度不高；二是制种时未及时除杂去劣；三是制种时外来花粉漂移串花授粉；四是人为的机械混杂。田间表现与其原因相一致，例如，父母亲本纯度不高的，田间可查出不育系或保持系，或结实率低的稻株，或与杂交水稻不同的稻株，有高矮不一等现象；制种时未及时除杂的，田间也能查出不育株等与杂交水稻不同的稻株，影响产量；人为机械混杂的，田间表现为有不同类型的杂株，成熟不一或高矮不一，也影响产量。

20 世纪 80 年代，由于杂交水稻处于发展的初级阶段，上述质量问题也比较常见。90年代以后，由于制种技术的进步，繁制种管理严格，特别是集团化的生产和经营，所以10多年来都未出现过较严重的种子纯度问题。

种子质量问题出现时，有如下鉴定特点：①涉及面广，涉及农户数多；②同批次种子问题突出；③田间表现相同；④田间分布均匀。

13. 杂交水稻种子非种子质量问题的鉴定特点

非种子质量问题是在种子质量合法又合格的前提下，大田生产的杂交水稻，在生产的过程中往往受到人为、气候、病虫害等因素的影响或为害，发生不正常的现象。主要有如下现象：

（1）由人为因素导致的。一是种子发芽过程中，由于浸种时间不足或过度、使用不透气不透水的编织袋浸种催芽、未适时洗种、未及时保温或翻动种子等，造成种子发酸、发涎滑种等现象，使种子的发芽率低或不发芽；二是培育壮秧过程中，由于施肥用水不当、防寒保温不及时、防治病虫害不到位等，造成秧苗素质差，成秧率低或者秧苗期过长引起早穗；三是大田生产时，管理不当造成肥害药害，特别是水稻孕穗中后期，施用了有杀死雄性花粉的农药引起“死苞”、结实率低的现象；四是成熟期间，田间过早断水导致水稻早衰，造成穗粒不充实等。

（2）由气候因素导致的。一是早春气温不稳定，引起烂秧、死苗或秧苗素质差等现象；二是水稻幼穗分化、抽穗扬花和灌浆成熟时期，受不良天气影响造成颖花退化、结实率低和籽粒不充实等问题。

（3）由病虫因素导致的。秧苗绵腐病、稻瘟病、矮缩病、黄矮病、稻曲病等为害现象；三化螟虫、稻飞虱等为害现象；稻缘蝽为害也会引起空粒等现象。

（4）由其他因素导致的。环境污染引起水稻烂叶、中毒、徒长、空粒、死亡等现象。

以上现象均属于非种子质量问题，原则上种子生产者和经销商均不负法律责任。

非种子质量问题出现时，有如下鉴定特点：①人为因素造成的，一方面人的行为与结果保持着一致性；另一方面，出现的问题是个别现象，分布不均匀，不是特定的种子的问题；②气候因素造成的，有地域性，与种子抗寒性有关，表现为海拔越高受害越严重，种子抗寒性弱的受害较严重，涉及面广，往往涉及一个以上的不同品种或组合；③病虫因素造成的，与种子抗性、病虫密度、发生条件、肥水管理、防治措施等有密切关系，表现症状与病虫为害及防治措施相一致；④环境污染造成的，有与污染源为害相对应的症状表现，涉及面在污染区内，不是特定的种子的问题。

14. 杂交水稻种子的干谷粒分析方法与实例

运用干谷粒分析方法的依据：在种子成熟或加工贮藏过程中，环境条件对种子的影响，造成种子生理的变化，必然会遗留生化的产物，成为种体的“标记”；根据种子的这一特性，可以从干谷种籽粒中取样分析，判断种子的生活力、发芽率，真实反映种子的内在质量，帮助人们快速作出科学的决策。

笔者在种子工作过程中，常常利用干谷粒分析方法来探究早春种子发芽率低的真实原因；调杂优种子或使用不育系亲本时，可以用这种方法快速判断种子的质量。种子工作者、经销商和使用者，学会干谷粒分析方法，是很有必要的。

运用干谷粒分析方法的步骤：

（1）取样。在同一批次种子中，按种量取 3 ~ 5 个样本，每一个样本要有 1 000 粒左右的谷种粒。

（2）检验。可借用 20 倍的放大镜检查每一颗谷种粒，与正常新鲜的谷种粒作对照，把非正常的谷种粒分开，并按发芽粒、胚芽萌动粒、谷色已变色的霉变粒、破烂种粒等类别，一一认真检验并逐一登记。

其中，胚芽萌动粒是检验的重点。在检验时，先看谷种粒的胚芽有无裂缝，有裂缝的说明胚芽已萌动过，并因胚芽萌发肿大使胚部的谷壳裂开成缝隙，剥开谷壳后可清晰看到胚芽肥大或变色。所以，逐一检查非正常的谷种粒，要与正常的胚作对照，把变色的、肿大的、长出芽的谷种粒一一统计。

（3）分析。按发芽粒、萌动粒、霉变粒、烂籽粒、其他项目一一列表统计，计算出发芽率、萌动率和酶变率。如果样本中存在发芽粒，说明因天气不良造成种子穗上发芽，长出了胚根或胚芽，种子内的化学物质已进行过生化过程。若有萌动率高和霉变率高的情况，证实在种子成熟至收种及干燥种子时，天气不良，或有焖种的现象，引发胚芽萌动、胚芽变色、种子霉变和谷壳变色，实质上已使种内物质发生了生化作用，导致种质下降。

根据经验，在种子发芽率和萌动率达到 1%、霉变率达到 5% 时，尽管实验室的发芽率能达到 80% 以上的标准，但在农户浸种催芽时，往往就会出现种子发酸、发芽率低的现象；在发芽率和萌动率达到 3%、霉变率达到 7% 时，该批次种子基本都会出现发酸、发霉、滑种、发芽率低的情况。

例如，2010 年早造，有农民浸种催芽时发现，有部分明优 06 浸种催芽出现发酸、滑种、不长芽的现象。现场考察后，我们当即在仓库取样，采用干谷粒分析方法，很快揭示了不同批次种子的质量问题，并准确推理出种子成熟前后的天气状况，为处理种子问题提供了科学依据（见表 1-3）。

表 1–3 杂交水稻明优 06 的干谷分析

批号	样本数	总谷种粒数	正常谷种粒数	霉变谷种粒数	霉变率（%）	其中萌芽粒数	萌芽率（%）
08	3	958	874	84	8. 77	14	1. 5
30	3	2 970	2 757	213	7. 17	92	3. 1

注：萌芽率包括穗上已发芽的和萌动芽的百分率。

（4）作出结论。按照以上的检查分析，给出结论意见。

例如，按表 1–3 的检查分析数据，得出以下结论：调进的明优 06 中，08 和 30 批号的种子有质量问题，其中 30 批号的问题比较严重；该批次种子已有穗上发芽及萌动发育的过程，霉变的种子是造成农民浸种催芽时出现发酸、滑种和不长芽现象的真实原因。

在与种子供应方商议时，也证实了这批种子由于天气不好而出现了穗上发芽和萌动的现象，统一了双方对种子质量的认识，妥善处理了由这批种子的质量问题引发的争议。这就是干谷粒分析法的优越性。

笔者要强调的是，在农户浸种催芽已发酸变质的种子中取样分析是不正确的，因为受人为因素的干扰，种子内部的生化和霉变进一步显现，其发芽势、发芽率、霉变率及谷色的变化，已不能真实地反映种子浸种催芽前的质量和性质。

15. 水稻的“不可逆”特性与运用

“不可逆”特性存在于水稻的一生之中。水稻按其生长规律，在生长发育过程中，如受不良环境条件影响或为外源因素所害，生命体必然留下受害或病变的生化遗迹，不可能逆反修复，成为体表的“标记”，这样的特性俗称为水稻的“不可逆”特性。掌握这一特性，依据水稻的生长规律，熟悉其生长发育的内外要素和生长发育的时间，根据水稻体表的“标记”，就能逆向分析出当时的环境条件、外源因素及其为害的程度。

懂得水稻的“不可逆”特性，不仅能对水稻生产更具有科学性和前瞻性，还能够及时发现和解决水稻生产中出现的问题。这样，才不愧为一名水稻“医师”。

例如，杂交水稻制种时，杂优种子收获前天气不良，种子在穗上受高温高湿天气影响，引起穗上的种子有一部分胚芽萌动，或者发芽长根，种子内的生化必然留下受害的“标记”，即胚萌发和颜色变化等，不可修复为原状。为此，我们可以依据其受害性状、籽粒颜色、生长发育时间，推理判断稻种当时受害的气候条件或其他因素。

又如，水稻长叶时期，遇低温为害，叶片中必然留下受害遗迹，不可修复为原状；反过来，我们可以观察某叶片留下来的遗迹，依据新叶片的生长时间，准确分析出某月某日的天气状况和为害程度。

再如，水稻孕穗中后期，若使用了杀死雄性花粉的农药，也不可能修复颖花，而造成“死苞”或结实率低等现象。根据正常水稻孕穗期的生长发育时间，或者该受害稻株出现高位分蘖的情况，人们就可以判断出农药为害生命体的时间和为害的范畴，作出鉴定。

16. 评议高产水稻品种的诀窍

1985 年秋收时节，黄耀祥院士致电梅州市领导，要送几个水稻新品种给梅州市试种，笔者有幸去领取。当天下午 3 时左右，笔者刚进广东省农科院办公大楼，迎面遇到黄院士正准备出田评议品种。笔者说明来意后，便跟着他到田间去看品种。怎样评议高产品种呢？概括黄院士的亲身言教，笔者发现有“五看一摸一推”之诀窍。

（1）五看：一看田间禾苗群体长相。田间禾苗长相呈“馒头”状，即中间稍高、田边四围稍低，生长清秀，说明亩有效穗足，该品种分蘖力强。二看植株形态。植株集散适中，叶片长短、大小适中，稻体硬朗，则该品种长势较好。三看稻穗。抽穗出颈，穗大粒多，着粒密度适中，结实率高，谷粒细长，一般是产量高且米质较好的品种。四看叶片。青叶数多，叶面积大，光合产物多，有利于籽粒充实。五看病虫害。田间无病虫害，栽培水平高，品种抗性好。

（2）一摸：手触剑叶尖有刺感，手摸叶片粗而硬朗，说明品种的硅质含量较高，抗逆性较强。

（3）一推：手推稻株中下部，弹回有劲力，细查倒二节，粗壮又短节，说明该品种抗倒能力强。

杂交水稻高产组合的田间评议，与常规水稻一样。一般华南稻区超级稻的高产要求指标是：亩有效穗 18 万 ~ 21 万、每穗平均粒数 150 ~ 154 粒、结实率 85% ~ 90%、千粒重 22.5 ~ 24.5 克。选择组合时，要求株高适中，株叶形态好，分蘖力强，抗逆性强，高抗稻瘟病，耐寒性强或中强，耐肥抗倒，米质优、饭味好等。

17. 梅州水稻引种的原则与教训

梅州市的水稻用种，基本上是从外地引进来的种子，特别是大面积推广杂交水稻以来，加快了引种的频率。鉴于此，广东省农业部门设立了农作物品种审定委员会。2002 年至 2013 年，梅州市设立了农作物品种审定小组，专职审定杂交水稻组合，公布组合的特征特性和推广种植的范围，尽量避免引种带来损失。在此之前，梅州市农业部门的引种与鉴定，按程序设立品比试验和示范表证，然后由种子工作者按材料和现场表现，进行审议与鉴定，最后通过会议形式来决定品种的推广种植。这种方法不能准确体现品种、组合的真实特性，又带着人为的主观因素，往往就会使引种带来危害，值得记载并引以为戒。引种必须考虑三大原则：

（1）品种生态型。水稻虽然原产于热带沼泽地区，但由于长期的遗传变异和自然淘汰，已经形成了不同的生态型的品种，适应了当地的自然环境条件，过于改变品种的生态环境，必然会导致引种失败。以下是 3 个失败案例：

例 1，20 世纪 60 年代，人为地把北方的粳稻引进梅州市种植，由于南方天气高温潮湿，生态环境差异很大，造成引进的粳稻品种生长不适，表现出生育期缩短，植株矮小，穗粒数少，病虫严重，产量低等问题。此外，脱粒难，米质软，饭味不好，不受人们欢迎。

例 2，20 世纪 70 年代，梅州市引进的典型晚稻二白矮品种，因生育期较长，光温条件得不到满足，抽穗困难，也造成了较大面积减产。

例 3，1985 年晚造，梅州市从原湛江杂优公司引进少量汕优湛 2 杂交水稻组合，试验种植。由于该组合的恢复系是当地品种选育出来的，具有较强的生态遗传特性，它幼穗分化要求的温度较高，湛江地区属低纬度，气温较高，能满足其生长要求。引到梅州市试种，晚造有寒露风天气，在气温稍低的情况下，其他各品种、组合都能正常生长，但它却受害，为害了花粉粒的形成，导致它能抽穗开花，却无花粉散播，造成颗粒无收，教训深刻！

为此，我们引种之时，必须考虑品种、组合的生态类型和光温反应，不能盲目引种。

（2）品种耐寒性。在梅州市，品种、组合的耐寒性，是指水稻在早造播种育秧期、早稻幼穗分化期和晚造抽穗扬花授粉期的耐寒性问题。由于梅州市的气候比较特别，早春有低温阴雨天气；5 月有俗称“龙舟水”和“五月寒”的天气，有明显降温降雨过程；晚造 9 月下旬至 10 月初有寒露风天气。所以，不同年份的气候变化，给梅州地区的水稻生产造成了影响。

2007 年之前，品种的耐寒性测定，是利用晚造 9 月下旬至 11 月的天气，对品种进行分期播种，在自然条件下测试品种受气候变化的影响，以品种结实率来判断该品种的耐寒性。这样测试的数据，不够科学，因为在天气较好的条件下，所测验的数据不能真实反映该品种的耐寒特性，无法作出正确判断。所以，就因品种、组合耐寒性的问题，造成水稻结实率低下，严重减产，确实有事例。

例如，1986年早造，大面积推广协优64组合造成重大损失的事实。协优64属于感温型中熟组合，生育期很适合梅州市大面积种植，是经市种子鉴定会议决定推广种植的组合。那年早造，全市种植面积约50万亩，可是5月中下旬，气温骤降，正处于幼穗分化减数分裂期的协优64严重受害，造成协优64的结实率大面积不同程度下降，海拔300米以上的稻区，损失惨重。笔者在蕉岭县南磜镇苦竹坪村调查发现，结实率只有2%，基本颗粒无收。粗略统计，以每亩减产50千克计，全市损失2 500万千克粮食。

又如，2006年早造，大面积推广种植天优428、天优372和优优200杂交水稻组合，也因该杂优组合在幼穗分化时期的耐寒性问题，同样受到5月中下旬的降温影响，造成了大面积的损失，教训尤其深刻！

2007年后，广东省农作物品种审定委员会在华南农业大学设立了人工气候测试室，能精准测试品种、组合的耐寒特性，为品种审定提供了科学依据，收到了很好的效果。

根据梅州市特殊的农业气候，在选用品种、组合时，要求其耐寒性的抗级指标以强、中强级为佳。

（3）品种抗病性。主要是指品种、组合抗稻瘟病和白叶枯病的能力。梅州地区是稻瘟病常发地，它给水稻生产造成损失的情况经常发生，有个别品种、组合小面积受到毁灭性损失。品种、组合抗病性的退变，稻瘟病生理小种的变迁，气候的变化和防治的失误，都会对水稻生产带来潜在的危害，要引起农业种子部门和农户的高度重视。

18. 杂优种被俗称为“一代英雄”的缘由

常规水稻可以留种，代代相传，是因为它有稳定的遗传特性。在常规品种选育过程中，父母亲本进行有性杂交后，获得的杂交种子要经历七八代乃至十几代的种植，每代都要按选育目标进行选育。这样选出的品种，既具有父母亲本的遗传基因，又保持着相对稳定的遗传特性，故可以留种种植。

杂优种也与常规品种一样，具有父母亲本的遗传基因。由于杂交制种所获得的第一代种子，其每一粒种子的遗传基因都来自相同的父母亲本，表现出遗传因子的一致性，所以当代种植时，表现出植株高度、叶片大小、生育期等性状的一致性。加上它具有父母亲本的遗传因子，能够发挥杂种的优势，表现出抗逆性强、根系发达、抗病高产等“英雄”优点。如果留种再种植，即杂种第二代种植就表现出高度分离，即按父本：杂种：母本的单因子分离比例1∶2∶1进行分离，田间表现为植株高矮不一、生育期不一、抗逆性不一。有似父本的，有似杂优种的，也有似母本的稻株，特别是似母本的稻株，稻穗原则上与母本不育系一样不结实，理论上减产 25%。综上所述，杂优种第二代在生产上是没有利用价值的，若再种植，田间分离更加严重，会造成更大的损失。故此，杂优种只能在杂种一代时利用，才能显示出杂种优势，所以人们就俗称它为“一代英雄”。

但也有人不信而试之。早在 1984 年，笔者家乡的村干部和粮所主任的家属，颇有兴趣地悄悄把汕优 2 号留种再种 3 ~ 5 分地。种植后，他们反映说前期表现无异常，但随着时间的推移，田间植株高矮不一，叶片婆娑荫蔽，稻穗差异大，结实率有的很低，成熟不一，最后相比减产 30% 左右。又如 2013 年晚造，有一位农户采用杂交水稻第二代种子种植，也减产了 30% 左右。事实教育了群众，增强了群众对杂交水稻特殊性的认识。

19. 杂优种比常规种更难贮藏保管的原因

我们知道，在生产实践中有一个不争的事实，就是在常规同等条件下，一般常规品种可以贮藏保管 2 ~ 3 年，而杂优种往往才贮藏保管 1 年，其发芽率就严重下降而不能使用了。笔者在从事广东省不育系繁育工作 10 多年的生产实践中，也常常发现不育系种子比杂优种子更难保管，也更难浸种催芽。探究其原因，两者有如下不同之处：

（1）常规品种的籽粒一般都“精、干、满”，籽粒比较均匀一致，差异较小。然而，由于杂优种授粉时间较长，一般比常规品种的授粉期加长5 ~ 6 天，所以杂优种籽粒的成熟度有较明显的差异，有的饱满，有的不饱满，不饱满的种子内含物不足，胚乳内的淀粉疏松，易促使种子吸收水分，增加呼吸强度，消耗内容物。

（2）杂优种由于不育系的遗传特性，开颖时间为常规水稻的 2 ~ 10 倍，加上颖壳闭合力弱，柱头外露率高，往往阻碍了颖壳的闭合，使颖壳开裂，所以增加了杂优种的裂壳籽粒数量。同时，也增加了杂优种的带病带菌率，根据估算，杂优种子的带病带菌率比常规种子高 5 倍。此外，杂优种的呼吸作用比常规品种强，消耗种子内容物较多，严重影响了杂优种的贮藏寿命。

（3）在杂交水稻制种生产上，赤霉素（俗称“920”）的使用特别多，一般亩用量都达 25 ~ 30 克，大量的生长激素不可避免地残留于种子之内。当杂优种籽粒在授粉后 7 ~ 14 天时，种胚就具备了萌发的内在因素，只要是在高温高湿的天气条件下，种子内的赤霉素就易激活酶系统，促使种胚萌动萌发，即穗上发芽。根据测算，在同等条件下，杂交稻种子的穗上发芽率比常规稻种子高 80%。经穗上发芽或萌动的种子，极易霉变，不易贮藏保管。

（4）杂优种是杂种优势利用的 F1 种子，双亲遗传距离较远的，其杂种优势就较强，新陈代谢能力也较强，同等条件下，杂交稻种比常规稻种消耗的物质多，易影响种子寿命。汕 A 不育系是常规品种与野生稻杂交选育而成的，二亲本遗传距离较远，杂交优势利用也较强，新陈代谢的能力也较强，不育系的贮藏保管也就更难。

根据上述四点，并对照本章节的内容，就不难理解杂优种比常规种更难贮藏保管的道理。

第二章　稻种的萌发

稻种萌发是水稻一生的开始。种子萌发的过程包含浸种与催芽两个阶段的技术工作，了解影响种子萌发的内外因素和种子的生理变化，是做好浸种和催芽技术工作的前提。特别是杂交水稻，其种子的生理特性与常规水稻的种子不同，因此，科学地运用基础知识，对做好浸种和催芽工作是有帮助的。

第一节　稻种萌发的条件

水稻种子要萌发，必须具备两个基本条件：一是种子本身具有发芽能力；二是要有适宜的外界条件。

1. 影响种子萌发的内在因素

稻种萌发，就是胚芽和胚根突破谷壳开始生长的过程。胚的生命力是种子萌发的最关键的内在要素，胚乳是胚开始生长发育时所需养料的提供者，也是种子萌发的重要的内在要素。此外，胚的生命力和发芽的整齐度，与种子的成熟度、后熟度和寿命有着密切的关系。

（1）种子成熟度。

一般来说，稻种越成熟，发芽率越高，发芽越整齐；反之，未成熟的种子不仅发芽率较低，而且幼芽弱，幼苗发育也较差；种子之间的成熟度差异越大，发芽越不整齐。生产上的稻种，一般到稻穗蜡熟期收获，这样的种子就具备了完全的发芽能力。水稻在授粉 7 天后，种子还处于乳熟阶段，种胚已基本发育完成，也就具有发芽能力了，但发芽很慢，发芽率很低；授粉 14 天后，胚乳完熟已接近完成，有了养分物质，种子发芽率就大大提高。籼稻的种子基本上无休眠期，在种子成熟过程中，如天气不良雨水多，或倒伏浸水，就常常会导致穗上的种子发芽，影响稻谷或种子的质量。

（2）种子后熟度。

有些水稻种子的发育已经完成，但由于某些生理原因，在适宜的条件下，发芽率仍然很低，要经过一段时间的后熟作用才能发芽，也就是说有休眠现象。一般来说，后熟时间短的种子比后熟时间长的种子发芽更快且发芽率更高。

赵同芳等人的研究表明：一般籼稻品种没有后熟期，即没有休眠期；大多数粳稻品种有后熟期，即有休眠期，但时间长短差别很大。籼稻中，无论是常规稻还是杂交稻，若是籼粳杂交选育的后代，粳稻的休眠基因会主导该品种、组合的后熟状态，在现实生产中，常常出现粳籼杂交水稻的种子在刚收获时发芽率较低，经过一段时间后，其发芽率又回升到正常的水平。

（3）种子寿命。

种子的寿命与种子的发芽率呈正相关关系。一般来说，种子寿命长的，其发芽率越高，发芽整齐度就越高；反之，发芽率就低。种子籽粒之间寿命差异大，发芽整齐度就越差。因此，对于水稻生产用的种子，法律有规定，种子发芽率（或说种子寿命）下降到某一程度以下时不能作为种子使用。杂交水稻种子的质量，法律规定其种子发芽率要达到80%以上，这是合法种子的一项基本指标要求。

种子的发芽与种子的成熟度、贮藏条件和本身状态等因素有着密切关系，生产和贮藏种子的过程中，必须高度重视科学管理，方能确保种子质量。

2. 影响种子萌发的外在因素

水稻种子从休眠状态转化为萌发状态，除种子本身的内在因素外，需要水分、氧气和温度三个重要外部条件。只有科学地协调种子与水分、氧气和温度三者动态平衡的关系，才能浸好种、发好芽。

（1）水分。

稻种吸水是萌发的第一步，也就是说，浸种是促使种子吸收水分的第一个技术措施。干燥种子呈休眠状态，只有吸足水分后，种子内部的生理生化作用才能逐渐开始。种子吸水有三个方面的作用：①使种皮膨胀软化，有利于溶于水中的氧气随着水分透入稻种细胞内，增强胚和胚乳的呼吸作用；②充足的水分可使原生质从凝胶状态转变为溶胶状态，自由水增多，代谢加强，在一系列酶的作用下，胚乳贮藏的复杂的不溶物质，转化为简单的可溶性物质，供幼小器官生长利用；③水分也可促进可溶性物质输送到正在生长的幼芽和幼根中去，供给呼吸所需或者形成新细胞结构的有机物。因此，适度充足的水分是水稻种子萌发的必要条件，把好适度浸种这一技术关，对杂交水稻的浸种尤其重要。

稻种萌发的吸水过程有三个阶段：第一阶段是急剧吸水的物理吸胀过程，在这一阶段，几乎吸收了种子萌动所需水分的一半以上；第二阶段是缓慢吸水的生物化学过程，本阶段初期需要一段时间进行酶的激活、物质转变和运输等一系列生化作用，吸收水分缓慢下来，但后期吸收水分又逐渐加强；第三阶段是大量吸水的新器官的生长过程，由于幼苗迅速生长，需水量增加，也就增加了对水的吸收。

稻种吸收水分的速度，首先与温度有关。温度低，吸水慢；温度高，吸水快。其次，种子吸水的快慢也与品种、组合有关。籼稻谷壳薄、米质疏松，吸水较快；粳稻谷壳厚、米质紧密，吸水较慢。杂交水稻的种子，往往有些组合的种子颖壳开裂，或者较薄，所以吸水速度比常规稻的种子快。再次，贮藏种子的水分含量与种子的吸水速度有关。干燥的种子，吸水较快；潮湿的种子，吸水较慢。

水稻种子发芽时需要的水分，在不同类型和不同品种、组合之间也有差异。一般来说，无论是哪一类型、品种、组合，稻种吸水量达到本身重量的40%左右时，是种子萌发的最适宜水量。综合上述相关关系，从理论上估算，一般籼稻需要浸足60日·度（例如：用20℃温水浸种，60日·度就需要3天的浸种时间；用30℃温水浸种，60日·度就需要2天的浸种时间），粳稻需浸足80日·度。杂交水稻的种子有特殊性，浸种时间相对常规籼稻要少些，以50日·度为宜。同时还特别要注意换水与洗种，一般先洗净谷种后浸种，然后每隔3～4小时洗种换水一次，以防谷种发酸变质。

稻种浸透的标准是：谷壳颜色稍变深，胚部膨大突起，胚乳变软。水稻浸种的目的，就是使种子均匀地吸水，发芽整齐。浸种时间过短，吸水不足，往往发芽慢或形成“盲种”，不露白；反之，浸种时间过长，种内的可溶物质会渗透出来，又往往造成“滑种”现象。

（2）氧气。

稻种萌发和生长是一个非常活跃的生命活动，需要充足的氧气。氧气在种子萌发时能保证能量转化、物质转化和形态转化的正常进行，是种子萌发必不可少的一个条件。它有三个方面的生理作用：一是促进呼吸作用，呼吸释放的能量供给各个生理过程的需要；二是保证淀粉酶的活性，促进酶的水解作用；三是有利于蛋白质的合成、细胞分裂和分化及新器官的形成。

稻种在浸种期间，适时换水保持水中的氧含量，目的是防止因缺氧而进行无氧呼吸产生有毒物质，不利于种子发芽代谢；此外，勤换水还能及时清除浸种时所产生的不良物质，保证浸种质量。

稻种浸种催芽时，即使没有一定的氧气供应，也能够萌发，这是由于水稻的祖先曾长期在淹水的条件下生活，形成了无氧呼吸的适应性。所谓无氧呼吸，就是胚乳和胚中的营养物质，在酶的作用下，进行不吸氧的分解，产生能量供给胚的进一步生长发育。

但是，催芽过程中较长时间缺氧，会导致无氧呼吸，结果造成生产上的不良后果：①无氧呼吸时，要得到同等量的能量，需消耗种子内的营养物质比有氧呼吸多27倍左右；②产生的酒精会毒害胚的生长，十分不利于种子发芽和培育壮秧；③在缺氧状态下，萌发的稻种只长芽不长根，或者发酒酸导致不长芽不长根等现象；④无氧呼吸在消耗同等量的葡萄糖时，它的能量利用率只有有氧呼吸的1/19，非常低。

（3）温度。

种子萌发是一个生理生化的过程，是在一系列酶的参与下进行的，而酶的催化与温度有密切关系。在吸足水分后，还必须有适当的温度，稻种才能萌发，因为贮藏在胚乳中的营养物质，要通过各种酶的作用，才能分解为可溶性物质，供胚应用。

在一定温度范围内，温度升高，生化反应加快，分解物质就越多，这样就越有利于胚的生长发育；反之，萌发就越慢。根据实验，水稻种子发芽的最低温度是10℃～12℃，最适宜温度是28℃～32℃，最高温度是36℃～38℃，超过40℃时原生质流动停止，种芽易受伤变黑。温度低于10℃时，谷种不能萌发，时间一长，病菌侵入，就会烂种；温度在20℃左右时，谷种虽能萌发，但参差不齐，发芽时间长，不符合壮芽标准；当温度在35℃左右时，谷种萌发最为有利，胚芽、胚根突破谷壳快而整齐；但种子破胸露白后，如温度仍维持在35℃，则易使根、芽生长太快，瘦而不壮。所以，谷种破胸后，若逐渐降温至25℃左右，则根、芽生长速度减慢，长得茁壮。生产实践上，一般采取高温破胸，适温催芽、保湿催芽，摊凉练芽的技术措施。

①高温破胸。破胸露白是催芽的第一阶段。早春气温较低，必须采用人工方法提高谷种的温度，在吸足水分的谷种入窝保温催芽前，用50℃温水淘种、洗种或淋谷种，随即保温，使种子保持在35℃左右，促使其加速呼吸与生理过程，这样胚细胞迅速分裂和伸长，谷种只需要10多个小时就能破胸露白，既迅速又整齐。谷种破胸露白后，就要逐渐降温，进入适温催芽的第二阶段。

②适温催芽、保湿催芽。这个阶段的主要任务是让种子露白到齐根。谷种破胸露白之后，谷芽呼吸作用迅速加强，释放的热量使谷堆温度升高得很快，往往易造成高温烧芽。因此，在实际操作时，一方面要经常翻动谷堆，使之通气并逐渐降温到25℃左右；另一方面，适当淋30℃～35℃的温水，以补充必要的水分，促进胚根生长。这就是“干长根”的道理。齐根时，即胚根长到1～2粒谷长而胚芽鞘还未达到半粒谷长度时，要适当多淋些约25℃的温水，使谷种堆内水分较多，空气不易流通，约半天时间，芽就可以

达到要求，这就是“湿长芽”。

③摊凉炼芽。根芽按标准出齐后，应该摊凉炼芽。方法是将谷种摊开约1～2寸厚，炼芽半天，适度翻动并洒水保湿，防止过干缩芽，稍后即可播种。通过炼芽，一可防止把高温催芽的谷种立即播下到冷秧田里，种子的温度骤然剧变，对幼芽生长不利；二可使种内的生化反应或者说代谢下降而内炼，待播种后能较快适应田间环境，有利于幼芽生长发育。

在早春播种季节，往往遇上寒流不能播种，一般就可采用“摊凉炼芽”，即通过松芽降温（但不能低于10℃）和凉干（但要保持谷芽微湿）的方法，来控制种子的温度和水分，使种子的生化代谢下降但又不损伤种芽。用这样的方法可保持谷种3～4天，根据常规稻种实验，可保持谷种10～12天，待天气转晴暖后即可播种。

第二节　稻种萌发过程中有机物质的转化

稻种萌发过程中，酶的激活、呼吸作用的加强、胚芽胚根的生长，都急需能量物质的保证供给，因此，稻种浸种和催芽都伴随着种子内有机物质的转化与供应。

1. 碳水化合物的转化

谷种浸种24小时后，碳水化合物就开始转化。首先，盾片里本来存在着赤霉素的前身，发芽时胚吸水，胚内的酶活化，把赤霉素前身转变为赤霉素，分泌到胚乳的糊粉层细胞和盾片的上皮细胞中，诱导这两种细胞迅速合成a－淀粉酶并分泌到胚乳细胞中去；与此同时，这两种细胞也能合成和分泌各种水解酶到胚乳中去，从而催化淀粉的迅速降解。

紧接着，在淀粉酶的作用下，首先消化接近盾片上皮细胞的胚乳，然后向上推移。淀粉粒的消化，最先把复淀粉粒分解为单淀粉粒，单淀粉粒又逐渐被消化，体积又变小，之后淀粉被完全消化和吸收利用。到稻谷发芽后的第4天，胚乳干重随着发芽天数而不断下降，淀粉转化成的可溶性全糖不断增加。研究表明，这些可溶性糖包括葡萄糖、蔗糖、麦芽低聚糖和果糖等。胚乳中原来是贮存着一些蔗糖的，发芽开始时被呼吸作用所消耗，故蔗糖的含量在发芽初期5天稍微有一些下降，之后就保持一定的水平。发芽后10～12天，种胚全糖含量达到高峰，随后因发芽生长的需要转运到胚部或被呼吸用掉一些，糖分含量也迅速减少。

淀粉分解有两条途径：一条是走淀粉酶和麦芽糖途径，即淀粉水解途径，它由a－淀粉酶、B－淀粉酶和R－酶等淀粉水解酶把淀粉水解为麦芽糖，在麦芽糖酶的作用下，麦芽糖又分解为葡萄糖；另一条是走淀粉磷酸化酶途径，即磷酸化分解途径，淀粉在淀粉磷酸化酶的作用下分解为 1 - 磷酸葡萄糖。

实验表明，稻种在 30℃ 温度发芽时，催化淀粉分解主要是走淀粉水解途径，其中 a - 淀粉酶起着主要作用，而磷酸化酶分解是次要的。不过在低温条件下就不同，磷酸化酶在低温时才比较活跃，早春寒潮来临时，这种酶就能把淀粉分解成糖，提高细胞液渗透压，有利于抗寒。

稻种发芽期间，胚乳和胚之间的糖类分解和合成是动态平衡的。稻种萌发时，胚乳中葡萄糖的含量最多，以葡萄糖为主的可溶性糖就从胚乳运到胚部，这些糖就供胚部细胞呼吸之用和供幼根、幼芽形成新细胞之用。多余的可溶性糖，又可重新合成为蔗糖和淀粉，达到新的动态平衡。

生产上，秧苗在三叶期前，秧苗生长发育和呼吸所需要的糖，绝大部分是从胚乳得来的，所以水稻三叶期又叫作从属营养期。随着秧苗的长大，到三叶期的时候，种胚内的淀粉等已基本被用完，并开始转入独立营养期，生产上称这个时期为“断奶期”。断奶期在秧苗生理上是一个转折点，标志着稻体内酶系统基本趋于完善，根、叶基本能吸收外源物质并能进行光合作用，能制造有机物质供稻体生长发育。这个时期，是生产上培育壮秧，防止烂秧的关键时期。

2. 蛋白质的转变

在稻种萌发时，盾片上皮细胞和糊粉层细胞受到赤霉素的诱导合成蛋白酶，然后再分泌并移到胚乳淀粉细胞内，这样就催化贮藏在糊粉层细胞和胚乳细胞内的蛋白质转化为氨基酸，并转运到胚部，供它们直接利用或重新合成新的结构蛋白；也有部分转变为酰胺，酰胺是胚内暂时贮存氨的一种主要形式，氨随时可以从酰胺上脱离下来供稻体利用。

$$\text{蛋白质} \xrightarrow{\text{蛋白酶}} \text{氨基酸}$$

根据研究，在稻种萌发初始的 24 小时内，胚乳内的贮藏蛋白质尚未被分解，而幼胚的谷氨酸显著下降，丙氨酸和 r - 氨基丁酸有明显增加；在萌发的第 2 天，胚和胚乳的蛋白质已开始被强烈分解；在萌发的第 3 天和第 4 天，胚中的游离氨基酸的增加略为停顿，可能是胚乳运转到胚部的氨基酸迅速再合成为新蛋白质，作为建构新器官之用；在萌发的第 5 天，胚的游离氨基酸又显著增加，第 6 天达到高峰，这种情况与胚乳相似；在萌发的第 8 天后，游离氨基酸含量开始下降，到第 10 天时渐趋平稳。但是，胚中的酰胺仍增加，这表明胚乳贮藏的蛋白质可能耗尽，停止向胚转运，因而这时出现氮素平衡。由此可见，在生产上不应将断奶期作为追施氮肥的始期，而应提早到秧苗“一叶一心”期，即种子贮藏的蛋白质被分解完毕前施用，才能满足秧苗根、叶生长对蛋白质的需要，以达到秧苗长快长壮的目的。

第三节　稻种萌发过程中的呼吸类型与形态建成

稻种谷粒萌发是一个由休眠到活跃生长的过程。种子萌发时，有机物的分解、运输和重组过程都需要能量，器官的生长也需要能量，所以，种子萌发时呼吸的强弱和类型都会影响到其他生理过程。

在浸种 18 ~ 24 个小时后，种子膨胀，但因胚根未能突破种皮，种皮限制着种子内外的气体交换，此时的呼吸强度稳定在很低的水平上；发芽第 2 天，胚根伸出，氧气供应充足，呼吸强度剧增；第 3 天胚芽伸长，呼吸强度继续增强。

在种子萌发过程中，不仅呼吸强度不同，呼吸类型也有所改变。在种子萌发后 24 小时内，种子吸氧较少，呼吸熵大于 1，说明此时主要是无氧呼吸；36 小时以后，又转为以有氧呼吸为主。根据稻种在萌发时的代谢特点，可将萌发分为两个性质不同的阶段。

（1）第一阶段：从吸胀到露白。

这时的主要问题是水分，由于种皮没有突破，此时不论有氧还是无氧，都以无氧呼吸为主，呼吸酶以脱氢酶为主，胚芽生长所需的能量是由无氧呼吸供给的，所需的物质主要靠胚部贮藏的物质转运而来。露白后，幼胚中的胚芽鞘和胚根鞘等既成器官的生长，主要是细胞的生长，在有氧和无氧条件下都可进行，但在无氧条件下比在有氧条件下生长要更快而且更持久。

（2）第二阶段：从露白到真叶生长。

种子露白后，种皮已被突破，无种皮限制时，外界的氧气能畅通地进入种子内，此时呼吸类型又转为有氧呼吸，呼吸酶又增加了末端氧化酶。胚根和真叶生长所需的能量是由有氧呼吸供给的，所需的物质来自胚乳的贮藏物。如果这时期缺氧，则胚乳内的淀粉酶活性很低，淀粉不易分解，养分不足，所以形成的器官就小且生长慢，即胚根和真叶生长受阻。而在氧气充足的条件下，呼吸作用强，酶非常活跃，产生的能量和物质就多，有利于壮根壮芽。

第四节　问题与释疑

熟悉稻种萌发的基础知识，是做好稻种浸种催芽技术工作的前提。但是，在生产实践中往往因种质、天气等因素，或者操作不当，在浸种催芽过程中，就会引发各种各样的异常现象。

1.浸种催芽过程中出现“盲谷”现象的原因、鉴定特点和补救措施

“盲谷”即没有发芽的稻种谷粒，是正常的有生命的稻种谷粒，“盲谷”发生的位置主要是在催芽的稻种谷堆的外围。发生“盲谷”现象，有三个方面的原因：

（1）与稻种的后熟期有关。一般来说，后熟期较长的或者休眠期较长的品种或组合，其稻种在早造收割晚造用种的，往往在浸种催芽时出现较多的“盲谷”现象。

（2）与浸种时间短有关。种子吸水不足，不露白。由于稻种谷粒仍硬实，种子内酶的活动未被激活，无生理生化反应过程，种温不能上升，引发“盲谷”现象。

（3）与催芽温度不够有关。操作不慎，种子谷堆温度不高，特别是在早春浸种催芽遇上寒流天气时，保温不及时，就易造成种堆外围的稻种谷粒温度不够，不能促使萌动发芽，形成“盲谷”现象。

鉴定特点：①因某一品种或组合有较长的后熟期，或者说休眠期，发生“盲谷”现象较为普遍；②若是因操作不慎造成的“盲谷”，只发生在个别农户中；③“盲谷”是有生命的，把这些“盲谷”再浸种催芽，是可以发芽的。

补救措施：①迅速用40℃的温水淘种，保持30分钟的淘种时间；②种子放入种子窝后，用40℃～45℃的温水淋透种子，随即包裹，保温保湿继续催芽；③事前可用稀硝酸溶液浸种，打破种子休眠。有人试用1克强氯精配1千克水浸1千克种子，浸种2个小时后，洗净种子再放清水浸种，这样的方法既可进行种子消毒又可打破种子休眠，能快速催出整齐的谷芽。

2.“死种子”的鉴定特点与案例分析

“死种子”是指浸种催芽时，种堆内有不吸水、不发芽的谷种粒，谷粒新鲜，剥开谷壳后米粒仍硬实，但它没有生命，在种堆内分布均匀，若不注意观察，往往会与“盲谷”混淆，作出错误判断。笔者在种子工作过程中，也遇到过两个由不同原因导致“死种子”现象的案例。

第一例，1986年春，原梅州市种子公司调拨出去的协优64杂优种，在

早春浸种催芽时，笔者发现有一部分种子谷粒不吸水、不露白，但仍然新鲜，谷壳颜色没有变化，剥开谷壳见米粒硬实，颜色没有变化，细查胚部无明显的萌动迹象，因此判断这些是“死种子”。遇到这一问题的农户有一定数量，严重程度各有不同，不可能是人为造成此现象。笔者沉思索源，即判断：这批“死种子”是在种子仓库保管时，进行种子消毒时操作不慎所造成的。

原来，1985 年冬调进这批协优 64 杂优种后，曾经封仓进行种子消毒，使用的是磷化铝熏蒸剂药物。当时的种子是采用大麻袋包装的散装种，每袋 65 千克，行列堆放，磷化铝熏蒸剂药物就放在种堆之间，然后封仓熏蒸。由于是大袋散装种，大袋堆积，药物熏蒸扩散不均匀，造成放药点四周的药剂浓度很高，使放药点四周的种子吸附的磷化铝多于其他种子，导致这些种子中毒死亡。

磷化铝中毒机理，是磷化铝遇上空气中的水分，就分解产生高毒磷化氢气体，作用于细胞酶，影响细胞新陈代谢，发生内窒息，导致生物体中毒死亡。稻种有一定的含水量，种胚有正常的呼吸，在磷化铝熏蒸浓度超过限度的情况下，种胚易中毒死亡。死亡的种子，种胚无生命迹象，在浸种时除有物理性吸收一点水分外，种子无法产生生化吸水过程，不能软化，所以，浸种催芽后的种子仍然硬实不发芽，谷色不变，显得新鲜。

第二例，1992 年夏，梅州市农业局粮产科在梅县西阳龙坑制杂优种，那时是早造制种晚造用种。种子调拨后，个别农民反映种子发芽情况较差，主要是有不吸水、不软化、不露白的种子谷粒。笔者参与了调查，发现不吸水的谷种粒仍然新鲜，谷色没变化，米粒硬实，不露白。我们调查分析认为，这是“死种子”。怎么来的呢？追源分析，大家才醒悟，原来在那里制种，分户承包，分户收晒，分户收购，包装结算。当年夏收，夏日炎炎，气温极高，收获的种子，有个别农户挑到二楼水泥房顶日光曝晒，从早到晚，很少翻动，结果造成部分稻种种胚因曝晒致死。

由于分户收种，分别包装，故造成少量袋装的种子内具有一定数量的“死种子”。杂优种调拨销售给农民后，就难免会有少数农户购买到了有“死种子”的杂优种，浸种催芽后才发现不吸水、不萌发的谷种粒。

鉴定特点：①浸种催芽时发现有“死种子”的农户，都购买了本袋种子；②当时分户收购包装，在散装大麻袋杂优种中，由于“死种子”分布不均匀，销售给农户后，浸种催芽时“死种子”也分布不均匀，有多有少，种子发芽率有高有低；③“死种子”每一个个体的表现相同，都是不吸水、不发芽，米粒硬实，籽粒仍然新鲜，在发芽种堆内分布均匀；④“死种子”

的种胚已死亡，不能再发芽，种子缺少的，应补购种子。

3. 高温烧芽的机理、表现性状及补救措施

浸种过后是高温破胸，温度保持在40℃～45℃，10多个小时就能破胸露白，既迅速又整齐，达到“一夜齐”效果，随即保温催芽。但是，由于检查翻动不及时，种堆内的温度继续升高，当温度超过40℃，持续时间又过长时，就会烧坏胚芽。

高温烧芽的机理：一是因为高温可使酶蛋白变性，破坏酶的活性；二是高温形成的初期，种子呼吸旺盛，造成谷种堆内严重缺氧，转为无氧呼吸，产生酒精，妨碍胚芽胚根生长。

高温烧芽表现出的症状：出芽不整齐，有盲谷；已发芽的种子出现畸形，如芽弯曲、幼根缺乏根毛等，根尖和芽尖枯死；谷芽有酒酸味。更多的情况是种子表面发黏，严重时有浓厚的酒酸味，已出的胚芽胚根枯死变黄，呈水渍状。

补救措施：当发现高温烧芽时，必须立即翻动种子，散开降温；再用15℃～20℃的水淘谷种，以降低种温和清洗谷壳表面的黏质物，然后将谷种摊在通风地方，保持室内12℃～15℃，翻动种子，通风透气，经过半天左右的时间，就可以重新起温催芽。

4. 浸种过度出现“滑种”现象的原因与鉴定特点

由于天气不良，气温偏低，不慎浸种过度，催芽时种子含水量充足，在催芽时间过长等情况下，种内酶催化的可溶性有机物质外渗，使种子谷壳黏滑起涎，俗称“滑种”。如果不及时处理，易招致微生物大量繁殖，导致种子谷粒发霉、烂种。一旦发现“滑种”现象，就要立即进行处理，把种子放在40℃温水中洗去黏滑物质，或可加入种子消毒药物进行洗种消毒，然后再上堆，继续保温催芽。

一般陈旧的种子、成熟度较差的种子、谷壳开裂的种子、穗上发芽或萌动过的种子和已发生霉变的种子等，都较易发生“滑种”现象；此外，还可能是人为因素所致。

鉴定特点：①若发生“滑种”现象是个别农户，应该是人为操作不慎所致，与种子质量无关；②若发生“滑种”现象是有一定数量的农户，并且与某一品种、组合有关联，应该怀疑是种子质量问题；③怀疑是种质问题的，应该向农户查明该组合的名称和种子批号，然后在该组合该批号的种子仓库内取样，进行干谷粒分析，方能正确判断种子的质量问题。

5. 杂优种浸种催芽时引发酒酸味的原因、鉴定特点和案例

杂交水稻在浸种催芽时，往往比常规品种较易发生酒酸味，这与杂交水稻种子的遗传特性、成熟度、籽粒差异和杂种优势利用的新陈代谢强度等有着密切关系，所以，杂优种的浸种催芽技术要求较高。根据几十年的种子工作实践，笔者认为杂优种浸种催芽时发生酒酸味的原因，可归纳为两种类型：人为型和质量型。

（1）人为型引发种子发酸。

所谓人为型引发种子发酸，是指杂交水稻在浸种催芽时，受到人的不慎行为干扰，造成合格的杂优种子在浸种催芽时发生酒酸味。在合格的质量好的杂优种前提下，由于人的行为因素，造成杂优种浸种时间过长，或浸种期间没有每隔 3 ~4 小时进行洗种、换水，或保温催芽时没有及时检查、翻动种子出现高温烧芽现象。这三种不慎行为，都很容易导致杂优种浸种催芽时发生酒酸味。

这种类型种子发生酒酸味的原因：一般来说，种子见水后酶逐渐被激活，接着就进行物质水解生化反应，种内固体物质逐渐水解为可溶性物质，以供胚部利用。由于杂优种经过较长时间的浸水后，种子吸收的水分已十分充足，在种子内外压差作用下，种子内的可溶性物质易向外渗透。起种催芽时，这些外渗物质也易招引霉菌、酵母菌等微生物的大量繁殖，引起种子霉变和发酵。此外，较长时间浸种，无氧呼吸超出正常范畴时，无氧呼吸产生的酒精积累较多，又助长了物质的酒化，浓厚的酒酸味就产生了。浸种催芽有酒酸味时，种胚易酒精中毒，往往谷种露出芽鞘或根鞘后就不长根不长芽了，而且有“滑种”、霉变等现象，发芽率严重下降。浸种时不按正常步骤洗种与换水，也易造成无氧呼吸，以及有毒物质包括酒精等的积累，妨碍种胚的生长发育。高温催芽时不及时翻动种子，也能引起无氧呼吸，产生浓厚的酒酸味，降低发芽率。

鉴定特点：①杂优种浸种催芽时，有的农户的种子发出酒酸味，但只是零星个别现象；②查其种子，其他农户使用同组合同批号种子在浸种催芽时并不会产生酒酸味。依据上述的调查，可判断与种子质量无关，是人为因素所致，故要认真检查和询问农户在浸种催芽时各技术环节的做法，看人的行为与措施是否及时到位，从而探究原因。

（2）质量型引发种子发酸。

所谓质量型引发种子发酸，是指在杂优种种子本身质量有问题的前提下，在浸种催芽时引发酒酸味。种子质量有问题是特指种子已发生霉变质变，包括种子已穗上发芽或萌动过；收种至干燥前，种子已焖种萌动过；在

贮藏种子的过程中，种子已霉变过。相信在调拨销售这些种子时，抽样检验发芽率往往是合格的，是合法合格的种子。但是，在农户的生产实际中，由于早春受大气候的影响，往往此类型的种子在浸种催芽时，就发出浓厚的酒酸味，造成种子发芽率低或者很低。这种现象，往往就会引起关于发芽率合法性问题的争议。

由于这些类型的杂优种子，在浸种催芽前种子质量已有问题，种子有过萌发或萌动，随着贮藏保管的时间的推移，已发生霉变的种子内的异常物质也同时积累，所以在农户浸种催芽时往往有两种情况：一是质量问题严重的种子，农户浸种之时就可发现预兆，如浸种起泡，洗水不清，闻有异味，种粒较滑；破胸催芽时，酒酸味浓厚，只露芽鞘，不见根芽。二是质量问题较轻的种子，一般在浸种后高温催芽时，种子发出酒酸味，催芽时间越长，酒酸味越浓厚，也出现滑种和不长根芽的现象，造成发芽率低下，农户有意见。

这种类型的种子产生酒酸味的原因：一是因为这些种子在浸种之前的一大段时间里，呼吸作用比正常的种子更强，霉变继续，种内异物质积累增加。二是当浸种催芽时，种子内各生化反应加剧，霉变物质和发酵物质的释放使种内可溶性物质外渗，洗种或淋种之时，易见奶白色的物质流出，原发出酒酸味的物质散发出来，闻之有异味；这些有机物质的渗出，又易招致霉菌病菌和微生物的大量繁殖，再发生霉变与发酵作用，使酒酸味逐渐浓厚。三是种子无氧呼吸的过程增加了酒酸味，从而又促进物质的酒化，使种子酒酸味浓厚，严重损害种胚，造成不长芽不长根，发芽率低。

此类种子发出酒酸味的鉴定特点：①杂优种浸种催芽时，种子发出酒酸味涉及的农户比较集中，且农户有一定数量的种子。②查同组合同批号种子，种子浸种催芽时发出酒酸味的性质相同。综合上述两点，可初步判断是种子质量问题，与人的行为无关。这时，就要细查发出酒酸味的种子的组合名称、种子批号，并调查统计农户数和种子量，及时反映给种子供应方。③立即按种子批号抽取样本，进行杂优种干谷粒分析，探究种子在浸种催芽前的真实质量，分析其原因，作出种子质量的最终鉴定结果。

（3）对浸种催芽时发酸原因的干谷分析特例。

2011 年 7 月上中旬，Q 优 8 号杂优种子在浸种催芽时，出现发酸不长根芽的现象，把它播下秧田也不长根芽，涉及一定数量的农户，梅州市电视台也做了新闻报道。农民及时反映后，种子双方当事人到实地调查了解，但一筹莫展，不知何故。种子供应方说，在种子出仓前已做了发芽实验，认为是合格的种子。笔者得知后就进行干谷分析，一举揭示了种子的质量问题。

双方当事人提供了一包 Q 优 8 号种子，数量一千克，未开包。分析步骤如下：

第一步，开包分样。打开种子后，倒在大报纸上，前后左右抖种，混合均匀，然后对分拨开 1/2 种子；将报纸上的 1/2 种子又按上述方法混合均匀，然后又对分拨开 1/2 种子；按以上方法连续分拨 6 次，获得 585 粒 Q 优 8 号种子，以作为本次分析的样本。该包种子已着有粉红色的种衣，检查种子净度高，种粒干燥，谷色基本清楚，无明显异常。

第二步，细查分类。借助 20 倍的放大镜，细查每一粒谷种籽粒，看谷色变化，看胚部有无肿裂，看有无胚芽、胚根露出等。先将本样品 585 粒种子分为四类：①可见萌动籽粒数。细查谷种胚部，发现肿胀有“露芽”现象，说明谷种已萌动过，查出可见萌动粒有 17 粒。②谷壳开裂籽粒有 99 粒。③谷种壳已变色籽粒有 46 粒。④正常的种子有 423 粒。然后，将②、③类种子籽粒的谷壳全剥开，认真检查米粒胚部有无变化，以作进一步的判断。正常的种胚，新鲜，正视时呈对称状，干瘪内拗，乳白色，光滑并有光泽。检查结果是，在谷壳开裂的 99 粒籽粒中，查出 51 粒的种胚已肿胀霉变；谷种壳已变色的 46 粒籽粒中，查出 28 粒的种胚已萌动霉变。

第三步，计算萌动粒率。主要是估算谷种的已萌动粒率：

$$(17+51+28)/585=16.41\%$$

第四步，作出结论。本样品种子的已萌动粒率为 16.41%，说明该批次的 Q 优 8 号杂交种子，在种子成熟后期可能因天气不良，导致种子在穗上已有萌动发育过程，种子内已发生霉变。这是造成本批次种子在浸种催芽时发酸不长根芽的真实原因。

对于用来分析的种子籽粒样本，双方当事人都认真核对、检验了有问题的籽粒，认为分类分析无误，并接受了这一分析结论。这一分析结论使种子生产者和经销商恍然大悟，深有感触！

（4）穗上发芽的杂优种子在浸种催芽过程中未发酸的原因分析。

在 20 世纪 80 年代至 90 年代中期，梅州市杂交水稻的晚造用种，大多数由海南省早造生产出来的种子供应。有个别年份，在种子收获时期常常遇上不良天气，往往造成杂优种子穗上发芽或者萌动，这批种子经过“速收、速晒、速运、速售”，供应给农户抢时间播种。在农户浸种催芽时，绝大部分的杂优种发芽都很好，不会发酸。

分析其原因，主要有两点：一是这批种子虽然穗上已萌动发芽，但由于其“速收、速晒、速运、速售”，时间相对较短，穗上已萌动发芽的种子经速晒后降低了水分，抑制了它继续生化反应的速度，使种子未达到霉变或质变的程度；二是梅州市晚造浸种催芽正值盛夏，气温高，水温也高，大多数农户浸种采用“活水”浸种，避免了霉菌互相传染，又由于气温高，有利于快速催芽。

在实际生产上，也有个别农户的种子在浸种催芽时会发酸，影响了发芽率，这是因为有一小部分种子的含水量过高，在汽车运输过程中，装载在中间的袋装种子因气温的升高，部分发生了霉变，导致了种子的质变，霉坏的种子达到10%以上时，就易导致浸种催芽时发酸，发芽率降低。

要指出的是，穗上发芽或萌动过的种子，是比较难贮藏保管的，随着保管时间的延长，种子越来越容易霉坏变质，这值得种子生产者、种子保管者高度重视。

6. 造成烂种的原因

烂种是指播种时已丧失发芽能力的种子，包括催芽前就已丧失生活力的种子；或虽有萌发能力，但浸种催芽时人为不慎造成丧失生活力的种子；或发芽势弱，在催芽过程中未能及时发芽的种子。这些种子播落田后，易变色腐烂。造成烂种的原因有以下四个方面：

（1）种子质量不好。种子的发芽强弱与成熟度及贮藏条件有着密切的关系。一般认为，未成熟或不饱满的种子，贮藏的养分少，发芽所需时间长，抗逆力弱；种子贮藏前未充分晒干或贮藏过程中受潮，种子呼吸强度增大，损耗养分多，生活力下降；收种前种子已穗上发芽，或者已萌动过，贮藏时易发霉变质；收获种子时因天气不良，干燥种子前有焖种萌动过程，贮藏时易变质；以上类型的种子，往往易造成烂种。

（2）浸种未浸透或浸种过头。种子未浸透，说明种内含水量不足，不利于催芽，易造成“盲谷”。而反复浸种催芽，又易造成芽弱根弱，不整齐，抗逆力弱。浸种过度，说明种内含水量充足，胚乳中已转化的可溶性有机物质向外渗透，出现“滑种”现象，降低了种子的发芽率和生活力；浸种时间长而换水洗种又少的情况下，往往因浸渍水中积累的二氧化碳和其他有机酸、醛、酮类等物质而妨碍稻种的发芽。

（3）消毒方法不妥。为了消灭种子所带的病菌而进行种子消毒时，因操作不当造成浸泡时间过长，或因配制的药液浓度稍高，或因消毒后未洗干净种子等，导致种子受伤害而腐烂。

（4）催芽过程中温度和水分控制不当。温度低，水分足，发芽时间长，易出现“滑种”现象，气温在10℃左右时，谷种不萌发，病菌侵入，种内的外渗物正是病菌繁殖的营养基质，从而促使病菌大量繁殖，导致霉变烂种。此外，高温露白后，本应保温催芽的，但是操作不当又造成“高温烧芽”，也易造成烂种。

7. 催出的谷芽只长芽不长根的原因

质量好的杂优种子在浸种催芽时吸水充足，或者催芽淋水又勤又多，造成种子在缺氧状态下萌发，这样萌发的稻种就会只长芽不长根，不符合谷芽标准。这是为什么呢？

从稻胚纵切剖解的形态结构可知，胚根鞘和胚芽鞘排列在前，保护着胚根和胚芽，它们的细胞小且排列紧密。正常情况下，谷种吸足水分后，胚芽和胚根的细胞迅速膨大，胚的体积激增，由于胚芽鞘的增大一般比胚根鞘更快些，往往首先破谷壳而出，俗称为露白。催芽时，在氧气较充足的条件下，胚根的生长速度迅速超过芽鞘，随后长出符合根长芽短标准的谷芽；而在缺氧的条件下，胚根的生长受到严重抑制，生长极慢或几乎不能生长，芽鞘的生长速度反而加快，就造成萌发出的谷芽头重脚轻，出现有芽无根或者发酸的现象。

所以，催芽时种堆要保持湿润，不可积水，适时翻动，以保证氧气的持续供应。这正是农民常说的“干长根，湿长芽”的道理。

8. 煤炭灰催芽的好处、操作技术与实例介绍

在生产实践中，常常会碰到浸种催芽时发酸霉变的种子，我们试验了几种方法，最后认为用煤炭灰催芽效果较好。其好处有：①煤炭灰属碱性，可以中和发酸种子的酸度；②煤炭灰可以抑制霉菌的繁殖；③煤炭灰拌入已浸的种子内，增加种粒间隙，可以有效抑制霉菌的传染。最终目的是尽量保障未霉变的种子能正常发芽，避免损失。具体操作如下：

（1）材料准备。煤炭灰是煤炭饼经火烧过后的灶灰，准备好与种子重量相等的煤炭灰，打碎过筛；早春催芽要准备保温的种窝，用干净的稻秆，捆扎成一小把一小把，然后把它们放压在箩筐内，中间留一小窝；烧适量的70℃～80℃的温水。

（2）高温催芽。早造，将浸过水的种子洗干净后，与同等量的煤炭灰均匀混合在一起，然后将70℃～80℃的温水慢慢倒入混合的种子内，边倒边用手拌均匀，湿度控制适当，手抓一把加入温水后的种子，用力一握，在手指与手指的间隙刚好有水珠流出，此湿度为合适。假如浸种时间不足，则可以适当增加一点水分。然后，迅速用透气的布袋或网状的种子发芽袋包裹好，待放入种窝内。紧接着，用高温的温水淋透准备好的种窝，随即把拌好

的种子放进种窝内保温催芽。高温催芽温度控制在40℃左右，每隔2～3小时检查一次，在种窝内的温度下降到35℃以下时，先把种子拿开，然后用45℃温水淋种窝，随即趁热又把种子放回种窝内，继续催芽。10多个小时后，就可破胸露白。

（3）保温催芽。种子破胸露白后，翻动种子，温度控制在25℃～28℃，若种子过干，可以适当洒水，继续保温催芽。

（4）摊凉练芽。播前3～4小时，把种子摊开以适当降温降湿，进行适应性的练芽。然后，把混合在一起的种子、煤炭灰，一起落田播种。

下面介绍一则煤炭灰催芽的实例：

1994年6月，原梅州市种子公司在蕉岭县广福镇广福农场进行“三系”杂交水稻制种，面积120多亩。由于向原湛江杂优公司购进的不育系质量不好，是雨天过后收割的种子。检查不育系种子，谷色不新鲜，穗上发芽的种粒多，闻其种子异味甚浓。检查后，心里一惊！因为近400千克不育系种子，120多亩制种田，假如不育系种子催芽不成功，必将是生产上的重大损失，责任何其重也！针对现状，我们商议后决定利用煤炭灰催芽。实践证明，效果很好！

当时，不育系首先用活水浸种，每隔3～4小时翻动并洗种一次；其次，以1∶1的比例准备煤炭灰400千克；然后，在大厅里和拌已浸过水的种子，按上述技术要点进行保温保湿催芽。由于时值盛夏，加上煤炭灰是热性物质，种子起堆后升温很快，所以每隔2小时左右，我们就要检查和翻动种子。最后，不育系种子的发芽率仍有67%，达到了很好的效果，确保了安全生产。

9.增强对稻种无氧呼吸的认识的好处

稻种的无氧呼吸，在第一、二章中有多处提及，种子的萌发和种子的变质，都与无氧呼吸有关。增强对稻种无氧呼吸的认识，对提高个人认知，把握关键技术有现实意义。

（1）无氧呼吸是原始水稻进化过程中生存斗争自然淘汰的结果。从现代收集的野生稻来分析，其种子在成熟后就脱落掉进沼泽之中，在水的作用下，酶激活、水解有机物质供胚部利用，但是能量从何而来？由于原始水稻在进化过程中，与自然环境作生存斗争，适者生存的自然规律促进了原始水稻在淹水条件下生存的机能，水稻种子在渍水缺氧的条件下，能采取无氧呼吸方式解决种胚生长发育所需的能量，使得原始水稻代代相传，永世不绝。从种胚的解剖结构可知，胚芽鞘、三片幼叶及胚根鞘、胚根等，是上一代双亲遗传下来的“根”，胚乳是它们的营养库，但是它们的生长和发育，需要大量的能量，三片子叶和胚根的长出，起码要有 15～20 天的能量维持，才能确保三片子叶和种根功能的完善，使之成为独立生存的新个体。其中的奥妙在于原始水稻逐渐进化出完善的无氧呼吸系统。

（2）无氧呼吸是现代水稻种子萌发的必经过程，是稻种固有的遗传特性。稻种的浸种催芽，一般要经历 4～5 天，开始的 2～3 天，就有可能发生以无氧呼吸为主的呼吸过程。种子浸水后，酶被激活，生化作用和种胚的生长，都需要能量。这时期种皮未突破，外界氧气很难进入种子内，所以此时期以无氧呼吸为主，直至萌发后 24 小时之内，产生的能量主要供胚部利用。这一过程的实现，是由于现代水稻仍然保留着先辈的遗传特性，为了后代的生长发育，代代相传，遗传给后代一个很强大的无氧呼吸系统。

（3）无氧呼吸为害大。稻种内，无氧呼吸与有氧呼吸比较，无氧呼吸要得到同等的能量，需要消耗比有氧呼吸多 27 倍的营养物质；反之，消耗同等量营养物质，无氧呼吸产生的能量只有有氧呼吸的 1/19；同时，无氧呼吸产生的酒精有害于稻体。除浸种催芽这一段无氧呼吸过程起到一定的积极作用以外，种子破胸露白后再进行无氧呼吸，是对种胚生长发育的一种伤害，会造成种子发出酒酸味，或只长芽不长根，或不长根也不长芽，发芽率低下。

增强对种子无氧呼吸的认识，有利于人们在种子浸种催芽过程中，引起思想上的重视，避害趋利，加强技术措施和管理。比如，浸种时常换水；种子高温破胸时，保持高温要适度持久，种子高温破胸露白的时间才能缩短；催芽时勤检查勤翻动，防止高温烧芽等，以达到科学浸种催芽的目的。

第三章　秧苗生长的生理要求

从萌发的稻种播至秧田，到秧苗移栽至本田，这一时期为秧苗生长期。要使秧苗顺利生长，除必须要有一定的自然条件以外，还要依据秧苗生长的规律，创造良好的栽培条件，满足其生理需求，发挥其内在潜能，实现培育壮秧的目标。

第一节　秧苗生长的自然条件

秧苗生长的自然条件，主要是指温度、光照、氧气和水分。

1. 温度

一般稻谷萌发成苗的最低温度，籼稻是14℃，粳稻为12℃；在16℃以上时，籼稻和粳稻都能顺利出苗。根据原华东农科所的恒温试验，10℃时籼、粳稻都不能出苗；12℃时籼稻不能出苗，粳稻有少量出苗，但极缓慢；14℃时粳稻14天后才出苗10%，籼稻要一个月左右的时间出苗；16℃时籼、粳稻都在播后一星期开始出苗，幼苗生长良好。

现实的自然环境中，气温日夜温差大，土温也是日夜温差大，在平均气温在11℃～16℃的日子测试，平均日气温是13.2℃，土温就是15.7℃，土温比气温高出2.5℃。此外，水稻幼芽的抗寒能力是很强的，籼稻在5℃～7℃的低温下连续6天都不会被冻死，粳稻抗寒能力更强，连续几天接近零度的低温，对其成苗率的影响仍然很小。这就是生产上早春播种不一定要等到日平均气温稳定在15℃、16℃时，才开始播种的道理。农民在生产实践中，总结出一条经验，即“冷头浸种，冷中催芽，冷尾播种，回暖长苗”。

根据恒温试验，秧苗生长最适宜的温度是30℃左右，最高温度是40℃左右，温度再高，不定根不能生发，秧苗生长停滞，甚至死亡。在现实生产中，日夜温差大，特别是中午，若日平均气温达到30℃，则土温就在40℃左右，有薄水层且不流动的，其水温可达50℃左右。早春用尼龙育秧的，密封下尼龙内的温度更高，这样的生态条件，往往会“煮死”幼芽或幼嫩小苗。所以，在秧田管理上，应及时排干田间水或者放流动水降温；早春用尼龙育秧的，应及时掀膜和放活水降温，以防烫死幼芽或秧苗。秧苗生长最适宜的气温是日平均气温在20℃～25℃。

2. 光照

光照是秧苗生长的一个必不可少的重要因素。在有光的条件下，种胚长出的子叶才能现青发绿；才能利用二氧化碳和根系吸收来的外源物质如水分、养分，通过光合作用，合成有机物质，进行生长发育；才能从从属营养期安全过渡到独立营养期。如果三叶期前阳光不足，秧苗不能现青发绿，叶色淡白，叶片和叶鞘细长柔软，秧苗细弱，那么，秧苗一定会饿死在三叶期。所以，秧苗生长要求光照充足，光合作用强，有机物质积累多，才能培育壮秧。

秧苗生长期间，光能的利用与秧苗密度和植株个体的叶面积有相关关系。一般来说，播种适量，苗株营养面积适中，植株生长矮壮，叶片长宽适中而厚实，叶片寿命长，总叶面积就大，光能利用率就高；反之，播种量多，苗株营养面积小，秧苗细小而徒长，叶细长，下层叶受荫蔽易枯死，总叶面积小，光能利用率就低。所以，生产上应播种适量，创造良好的秧田环境，使秧苗群体与个体都获得最佳的光能利用，再加上肥水管理的配合，促使秧苗积累大量有机物质，促进根、叶健壮生长和根、叶原基健全分化，为培育壮秧打好基础。

3. 氧气

氧气的供应状况，对谷种长成秧苗极为重要，对代谢途径和器官的产生尤其重要。从谷种萌发至成苗，有三种发展阶段不同的器官。

第一种是细胞分裂已基本完成的器官，如胚芽鞘，它的生长主要靠细胞的延长和体积的增大。这一时期对氧气供应的要求并不严格，谷种只要有水就能生长，往往在淹水缺氧情况下，生长素得到保护，生长迅速。

第二种是细胞分裂尚未完成的器官，如两个幼叶，它的生长既依靠已分化细胞的增大，又依靠新细胞的不断产生。这一时期对氧气供应的要求逐渐提高，以满足其较大生长量的需求。

第三种是尚未分化出来的器官，如种根等，它的生长必须以生长点的细胞分裂产生新的细胞为起点。这个时期要求氧气供应充裕，因为第三发展阶段的器官的产生，必须以大量的蛋白质合成为基础，这都需要通过有氧呼吸产生能量和中间产物，才能促成新器官的形成。水稻的根和茎的生长点，以及新的根原基、叶原基、分蘖原基的分化形成，都是依靠细胞分裂的，都需要在氧气充足的条件下进行，以产生能量并供应物质。而在缺氧时，不仅不能产生足够的能量和物质，形成不了新器官，而且无氧呼吸产生的酒精也会抑制细胞分裂。

根据研究，在氧气充足的条件下，由胚根发育的种根伸长很快，在22℃的温度下萌发后10天，就可出现5条芽鞘节根，长度接近种子根，并且发生分枝根。在缺氧条件下，即使谷芽鞘拼命伸长，萌发后10天，仍保持原有器官，没有新器官形成。

4. 水分

水分是秧苗生长和维持生命的重要因素。稻谷萌发后，体内的生化反应都应在适宜水分的条件下进行，酶的活性、物质的转化、新器官的产生和根叶的生长，都离不开水分。但是，水分并非越多越好，因为秧苗生长发育的各个阶段，对水分的生理需求是不一样的。

萌发的谷芽播在秧田后，至二叶期前，谷芽的生长仍保持着“干长根、湿长芽”的特性，因此，田间应保持土壤湿润，土壤持水量应有70%～90%。土壤水分过多，不利于谷芽对氧气的吸收；土壤水分过少，又会抑制谷芽的生理活动，不利于秧苗生长。二叶期后，秧苗的需水量逐渐增大，此时秧苗体内需要的氧气大多数从根系吸收，因此，田间可灌薄水，适时落干，调节土壤中的水与氧气的关系，才能有利于秧苗的生长。

早造育秧，天气比较寒冷，在做好防寒措施以外，田间用水应做到“夜灌日排”，提高土壤温度；晚造育秧，正值盛夏，气温高日照强，此时应“日灌夜排”，即白天高温来临之际放流动水降温防晒，傍晚排干水。大田育秧的，秧苗三叶期后进入分蘖期，应做到“薄水勤灌”，充分利用光源，促使秧苗早分蘖、壮分蘖。所以，在秧苗田间管理上，以水调气，以水调温，及时施肥，是培育壮秧的基本要求。

第二节　秧苗生长的转变期和关键措施

秧苗生长发育要经历三个转变期。了解转变期秧苗的生理要求，再进行人为的栽培管理，是培育壮秧的基本保证。

1. 第一转变期：从稻谷萌发到立苗

由稻谷萌发到立苗（一叶一心），是秧苗生长发育过程中的第一个转变期。完成这个转变的关键是及时扎根，栽培管理措施是湿润灌溉。这一时期最适宜的土壤湿度，应为最大持水量的70%～80%。

谷种播落田后，虽然经过压种埋泥的处理，但栽培管理上仍以促使种芽迅速扎根和形成比较强壮的根系为主。种芽落田后只有1条种子根，到一至二叶期，芽鞘节上才陆续生出5条不定根。种子根和芽鞘节根是立苗的基本根系，它们能根全部及时地扎入土中，才能很好地完成谷种从萌发到长成秧苗的转变，培育出壮秧。

要使种子根和芽鞘节根全部及时扎入土中，除催出标准壮芽外，种芽播落田后，还与秧田的灌溉有较密切的关系。一般来说，“干长根，湿长芽”，用水的管理要进行科学调控，在保持田间湿润的基础上，常常落干，保持秧田表面无渍水，通气良好，这样保持土壤软硬适度，同时又保证根的周围有充足的氧气供应，才能促进根系生长并向下深扎。

根据测试，在20℃的气温条件下，氧气在水中的溶解度约为0.6%；在田间淹水的情况下，由于微生物和其他生物活动的氧气消耗，往往水中含氧量通常不过0.2%～0.3%。秧田在长期淹水情况下，水中的含氧量远不能满足根系正常生长的需要，这样管理，十分不利于秧苗生长。

随着叶片的不断出现，水稻根部获取所需要的氧气，主要的途径不是靠灌溉水中的氧，而是叶部气孔将空气（大气含氧量为20.8%）和体内代谢过程中释放的氧气吸入体内，然后通过体内的通气组织和细胞间隙，送到根部，供根利用。但是，在叶片未出现或刚刚出现时，秧苗幼小，体内的通气组织尚未发育健全，气体通道只有芽鞘，如果秧田灌溉用水不当，有渍水层，水就会淹没芽鞘的通气孔，不利于根系生长发育和立苗扎根。

特别是早春育秧，常常有低温天气，秧田管理上往往又放水护苗，以防幼苗被冷死。其实，依据测定，秧苗在现青前，日最低气温在零下1℃时，幼芽并不受害；幼苗一至二叶期，日最低温为4℃时，幼苗亦无明显受害；只有到了三叶期，日最低气温在5℃～7℃时，幼苗就会受冷害。所以，幼苗在三叶期前，日最低气温仍在5℃以上时，即秧田表土温最低在0℃以上时，一般不必放水护苗，目的是防止较长时间的田间淹水，导致氧气不足，加上低温，使幼苗扎不下根，或使根活力下降，吸收能力减弱，生长迟缓；在0℃以上10℃以下低温时，易诱发腐霉菌和绵霉菌等弱性寄生菌的大量繁殖和侵害，造成大面积烂种和烂秧。鉴于此，在低温天气来临之时，如果一定要进行田间放水护苗，也应做到“夜灌日排”，尽量缩短淹水时间，以保证氧气的供给，促使秧苗扎根。

2.第二转变期：从异养到自养

由主要依赖胚乳营养生存到独立生活，这是秧苗生长发育从异养到自养过程的第二个转变期。完成这个转变的关键是补给养料，措施是早施“断奶肥”。

我们知道，谷种萌发时，胚乳中的贮藏物质在酶的作用下，迅速地分解出可溶性物质，供胚的生长和利用。观察一粒谷种从萌发至成苗的过程，可以知道胚乳物质的消长的过程。萌发期，胚乳的营养物质以100%计；不完全叶期，胚乳的营养物质的消耗约为20%；一叶一心期，胚乳的营养物质的消耗约是40%；二叶一心期，胚乳的营养物质的消耗达90%以上；第3片叶完全抽出时，胚乳的营养物质已全部消耗尽。

虽然秧苗在三叶期前，叶片青绿，有进行光合作用的功能，根部也可吸收养分，但是其生长发育的营养物质仍主要靠胚乳供应。这充分说明，秧苗在第3片叶展开时，就是断奶期；秧苗从第4片叶生长开始，就是异养生长的结束和自养生长的开始。

从第二章的稻种萌发过程中有机物的转化可知，胚乳的营养物质主要是淀粉，种子萌发后淀粉的转化消长，是按上述过程转化完的，故此三叶期是断奶期；蛋白质的转化在种子萌发后的第8天开始下降，第10天，种子内的蛋白质已基本转化完毕，即秧苗在一叶一心期时，种子内贮藏的蛋白质基本被利用完了，所以从秧苗的生理生长来看，一叶一心期就是秧苗实质的断奶期。蛋白质是根、茎、叶生长发育的重要物质，不能有缺失，否则不利于培育成壮秧。

因此，生产上应在秧苗一叶一心时期，就要及时施用腐熟人粪尿等有机肥，以弥补蛋白质的缺失；二叶一心时期，也要及时适施肥，以防断奶期的营养“青黄不接”；三叶一心时期，适施“断奶肥”；抛插前适施“送嫁肥”、“送嫁药”，以利于抛插秧到本田后，早生快发并苗壮生长。

3. 第三转变期：从起秧到移栽

由秧田移入本田是秧苗生长发育过程中的第三个转变期。完成这个转变的关键是提高秧苗的发根能力和抗植伤能力，措施是施好接力肥和促发肥。

育秧方式不同，移栽也不同，所受植伤也不同。梅州市自1996年以来，大面积推广塑盘育秧及抛秧生产，目前全市基本上都是抛秧生产，一改过去要弯腰辛勤地拔秧和插秧的做法，同时也避免了因拔秧和插秧而给秧苗造成较严重的植伤。相比之下，塑盘育秧和抛秧生产，能让秧苗较顺利地通过第三个转变期。

大田的拔秧和插秧生产，一般在秧苗5.5～6.5叶龄时，就要拔秧插植，此时俗称为拔插期。拔秧对秧苗根系的损伤很大，插植时也难免会深插、倒头插，使秧苗损伤严重。所以，插植后新根未大量长出之前，有5～7天的抗植伤，使秧苗植株有退青枯叶的现象，生产上插植后需要有5～7天时间的恢复，此时期俗称为返青期。然而，塑盘育秧和抛秧生产的，一般在秧苗3.5叶龄时就起秧抛秧，由于秧苗带营养土落田，起秧时根系基本未受到损伤，抛下的秧苗落在本田的表土层，也不会损伤根系，相比之下，抛秧生产的秧苗就能顺利通过第三转变期。但要明确的是，一方面，3.5叶龄的秧苗正处于断奶峰值期，如果未能及时施好“断奶肥”和“送嫁肥”，就不利于秧苗茁壮生长；另一方面，秧苗在起秧后往往有一段生理失水的过程，留空时间越久，生理失水越严重，这样的情况，也会造成秧苗有短暂的返青期。返青期越短越好，越有利于秧苗生长。

大田秧苗的发根和抗伤能力，与苗体内的氮素水平和碳素水平有着密切的关系。一般叶色浓绿的秧苗，苗体内部含氮量高，细胞分裂快，生长迅速，发根力强，移栽后 2～4 天就能大量出现新根，易于成活返青，但是其抗植伤能力较差，移栽后如遇夏季高温强光，叶片往往容易被晒死干枯，返青困难；反之，叶色较黄淡的秧苗，苗体内含碳量较高，细胞分裂慢，生长缓慢，苗体老结，移栽后即使遇高温强光，叶片也不易被晒枯，表现出较强的抗植伤能力，但是由于氮素含量较低，发根力较差，也不易容返青。

在实际生产管理上，要尽量做到氮素与碳素兼顾，具体措施是：在早施断奶肥的基础上，三至四叶期时看苗施肥，提高氮素水平，以利于分蘖；但在拔秧前 7～8 天控制氮素水平，让叶色褪淡，以提高苗体的碳素水平；在拔秧前 3～4 天施一次速效氮肥作起身肥，当氮素被苗体吸收后，叶已上色而未转嫩之际就拔秧插植。这种做法，既能尽量减轻植伤，又能达到发根早，插植后返青快之目的。

然而，塑盘育秧和抛秧生产的，在起苗抛秧前 3～4 天也要适当练苗，让幼嫩的苗体适当转色，以防叶片过幼嫩受到植伤。抛秧后，秧苗正值进入分蘖期，本田营养面积大，肥料足，不仅十分有利于分蘖，而且分蘖节位低，有效分蘖率高，这也是塑盘育秧和抛秧生产的优越性之一。

第三节　培育壮秧的要点

壮秧是高产的基础。农民常说“秧好一半禾”，实践经验充分说明了这一道理，培育壮秧是获得水稻高产的关键的技术要求之一。

1. 壮秧的生理特点

由于各地气候、品种、连作和育秧方式等不同，所以对培育壮秧的要求也就不同。但是，壮秧的基本要求是相同的，即秧苗粗壮，根系发达，生长整齐，叶色青绿；移栽时抗植伤能力强，发根早且旺，返青早，没有病虫害。与弱秧相比较，壮秧有三个生理特点：

一是壮秧有较强的光合作用和呼吸作用，同化大于异化，体内积累了较多的碳水化合物，苗体结实，对返青十分有利。

二是壮秧的碳氮含量比较高，碳氮比也比较适中。碳氮比在 14 的范围内，碳氮比越高，秧苗发根能力越强；同时，壮秧的叶鞘发达且碳水化合物的含量比弱秧高50%左右，也极利于发根。

三是壮秧叶片的束缚水含量较高，而自由水含量较低，有利于抵抗干旱等不良天气条件，移栽后叶片枯死率较低。

2. 培育壮秧的技术要点

根据梅州市抛秧生产的实际，下面重点介绍塑盘育秧的技术要点。

（1）适量播种。选择排灌方便、阳光充足的水田或旱地作秧地。本田杂交水稻亩用种量为1.25～1.5千克，亩用塑盘40～45片（每片561穴）或50片（每片468穴）均可，确保80%穴成秧。秧厢以1.3米宽为宜，放盘前，秧厢面上每10平方米面积内均匀地施撒0.25千克进口复合肥作底肥，拌入土中，然后放入秧盘内并排放好秧盘，接着放入优质泥浆或营养土，待塑盘内的泥浆稍沉后，才可均匀播种、压种。早稻用尼龙薄膜覆盖育秧，以防寒、防鼠、防雨；晚稻用净稻草或黑网覆盖，以防夏季阳光曝晒及雨水冲刷。

（2）科学用水。原则上要保持秧床营养土湿润，切忌渍水。依据“干长根，湿长芽”的生理特点，确保供氧，促进谷种芽发根深扎。早春寒流天气，主要覆盖尼龙薄膜防寒，厢沟可放满水，做到“夜灌日排”；日夜温差大时，白天要揭膜，以防膜内高温烫死谷芽；在二叶一心期后，视天气情况做好揭膜练苗工作。晚造高温强光天气，在中午前后应当彻底排干水，或者秧厢沟可放满流动水，但秧厢面切勿渍水，以防高温烫死谷芽或幼苗。抛秧前3～4天，适当制水练苗，提高碳氮比例，以使秧苗抛插时避免或减轻植伤。

（3）适时施肥。一般以优质泥浆或营养土作秧床土的，习惯上秧苗一叶一心期都不施肥，但考虑到此时谷种内的蛋白质已转化完毕，因此应在现青到一叶一心期，适当施用稀释的腐熟人粪尿有机肥，以作断奶肥，但不可过浓过氮，慎防氨中毒，导致心叶枯黄；二叶一心期，也应适量施用稀释的腐熟人粪尿，以作第二次断奶肥；三叶一心期，按每平方米以尿素20克兑水2～3千克的比例配制稀释肥液，进行叶面喷施，以作送嫁肥；3.5叶龄时即可起苗抛秧。

（4）防治病虫。苗期的主要病虫为立枯病、绵腐病和蓟马等。在水稻出苗至1.5叶前，要每平方米浇施70%甲霜灵—福美双可湿性粉剂或58%甲霜灵锰锌可湿性粉1～1.5克兑水3～4千克的药液，以预防水稻立枯病和绵腐病，并有利于促进根系发育，或者每平方米喷施敌克松800～1 000倍液3千克；发生蓟马为害现象，应立即施用乐果或敌百虫等配液喷雾。在移栽前，也应施用“送嫁药”，以保护秧苗在本田有一段时间不受病虫为害。

第四节　秧田问题之释

梅州市稻区，每年早春播种季节都是在3月上旬至中旬初，那时的天气状况极不稳定，时有寒流、低温阴雨和阳光寡照的天气，对秧苗生长十分不利，易造成烂秧。秧田管理上出现的有关问题，本节仅作记述与分析，以供参考。

1.梅州市的农业气象特点

梅州市的农业灾害性气象可概括为“二旱二水二风”，“二旱”是指春旱和秋旱；“二水”是指早春低温阴雨和“龙舟水”；“二风”是指台风和寒露风。

（1）春旱。梅州市地处南亚热带与中亚热带过渡地带，春旱、秋旱两者兼有。据统计，全市重旱年为10年一遇，中等旱年为7年一遇，1991年旱灾最为严重。梅州市的春旱，全市历年平均最长春旱期为北部短、中南部较长，平远和蕉岭为2~31天，其余地区为32~34天。梅州市出现严重春旱的年份不多，且多在清明前后结束，即多为早春旱。梅州市在3月份发生春旱的频率高达40%，到4月份大部分地区下降至20%。春旱发生时正是农作物春种春播或生长时期，严重影响着农业生产。

（2）秋旱。据统计，梅州市发生秋旱的天数为34~46天，梅县最长有46天，丰顺为34天，其余地区为41~44天。秋分前出现秋旱的，称为早秋旱；秋分以后出现秋旱的，称为迟秋旱。全市发生早秋旱的年份很少，中等度秋旱占多数，轻度秋旱发生极少；全市各县（市、区）出现严重秋旱的年份所占的比例相差较大，梅县占54%，平远占39%，其余地区为24%~32%。秋旱发生时，正是水稻生产中后期，严重影响着产量。

（3）低温阴雨。梅州市是广东省受低温阴雨为害较严重的地区之一。据统计，全市各县（市、区）平均每年有2~4次低温阴雨过程，每次持续9~10天不等；历史上有一次低温阴雨过程，最长时间达28天；受低温阴雨影响的地区差异较大，平远县较重，丰顺县较轻，其余地区介于两者之间。全市低温阴雨的时段集中在2月下旬至3月8日，3月9日以后有80%的年份不再出现低温阴雨天气。全市低温阴雨过程结束的日期迟早不一，早的年份在1月上旬，迟的年份迟至3月下旬，时间相差2个多月，远远超过广东其他地区。这一时期正是水稻浸种催芽、播种育秧阶段，早春的低温阴雨天气，严重影响着全市的春种春播。

（4）龙舟水。在农历五月前后，划龙船时节，江南地区气候不稳定，暖湿空气活跃，北方又还有冷空气南下，影响到江南和广东，冷暖空气相遇，往往出现强而集中的降水过程，这种现象俗称为“龙舟水”。梅州市地处粤北，受“龙舟水”的影响较大，对水稻生产极为不利：一是水稻正处抽穗扬花授粉期，不利于水稻授粉受精，影响结实率；二是公历5月中下旬正值中早熟水稻幼穗发育进入花粉母细胞减数分裂敏感期，有个别年份北方冷空气南下，使梅州市中部地区的气温下降到16℃～17℃，往往“冻死”花粉母细胞，造成水稻结实率低下，或者失收。案例不少，教训深刻！

（5）台风。广东省地处太平洋西岸，沿海，常常受到热带气旋或台风的影响。根据1949—2012年的统计，年平均有2.7个台风登陆广东省，个别年份年登陆6个，年登陆2～4个的年份较多，主要集中在7～9月，以7月为多，9月次之，8月又次之。这些时期，正是早造水稻成熟季节和晚造水稻生产季节，往往造成水稻倒伏，影响产量。

（6）寒露风。一般在九月中下旬，北方冷空气南下，气温下降到23℃以下，并且连续3天以上，此天气现象俗称为“寒露风”。据统计，影响梅州市的寒露风天数，平均每年有6～11天，北部多南部少，其中平远、蕉岭、大埔平均每年有10～11天，兴宁、梅县、五华有8～9天，丰顺只有6天。寒露风最早出现在9月14日，最迟为10月24日，早迟相差1个多月。每年出现寒露风天气1～2.2次，每一次过程一般持续5～6天，据历史记载，一次寒露风过程最长可持续34天。一般在10月5日前出现寒露风天气的概率为30%～40%，10月6日至15日出现的概率为50%～60%；10月16日以后出现的概率为80%以上。

在梅州市的水稻生产上，9月中旬正是水稻幼穗分化发育的中后期；9月下旬是水稻花粉母细胞成熟期或水稻抽穗扬花、授粉受精时期；10月初是梅州市南部稻区水稻抽穗扬花、授粉受精时期。这些时段出现寒露风天气，往往造成较严重的自然灾害，影响着水稻生产。

2.早造大面积烂秧的天气特点与应急措施

1970年春，正值农民浸种催芽、播种育秧时节，低温阴雨来得特别早，强度特别大，持续时间特别长，几乎天天阴天、细雨绵绵、没有阳光、寒气袭人，约有一个多月的时间，据历史记载，按气象记录标准为28天。那时，农村还是生产队集体建制，实行大田育秧，使用的都是常规品种。笔者当时在农村，生产队在3月初播下第一批600多千克常规品种，由于低温阴雨严重，播下去的种芽，不是烂种就是烂芽，能长出来的幼苗，瘦弱叶黄，又由于低温阴雨时间长、强度大，最后全部秧苗冻死的冻死，饿死的饿死，损失惨重。全市的情况，基本一致。

3 月中旬依旧是低温阴雨天气，播种季节即将过去，人们在彷徨，干部在焦急！田要耕地要种，季节催人，迫使人们群策群力，解决难题。群众是英雄，最终创造出“禾坪育秧”的方法，解决了生产困境。老农业干部温亮富同志当年正在平远县山区工作，亲身经历了这一过程。他回忆说，在市、县领导的重视下，各县召开了“禾坪育秧”现场说明会，促进其在全市范围内推广应用。

禾坪育秧即利用平日晒谷的“三火土”晒场，用泥垒成 1 ~ 1.2 米宽的长方厢，厢内放入较肥沃的塘泥浆，适量施入热性的磷粉肥等，拌均匀后即播上催好芽的中早熟品种，播完后盖上草席等（那时还没有尼龙薄膜），以防雨防寒。到 3 月下旬末，天气才逐渐回温，秧苗生长趋于比较正常，因此保住了秧苗，确保了全年水稻的安全生产。

采用禾坪育秧的方法，解决了生产上的燃眉之急，创下了农业生产之最，它有什么优势呢？

一是有利于提高土温，促进秧苗生长。前文已阐述过，一般气温在11℃ ~ 16℃时，田间的土温比气温高出 2.5℃，但是在长时间的低温阴雨过程中，其土温与气温的差值会缩小。由于田间土层比较深厚，当有短暂阳光照射时，气温升高较快，土温升高却较为缓慢，因而不利于促进秧苗生长；反之，禾坪育秧的土层约 2 厘米厚，土层较薄，较易吸热升温，有利于秧苗生长。

二是播种量大，节省秧田。一般常规品种亩用种量为 10 千克左右，一亩秧田播种约 50 千克，一亩秧苗可插植本田约 5 亩。然而，禾坪育秧亩播种量为 100 多千克，一亩禾坪秧苗可插植本田 10 亩左右，节省秧地。

三是秧苗期短，管理方便。一般 3 ~ 3.5 片叶龄时即可移植，十分有利于抢抓季节。由于陆地育秧，采取防寒防雨措施、淋水施肥、起秧移栽等都十分便利。

四是小苗插植，秧苗生长快。只要气温稍有回升，时有阳光，禾坪秧比大田秧生长更快；苗小带土浅插，可以减少植伤，有利于早生快发。

但是，禾坪育秧花费精力，秧苗期短，气温突然升高或阳光强的情况下，易导致秧苗生理性失水，不及时管理或移植，易造成枯萎或死苗。在特殊的气候条件下，抓季节抢时间，推广禾坪育秧，是一项重要的农业技术改革。值得记载，以启后人。

3. 断奶肥要早施在一叶一心期，但不能过氮的原因

过去，我们一直都认为秧苗三叶期就是断奶期，此时才施用断奶肥。但

现在提出断奶肥的施用提早到秧苗的一叶一心期，是什么道理呢？这是依据种子萌发后内存物质即淀粉和蛋白质等有机物质转化的实际情况决定的。

前两章已述，在种子萌发至秧苗三叶展开之时，胚乳内存的淀粉已转化并被幼苗生长利用完毕；此外，秧苗三叶期前根系吸收机能弱，叶片光合产物的积累补偿不了呼吸所消耗的，故此时期就定为断奶期，俗称“糖断奶”期。

断奶期一定要及时施用断奶肥，因为幼苗三叶期后，必须依靠自身的根来吸收外源物质和利用叶的光合作用来制造有机物，以供幼苗生长；此外，三叶期后第四片叶已在生长，同时也伴随着第一分蘖的分化与发育，是生长量大增时期，急需更多的营养物质来支持。为此，这一时期理应及时补充外源营养物质，以帮助幼苗独立生长，这也是培育壮秧的关键技术措施之一。

但是，在种子萌发后的第 8 天，种子内存的蛋白质已明显下降，第 10 天后，种子内存的蛋白质也已转化并被幼苗生长利用完毕，此时正是一叶一心期，俗称“氮断奶”期。我们知道，蛋白质是根、茎、叶等新器官重建的关键物质，蛋白质的缺失对幼苗生长不利，理应及时补给。所以，断奶肥的施用应提早到幼苗现青到一叶一心期间。

由于秧苗在一叶一心期时，蛋白质基本分解完毕，应及时追施氮肥。秧苗吸入氮素后，与有氧呼吸过程中产生的中间产物铜酸、烯酸等，结合形成氨基酸，氨基酸进一步合成蛋白质，促进根、茎、叶的生长。因为这一过程需要消耗种子内存的淀粉转化的葡萄糖，吸入的氮肥越多，消耗的葡萄糖也就越多，这就是施氮的当时效应，叫作“得氮耗糖”。故此，此时期不宜施氮过多，只施稀释的腐熟人粪尿液，不要施速效化肥。如果施氮过多，秧苗体内就得氮多，消耗的糖类物质多，当秧苗体内贮藏的糖类超过许可范围时，不仅对生长无益，而且使体内积累了氨，在积累氨过多的情况下，反而造成“氨中毒”，导致幼苗心叶枯黄。这就是施肥不宜过浓过氮的道理。合理施肥后，根、茎、叶的生长发育，使得秧苗光合作用的能力加强，于是糖类的积累增多，就产生了“得氮增糖”的后时效应。

4. 早春尼龙薄膜育秧常见的烂芽现象与补救措施

烂芽是指从播种至不完全叶伸出（俗称“现青”）这一段时期内的根、芽死亡现象。烂芽是烂秧中较为重要的类型。近 10 年，梅州市大力推广杂交水稻抛秧生产，所以早春绝大多数农户都是采用塑盘尼龙薄膜育秧。在天气不良，加之农户管理措施不当的时候，秧田常常出现生理性烂芽和传染性烂芽的现象。造成烂秧的主要原因，是低温缺氧和病菌侵入。

较常见的生理性烂芽类型有：①淤芽，即谷芽全部陷入泥中，芽鞘无法伸长，久后腐烂；②露芽，即谷芽暴露土表，种根久久不能入土，根、芽受温度变化和日晒等影响而萎蔫干枯；③跷脚，即种根不伸长，但也不能扎入土内，芽谷一端被抬起，也萎蔫而死；④黑根，即根芽受毒害，根发黑并腐烂，幼芽枯萎；⑤倒芽，即光长芽不长根，芽鞘和鞘叶徒长，头重脚轻，倒于土面或浮于水面；⑥钓鱼钩，即根、芽生长不良，幼芽黄褐色卷曲成鱼钩状，颠倒生根，最后幼芽变黄褐色并枯死。

生理性烂芽常常伴随着病理性烂芽。

造成芽腐的病原菌有腐霉菌、绵霉菌、水霉菌等。这些病原菌广泛存在于土壤和灌溉水中，寄生性都很弱，它们生长发育的最低温度，都比水稻幼芽生长所需的温度更低。当日均气温低于12℃时，十分有利于这些病菌的生长繁殖；在阴雨、寡照、低温状况下，种芽的生理机能大大减弱，抗逆力差，迟迟不能扎根出叶，加上种芽的渗透物质给病菌提供了丰富的营养物质，就诱导了这些弱性寄生菌的侵入并大量繁殖，结果引起烂芽。温度愈低，持续时间愈长，阴雨寡照天数愈多，排水不良，烂芽就愈普遍愈严重。

较常见的病害有绵腐病和立枯病。

（1）绵腐病：初期病状是在根、芽基部的颖壳破口处产生乳白色胶状物，尔后逐渐向四周呈放射状地长出白色绵毛样的菌丝体和孢子囊，之后常因氧化铁沉淀物附着，呈红褐色，或者与藻类附着在一起，呈绿色。由于病菌的为害，幼苗逐渐变色枯死。

（2）立枯病：又称芽腐病，初期在根、芽基部呈现出稍带水渍状的淡褐色斑，随后以根、芽基部为中心长出白色绵毛样的菌丝体平贴于土表，并很快变成土褐色，需仔细观察才能辨认。但在幼芽四周和附近土面上，常出现一块块较明显的锈斑，可帮助判断。最后，幼芽和幼根变成褐色并扭曲、腐烂。开始时零星发生，后迅速向四周蔓延，严重的成块、成片死亡。

发生烂芽的补救措施：

（1）对于由过早淹水、低温缺氧引发的烂芽，应立即排水落干，促使幼苗扎根。如以黑根为主的秧田，可先勤灌浅水数次，冲洗土壤中的有毒物质，然后排水落干，以利于幼芽恢复。

（2）对于传染性烂芽的秧田，可先在上午排干秧田渍水，待下午4时后日光不强、秧田稍干时，使用500倍“敌克松”药液喷射，效果良好。

（3）烂芽严重时，特别是发酸、不长根芽时，应立即补播，以免贻误农时。

5. 秧田死苗的类型、诊断方法与防治措施

死苗是水稻苗期的一种生理和病理的综合征。一般在早造秧苗二至三叶期时易发生，旱育秧最为严重，湿润育秧次之，水育秧较少。梅州市以塑盘尼龙薄膜湿润育秧为主，常见死苗有黄枯型和青枯型两类。田间诊断发病机理，虽有各异，但也有共性。

（1）青枯型死苗。青枯型死苗呈急性。田间症状是秧苗从心叶先蔫萎，卷成针筒状，随后下叶也很快卷成针筒状，最后全株叶片呈污绿色，卷叶青枯而死。青枯死苗大多发生在二至三叶期，往往一墩墩突然出现，迅速蔓延，严重的成片枯死。

造成青枯型死苗的原因，主要是气候因素和秧苗素质。在低温天气时间较长和强度大的条件下，幼苗受害严重。开始时，低温引起秧苗的呼吸作用强烈波动，新陈代谢紊乱；随后，原生质结构被破坏，透性急剧加大，持水力降低；紧接着，天气突然转晴，气温急剧升高，温差过大，气温超过15℃时，秧苗叶面的蒸腾作用也突然加强，由于前期低温使根系的吸收能力衰退，无法增加吸水量，造成苗体内水分失衡，结果导致秧苗因生理失水而急剧青枯死亡。此外，与土壤条件和病原菌也有密切关系。

（2）黄枯型死苗。黄枯型死苗呈慢性。田间病状为秧苗叶片自下而上渐次枯黄，而每一叶片则自顶端叶尖部向叶基部渐次枯黄，最后导致秧苗死亡；检查根部，根呈灰白色，似开水烫过，丧失光泽和弹性；用手拔苗，茎易与稻谷脱离，且茎基部变褐色软化。此类死苗，初期不易诊断发现，待表现为黄矮症状时，根系多已丧失活力。由于根系受损在前，黄矮表现在后，所以留心观察秧苗“吐水”情况，可以提早诊断。凡在清晨或傍晚，秧苗叶尖很少吐水或不吐水的，往往过几天就会发生黄矮枯死的症状。初期多在生长矮小的弱苗上先发病，随后蔓延，严重时也一墩墩、一片片地黄化枯死。

综述死苗发生的条件和原因，主要有如下三种因素：

（1）气候条件。最低气温持续低于10℃，接着转晴，2～3天内最高气温超过25℃，最低与最高温差在15℃左右时易导致死苗现象。低温持续时间较短，温差较小时，易引发黄枯型死苗；低温持续时间较长，温差较大时，就易引发青枯型死苗。

（2）土壤条件。湿润育秧的土壤环境中氧气较为充足，在这样的气候条件的诱导下，土壤中以腐霉菌为主的好气性病原菌最容易大量繁殖，并侵害秧苗的根系，致使根系发病腐烂，造成根死叶黄。此外，由于气温时高时低，也易导致土壤中以亚硝酸为主的有毒物质的产生和积累，从而又毒害根

系。据科学检测，土壤中亚硝酸的含量达到0.1～0.2 ppm时，就会导致秧苗中毒死亡。

（3）秧苗素质。秧苗期苗体内糖量贫乏，长势差，抗性弱的，就易成为死苗。三叶期的秧苗正处于断奶期，所以死苗一般总是发生在三叶期前后。

结果说明，持续低温、骤然转晴升温的天气和比较氧化的土壤环境，一方面易造成亚硝酸的形成和积累，进一步毒害秧苗，使断奶期的秧苗素质更弱；另一方面，又促进腐霉菌大量繁殖和侵害秧苗，是导致青枯死苗和黄枯死苗的主要原因。腐霉菌属于藻状菌纲，是真菌中比较低等的类型，耐湿、耐低温。在早春育秧条件下，有腐霉菌就一定会导致秧苗病变死亡，它是导致烂根死苗的主要病原微生物。

防治死苗发生的措施：

（1）以肥促苗。在秧苗一叶一心期前早施断奶肥，以弥补幼苗体内氮素的不足，使三叶期秧苗提早处于“得氮增糖”后效应阶段，以健苗壮体。

（2）以水护苗。在幼苗三叶期前后，看天气变化建立浅水层，以抑制好气性真菌的繁殖和亚硝酸的形成与积累。低温来临或低温转高温时，要上水护苗，以提高土温，缩小温差。旱育或半旱育秧的，则增加浇水量，使土层水分呈饱和状态。

（3）用药杀菌。“敌克松”是防治腐霉菌的有效杀菌剂，一叶一心期防病极好；发生死苗初期，喷射“敌克松”药液，效果很好；也可用“福美双”药液防治，既可杀菌又可抑制亚硝酸的形成，效果明显。

6.早造秧苗大面积黄化枯死的原因分析

2011年3月下旬，梅县有不少农户反映，秧盘内的秧苗出现不同程度的黄化枯死现象。田间调查发现，秧苗叶片自下而上渐次枯黄致死；用手拔苗，叶和茎易与根系脱离，叶基部腐烂；根系呈黑褐色，有腐烂的症状。这是水稻秧苗期的一种生理和病理的特殊综合征，是黄枯型死苗病症。作出以上分析判断，主要依据如下：

一是从气候因素判断。查询梅州市气象局提供的资料，3月15日至19日、23日至25日和27日至30日，先后3次出现过明显降温和骤然升温的天气，温差在8℃～15℃（见下表）。根据经验，在秧苗期间，最低气温持续低于10℃，紧接着天气转晴，气温骤然升高，2～3天内最高气温超过25℃，在最低和最高气温相差15℃左右时，低温持续时间较短，温差较小时，易引发黄枯型死苗；低温持续时间较长，温差较大时，就易引发青枯型死秧苗。这就是导致秧苗黄化枯死的主要诱导因素。

梅州市三月中下旬日气温表（℃）

日	10	11	12	13	14	15	16	17	18	19	20
平	13.9	13.3	15.5	20.9	22.1	16.3	12.8	15.8	12.7	14.2	18.7
高	17.2	15.2	18.5	29.3	29.9	23.5	17.9	21.2	17.9	15.8	22.7
低	12.3	12.5	13.1	15.7	16.3	11.5	9.7	11.3	11.0	12.2	15.5
日	21	22	23	24	25	26	27	28	29	30	31
平	23.4	15.6	13.1	13.5	16.4	15.4	12.4	16.2	16.7	17.2	19.3
高	30.6	24.3	16.2	15.3	21.6	18.1	14.7	24.7	24.8	23.2	27.4
低	19.2	13.0	10.7	11.3	11.7	14.2	10.8	10.8	10.5	11.8	13.9

注：日为日期；平为平均气温；高为最高气温；低为最低气温。

二是从秧苗素质判断。梅州市的塑盘育秧大多数在3月8日至10日播种，3月底至4月初秧苗都在3.5～4.0叶龄。3月下旬正是秧苗的“断奶期”，如果秧田管理水平不高，秧苗素质就差，抗逆性也差，就易发生病害。

三是从育秧方式判断。塑盘尼龙薄膜育秧，是半旱育秧方式，土壤通气条件较好。在这样的气候条件的诱导下，土壤中以腐霉菌为主的好气性病原菌最容易引起大量繁殖，并侵害秧苗的根系，致使根系发病腐烂，造成根死叶黄。此外，由于气温时高时低，也易导致土壤中以亚硝酸为主的有毒物质的产生和积累，从而又导致根系受毒害死亡。

从以上三个方面分析判断，田间秧苗发病的症状，与秧苗黄枯型死苗的发生机理和病状基本相符。

建议迅速施用“敌克松”或“福美双”农药杀菌防治。

7.秧苗发生黄苗的鉴别与防治方法

黄苗泛指秧苗从鞘叶期至三叶期前后叶色发黄的现象，不包括黄枯型死苗。常见的有低温黄苗、黑根黄苗和脱肥黄苗三种类型。它们发生的主因是早春持续低温，多雨寡照，环境不适引起秧苗的生理反应变化。主因相同，但引发的症状各异，鉴别如下：

（1）低温黄苗。我们知道，籼稻根、叶生长的最低温度是在15℃左右。但是当秧苗在鞘叶期和一叶期之时，若寒流来袭，气温持续低至7℃左右，并且连续阴雨，光照稀少或无，这样的天气条件，严重影响幼苗叶绿素的形成，导致整厢秧苗黄化，形成黄苗现象。一旦天气转晴，气温回升到正常水平，这类黄苗又会很快形成叶绿素，恢复为正常秧苗。

（2）黑根黄苗。大多数发生在还原性较强的土壤条件中或有机质肥料较多的秧田中。一般在持续低温阴雨转晴、气温上升到20℃以上时才会发生黑根黄苗现象。因为在10℃左右低温期间，土壤受低温制约不产生硫化氢，在低温转为高温，又保持水层的情况下，土壤中才会大量产生硫化氢等还原性有毒物质，毒害根系，使根系丧失吸收能力，导致幼苗叶片发黄，严重枯死。

（3）脱肥黄苗。多发生在秧苗三叶期。我们知道，秧苗在一叶一心期，种内胚乳贮藏的蛋白质已被转化消耗尽，即“氮断奶”；第三片叶展开后，胚乳贮藏的淀粉也被转化消耗尽，即“糖断奶”。如果秧田土壤肥力低，加上这样的连续低温阴雨天气，根系吸收能力弱，营养不良导致苗小叶黄，就会造成脱肥黄苗现象。

防治措施：选好秧田，适时播种；寒流天气，灌水护苗；早施断奶肥；发生黄苗时，当天气转晴、气温回升后，要排水露田，排出有毒物质或污渍水，增土温，促根发，追施稀释腐熟人粪尿等有机质肥或复合肥等，促使秧苗恢复生长。同时，低温苗弱，易遭受病原菌为害，必须及时做好药物防治工作。

8.引发白化苗的原因与诊断方法

在秧田常常会发生叶片白化现象，这种秧苗俗称白化苗。在生产实践中，有几种不同的因素会引发白化苗现象，田间鉴别有异。

（1）遗传病引发的白化苗。

这类白化苗在农村被俗称为“戴孝秧”，它与白条斑苗相伴随，属于同一种遗传病。零星发生，危害极微。田间鉴别病状：①白化苗的病状，是全株叶片和叶鞘均呈白色，二叶一心期生长直立，白得显眼；它无叶绿素，由于自身不能产生光合产物，三叶期后消耗尽了种胚物质，就会自然枯竭死亡。②白条斑苗的病状，是全株各叶片上呈现一至数条白色或黄白色条斑，这种白条自叶片尖端一直延伸至叶鞘基部，阔狭均匀，病健的交界整齐而清晰。白条斑有叶绿素，可以产生光合产物，能继续生长，本田仍可发现，病状与苗期相同，与正常禾苗一样能分蘖、抽穗、开花结实，只不过分蘖数稍少，结实率较低。

白条斑苗生产的种子，常常也与正常的水稻种子一起收获，并留作翌年谷种之用。来年播种后，这些白条斑苗生产的谷种培育出的秧苗，就会按其遗传分离规律的比例进行分离，又产生64%的白化苗，31%的白条斑苗和5%的正常绿色健苗。所以说，白化苗与白条斑苗是终身相伴的遗传病。它是一种细胞质遗传现象，与细胞核的染色体没有关系，后代所呈现的苗色，全由母本决定，与父本无关。白条斑苗生产的种子非常有限，混在大量稻种内，故包装的种子，有的有其种子，有的无其种子，所以在农田中分布不均匀。

（2）寒害引发的白化苗。

这类白化苗属于寒害苗，鉴定的关键因素是气温突然降低，导致苗叶出现褪色发白现象。

发病的原因是：早春育秧期间，大多数秧苗在二至三叶期，谷种内贮藏的营养物质即将被耗尽，而根系生长发育尚未完成，吸收能力仍很弱，处于断奶期阶段时，体内贮藏的糖量不足，其抗寒能力显得最弱，此时如遇寒潮侵袭，气温急剧下降到 12℃以下，幼嫩的叶片就会遭受寒害。我们知道，叶绿素的形成，与温度有着密切关系，最适宜温度是 30℃，最低温度是 7℃，最高温度是 40℃；当温度在 12℃以下时，当时正在生长发育的幼嫩叶片就会丧失形成叶绿素的能力，受寒害的秧苗，叶片尖端部分褪色发白，严重的整张叶片变白，成为白化苗。

防治措施参照防治黄苗病的内容。

（3）肥害引发的白化苗。

这类白化苗多发生在秧苗二叶期以后，属于肥害引发的白化苗现象。田间症状：叶色灰白，苗体萎蔫，有失水现象；拔苗察根，根尖呈黑色；秧苗一小群一小群地发病，严重的有 60% ~80% 发病株；处理不及时，会导致秧苗白化枯死。

其发病的原因，我们认为是：塑盘育秧时，在布摆秧盘前，有个别农户施放在秧床泥土上面的化肥是混合复合肥。这类混合肥掺混着氯化铵、氯化钾之类的化学肥料，肥性不稳定；或许农户过量使用了这类混合肥，在秧盘下面隐藏着混合化肥的分解和聚积作用，秧盘下面的特殊形态构造，为化肥的分解和积聚提供了很好的场所。播种后，随着时间的推移，秧苗生长到二叶期或二叶期后，化肥的分解和积聚达到一定浓度时，就由秧盘孔入侵，或许通过根系为害秧苗。可能为害幼苗的是化肥分解的氯离子或硫化氢等，影响了苗体内叶绿素的形成，使苗叶呈白化状，同时也危害了根尖。早春气温低，发病较迟；晚造气温高，发病较早。这类现象，在 10 年前就发生过，先后在扶大、南口、梅南、丙村等地的个别农户那里出现过，2011 年晚造时隆文也发生过个案，2012 年早造时梅县城东也有个案发生。

发生这类肥害引起的白化苗时，应当立即采取措施。一是松动秧盘放流动水冲稀，或松动秧盘后用水冲秧床，目的是冲稀秧盘底部的积聚物；二是搬动秧盘，另立新秧床；三是及时使用杀菌剂农药防治病害；四是补施稀释的腐熟人粪尿液。处理及时，秧苗就能恢复生长。

（4）不明因素引发白化苗的案例。

2011 年晚造，梅州市首次引进 250 千克二系杂优稻某组合种子。塑盘育秧期间，梅县长沙、畲江、石坑等镇的个别农户反映，凡购买二系杂优稻某组合种子的，播后在秧田中出现不少的白化苗，不知何故。

我们到现场调查发现，秧苗症状表现为 1 ~ 3 片叶都呈白色，包括叶鞘和叶片，整株秧苗白化显眼，发病秧苗占正常秧苗的 3% ~ 18.3%。农户叙述，谷种芽播下后，这些幼苗生长的叶片就是白色，现生长出的叶片也是白色的。我们询问过施肥施药情况，也知道当时的光照、温度没有特殊的变化，未发现与白化苗产生有直接关系的因素，不知其解。过了五六天时间，这些白化苗又逐渐转绿，恢复正常生长。虚惊一场！我们直接与生产二系杂优稻种子的单位联系，反映情况并问其何故，而他们早知有此现象，但也不知道原因。

我们查阅了有关资料，未得到明确的答案。最后，我们从稻种胚的形态构造、种子萌发和叶绿素生物合成等学说中得到启迪，大胆推断该白化苗发生的原因：叶绿素原基质存在于种胚中，种子萌发过程中，也伴随着叶绿素生物合成；叶绿素的形成与光照、温度和矿物质元素有密切的关系，其中，矿物质元素的影响很大，植株缺乏氮、镁、铁和锰时就不能形成叶绿素，呈缺绿病而白化。氮、镁是叶绿素的组成元素，铁、锰可能是叶绿素形成过程中某些酶的活化剂；叶绿素中的镁元素容易被稀酸中的氢所取代，这时绿色消失，但是去镁后的叶绿素能很快地与铜或锌盐起作用，铜或锌盐进入叶绿素的分子中，叶子就呈绿色。

我们初步判断，出现这种类型的白化苗，一是有可能与该二系杂交稻种某组合的遗传特性有关；二是有可能在种子成熟过程中，成熟度不足的种子，种内缺失叶绿素形成的必要元素，导致叶绿素形成过程迟缓；三是在叶绿素形成过程中，缺失必要元素激活酶的活性所致；四是或许施秧盘底的肥料不均匀，造成小单位面积肥料多，抑制了对矿物质元素的吸收，延缓了幼苗叶绿素的形成。

事实如此，机理难详，特别记载，有待探讨。

第四章　水稻营养生长

水稻一生的生长分为营养生长和生殖生长。营养生长就是根、叶、蘖和茎等营养器官的生长时期，主要是积累有机物质，为过渡到生殖生长阶段准备必要的物质基础。生殖生长是幼穗、颖花、谷粒等生殖器官生长发育的时期。营养生长是生殖生长的基础，只有有了稳健的营养生长，才能有好的生殖生长，丰收才有物质基础。所以，了解和掌握营养器官的生长知识，对实施水稻高产栽培尤其重要。

第一节　根的生长与生理特性

1. 根的种类与功能

水稻的根系属于须根系，根据生发的不同部位，可分为种根、芽鞘节根和冠根。

由种子的胚根直接发育而成的是种根。种根仅 1 条，它在幼苗期起着扎根立稳和吸收作用。

从芽鞘节上长出的根，叫作芽鞘节根。一般有 5 条，这些根短白而粗壮，又俗称“鸡爪根”，起着立稳和吸收作用。

从茎节上长出的根，叫作冠根。随着禾苗的生长，每个土壤表面的茎节都长出大量的根，根系呈冠帽状，故此得名。冠根的功能，主要是吸收水分、肥料等营养物质，供应给稻株，以满足其生长的需要。一般冠根分上位根和下位根，上位根又称浮根（见图 4－1），浮根除吸收水分和肥料外，还可以吸收氧气供土壤深层的根系使用。

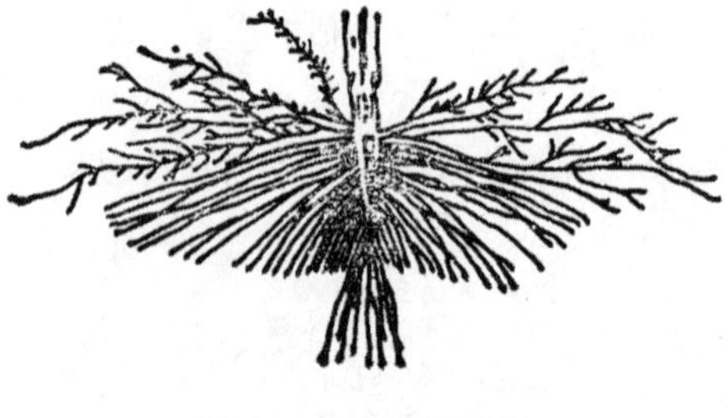

图 4–1　浮根的外形

一般情况下，地上部的茎各节是不会生长出根的。但是，稻秆倒伏在地时，也会生长出根来，这类根被称为不定根；在灌水太深、受荫蔽、湿度大的条件下，地上部的茎节也会长出根来，这类根被称为气根。特别要说明的是，当稻株的幼穗分化受到药害、螟害而致死了稻株的幼穗或最上部位的生长点时，因受害的稻体下部生长旺盛，体内的物质积累多，原供应渠道受阻，物质的积聚，使“库”与“源”失调，也能导致高位分蘖和长出气根来；此外，个别稻种生长量大，造成田间群体荫蔽；或晚种误在早造种植，生长量大，群体荫蔽，也会导致生长出气根来。气根不入土，纯粹消耗养分，所以生产上应防止气根的产生。

水稻在分枝根上再生长分枝，即二次分枝根，也是吸收的器官。一条生长着的稻根，从根尖向后的各部位，由于其组织分化的情况和老化的程度不同，吸收功能也不一样。分生区和伸长区开始部分吸收养分旺盛，其后则逐渐减弱；根毛区是吸收水分最旺盛的部分，其后亦逐渐减弱，到分枝根发生的部位吸收水分的作用大减。

由以上可知，吸收水分的部位主要是根的先端部分，增大根系吸收面积主要是靠分枝根和根毛。在生产上，保持土壤良好的通透性，使根的分生区旺盛地活动，加速分枝根的形成和生长，对于吸收面积的增加有十分重要的作用。

2. 根的生活环境与活力

水稻的根系生活在水稻土中。一般水稻土分为三层：土表面只有几毫米厚的土层，因有氧气存在其中，叫作氧化层；氧化层以下的整个耕作层，因几乎无氧气，经常处于还原状态，叫作还原层；还原层以下的土层，叫作犁底层。水稻的根系绝大部分都生活在还原层中（见图4-2）。

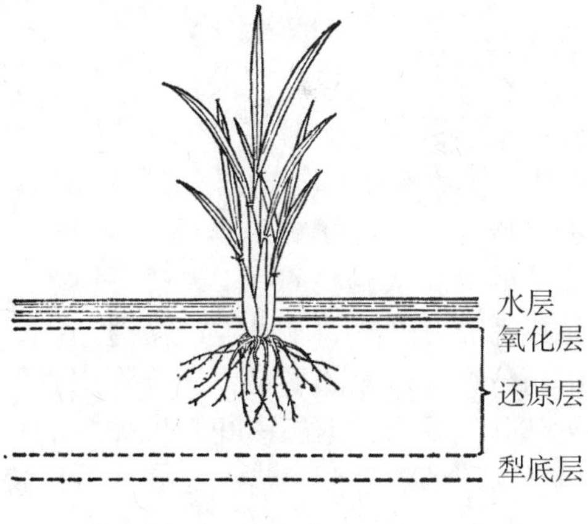

图4-2　稻田土层的分化

土壤的还原层对根系的生活，有利也有害。

（1）有利方面：一是有机肥料的铵化率高，即有机质中的氮，由于还原层缺氧，分解到铵态氮阶段即停顿，不会变为硝化氮，而铵态氮在还原层中比较稳定，成为根系吸收氮素的一个基本来源；二是在还原状态下，磷、钾、硅、镁、钙、铁、锰等的可溶性提高，可供给量增加。

（2）有害方面：一是还原层中往往又同时存在着一些毒害根系的还原性物质，如硫化氢、有机酸和过多的亚铁、亚锰等，当稻土还原性过强时，这些有毒物质就会大量产生，损害根系，抑制吸收，导致减产；二是还原层能抑制根的氧化能力，根系对有毒的还原物质也有一定的抵抗能力，即氧化能力。根的生长发育和生理活动，需要有足够的氧气，氧气足则活力强，缺氧则会使根丧失活力。然而，氧气的主要来源，是空气中的氧气和代谢过程中产生的氧气，通过通气组织和细胞间隙传送到根部，并非靠灌溉水中的那一点氧气。所以，处于还原层的根系，就会向周围的土壤分泌氧气，来氧化根际周围的还原性物质，以建立适合自己活动的氧化环境，不断扩展根系，吸收养分供给稻体。但是，根的氧化能力是有一定限度的，还原性太强，或产生的有毒物质太多，根系仍会受害。实际生产上，要做到“以水调控”，排水露晒田，排毒促根，增强稻体。

3. 分蘖期根的生长特点

水稻在分蘖期中，随着新叶、分蘖的不断增加，具有发根能力的茎节数也迅速增加，所以新根也就大量产生，根的数量迅速上升。根与叶同伸规律是相差 3 个节位，故发根的激增期就比分蘖的激增期落后 15 ~ 20 天，即在分蘖大量发生的 15 ~ 20 天以后，地下部的根大量产生。分蘖期的根系，伸展方向主要是在耕作层中向四周扩展，形成了横宽纵浅的扁平状椭圆形的根群（见图 4-3，上面部分）。

发根所需的养分，主要是由该发根节的叶片供给的，也就是说该叶是心叶以下的第 3 叶，计算方法：以心叶为 n 叶，该叶就是 $n-3$ 叶。由于发根的消耗，该叶片和叶鞘内的碳水化合物含量显著减少。水稻生产上，施肥过氮、种植过密、叶片长大软披等，都会造成群体荫蔽严重，光照不足，光合作用减弱，下部叶片早死，则靠该叶提供养分的根，也会由于营养来源不足，受到严重影响。

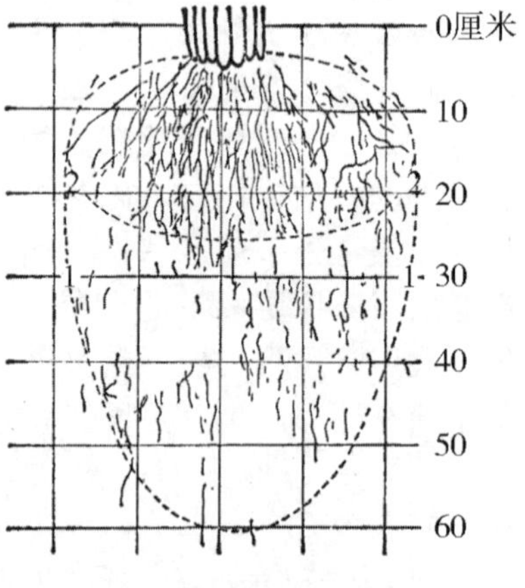

图 4-3　稻根分布的形状

1. 出穗期根群　2. 分蘖期根群

4. 拔节孕穗期根的生长特点

拔节孕穗期，新生茎节陆续拔出地面，发根的茎节数量逐渐减少，所以茎节上产生不定根的速度也不断下降，但是根的分枝生长却极为旺盛。一般情况下，特别是靠近伸长节间的较上位发根节，其不定根上长出大量分枝根，并沿3厘米以上的土壤表层伸展。这些浮根的生理活性较强，还具有吸收氧气的特别作用。同时，较下位发根节的根，下扎能力极强，逐渐向土壤下层伸展。拔节孕穗期间，根群扩大，总根量增加，直到抽穗时，根群数量和分布的深度、广度，一般都已达到或接近最大值（见图4-3）。

稻根主要分布在表层。一般在表面以下0～5厘米的占50%以上，在0～25厘米的占90%以上，在25厘米以下的不超过10%。视土壤情况，根可扎到60厘米深处，甚至100厘米以下。

5. 根系生长的条件

稻根生长在土壤中，其生理活动、生长速度和发达程度，除了本身的内在因素外，还受温度、光照、营养和耕作层等条件的影响。

（1）温度。稻根生长的最适宜温度是25℃～30℃，最低温度是12℃，最高温度是46℃。当土壤温度低于15℃时，发根力和根的吸收能力显著下降，对磷的吸收首先受到抑制，其次是铵态氮，再次是钾和水分。低于10℃时，根的生长停止。当土壤温度超过35℃时，稻根生长受阻，根系加速衰老，吸收能力下降，尤其是对钾、硅、锰的吸收明显减少。在生产上，早造水稻移植应避开不良天气，防止低温引发根系活力下降而形成僵苗；晚造高温移植，应放活水养苗。

（2）光照。光对根系吸收养料起着间接的作用。光照充足，光合作用和蒸腾作用加强，稻体供给根系的养料增加，提高了根系活力，增强了根系吸收无机养料的能力，反供给稻体各器官。光照不足时，根对各种无机养料的吸收都将明显下降（见表4-1）。

表4-1 光照对稻根吸收无机养料的影响

照度指数	吸收的无机养料（%）						
	氮	磷	钾	钙	镁	锰	硅
100	100	100	100	100	100	100	100
58	82.5	76.3	77.8	106.9	103.0	85.1	95.3
26	40.4	33.0	41.0	63.9	68.2	46.2	65.1
5	16.5	14.8	13.0	48.5	40.2	22.2	34.9

生产上，过度密植、过早封行等，造成光照不足，易导致分蘖少和根系早衰的现象。

（3）营养。土壤中营养元素的种类、数量都能影响根系的生长和它的生理机能，尤其是土壤中的有机营养对根系的生理机能影响更大。因为根系所需要的碳水化合物，都是由地上部分光合作用制造并供给根系的，所以凡能影响地上部分光合作用的因素，都能间接影响根的生长。稻根的生长主要依赖叶片供给养分，叶的养分消长直接影响发根力。不同肥料中，氮肥对根的生长影响最大，可使根系增多，根短，大部分分布于土壤表层；磷肥和钾肥可使根数和根长度都增加，分布于较深的土层中。氮、磷、钾的供给保持平衡时，就能使稻根的生长和生理功能保持最旺盛的水平。

（4）耕作层。耕作层是稻根的活动场所，耕作层的厚度及其物理、化学和生物特性等，对根系生长都有影响。实践证明，只有 10 厘米深的耕作层，其根分布浅，到分蘖盛期就会有缺肥现象；12～16 厘米深的耕作层，到幼穗形成期也表现出缺肥现象；20 厘米以上深的耕作层，到抽穗期就很少发生缺肥现象。

在水稻生产上，增施有机质肥，深耕改土，都能增加耕作层厚度；多露轻晒，排除有毒物质，改善土壤通气条件，都有利于根系的生长和生理活动。

第二节　叶的生长与生理特性

叶是光合作用的主要器官，是合成同化物的主要场所。叶片长得快、长得好、光合作用强，是获取高产的基础。水稻高产栽培上，群体结构要求叶片生长快且叶短、直、厚，这样有利于密植，防止荫蔽，提高光能利用。

1. 叶的生长与功能

根据叶片的生长特点和功能，每一片叶的生长可分为三个阶段：第一阶段是由心叶进一步伸长至接近定型前，此阶段以伸长为主，称为伸长叶；第二阶段是从叶片定型至增厚时期，这是功能盛期，称为功能叶；第三阶段是叶片逐渐趋于衰老时期，称为老叶。

水稻各叶片的生长速度各不相同。一般来说，第 1～3 片叶的出叶速度为 1～3 天才出一片叶；从第 4 片叶至拔节前，每 4～5 天才出一片叶；拔节后，每 6～8 天或更长的时间才能出一片叶。同时，出叶速度受温度、水分、肥料等因素影响，生长条件不良，出叶速度就慢。

水稻主茎各叶片的长度也各不相同。自第一完全叶起，叶片长度随着叶位的上升而迅速增长；到分蘖末期、幼穗分化期长出的倒数第三、第四片叶，其叶片长度为最长；倒数第二叶和剑叶的叶片又依次缩短。叶片的长度受光、温、水、肥等因素的影响甚大。在肥多、水足、遮荫等情况下，能使叶片长度增加，因此，控制肥水、阳光充足，培育出的叶片相应较短且直厚。生产上，在分蘖末期即正在生长最长的叶片的时候，采取落干晒田方法，防止叶片过度长大，能有效改善群体结构。

一株水稻茎上的全部叶片，按其功能作用自上而下可划分为三组：

第一组，即幼穗分化期以后长出的叶，包括剑叶在内的上顶部3片叶，俗称为“功能叶”，这组叶片的主要功能是为谷粒充实而服务。

第二组，幼穗分化期以前生长的3片叶，即自上至下的第4～6片叶，这组的3片叶在幼穗发育期间，具有很强的光合能力，它的功能是将同化产物输入给幼穗发育和第一组叶片利用，它关系着幼穗的分化发育和穗的大小。

第三组，自上至下的第7～9片叶，这组叶片的功能主要是为第二组叶片生长服务，对幼穗发育的作用远小于第二组叶片的功能。

这些叶片内的氮等的外运输送，自下而上依次发生。

水稻的叶鞘由表皮、薄壁组织、维管束和机械组织等部分组成。表皮上分布的气孔与薄壁组织中的通气腔相通，构成稻体地上部分向根系输送氧气的主要通道。叶鞘的薄壁组织有暂时积累淀粉的功能。叶鞘与叶片的服务功能基本一致。

2. 叶片数目与形态、寿命

水稻的主茎叶片数目，与品种、组合的遗传特性有着密切关系。一般来说，早熟品种的叶片数目较少；中熟品种的叶片数目比早熟品种稍多；迟熟品种的叶片数目较多；越晚熟的品种其叶片数目越多。一般而言，生育期为95～125天的品种，主茎叶片数目有10～13片；生育期为130～155天的品种，主茎叶片数目有14～15片。据广东省农科院调查，矮秆品种的叶片数比高秆品种的叶片数多一片以上，生育期相近的矮秆品种，植株愈矮，叶片数反而增加。由此说明，增加叶片数是矮秆品种增加绿叶面积的一种形态特点。

根据对插植秧苗生长的研究，依据叶的形态、生长、代谢、功能来分析，本田的叶片可分为三组：

第一组，插秧后出生到变形叶鞘以前的叶片。这些叶片的叶鞘扁而薄，鞘背垂直，中央有棱线突起。出叶间隙时间短，只有5天左右，寿命也较短，一般只有20～40天。这些叶片的含氮量高，为3.5%～4.0%，叶鞘内很少累积淀粉。从生长上看，这组叶片的活动与分蘖、长根有密切关系。

第二组，从变形叶鞘生长出来以后算起，向上节位生长的3～4片叶。这些叶片的叶鞘开始变形，棱线消失，成为厚薄较均匀的结构，较之前坚硬厚实。出叶时间间隙较长，约7天，寿命在40天以上。这些叶片的含氮量约为2.5%，叶鞘内淀粉含量增加。从生长上看，这些叶片的活动水平与茎节伸长和幼穗发育有密切联系。

第三组，最后生长出来的3～4片叶。这些叶片的叶鞘仍然没有棱线，出叶时间间隙更长，需要8～9天才出一叶片，寿命更长，约60天。这些叶片的含氮量约为2.5%，叶鞘及茎内淀粉大量累积。从生长上看，这一组叶片与灌浆结实有最密切关系。

了解了叶片的功能作用，对保护叶片，做好肥水和防治病虫害的管理，获得水稻高产，很有现实意义。

3. 叶的生长规则

我们知道，稻谷种萌发后，地上部分最先出现的是一个没有叶绿素的芽鞘，生长到一定程度时，从中抽出带有叶绿素的不完全叶，2天左右又从不完全叶内抽出第1片完全叶，既有叶鞘又有叶片的叶，栽培上叫作第1完全叶。统计叶片数目，是从第1片完全叶开始的，简称为第1叶。从第1叶以后生长的叶，分别为第2、3、4……叶。

水稻主茎各叶片之间的生长规则：

（1）叶片总是与先出叶的叶鞘同伸。

n叶 抽出期	≈	n叶叶鞘 生长期	≈	$n+1$叶 生长期

例如，秧苗第3叶露尖时，就是第3叶叶鞘和第4叶叶片同时开始生长的时候。其余类推。

（2）叶片抽出与叶原基的分化亦有相关关系。

n叶 抽出	≈	$n+1$幼叶 伸长	≈	$n+2$幼叶 进一步发育	≈	$n+3$叶 原基形成

例如，第2叶正在抽出时，就是第3叶在伸长，也就是第4叶在进一步发育的时候，此时第5叶的叶原基也正在分化出来。

（3）在秧苗具有6片叶后，由于出叶的速度较慢，与叶原基的分化就成为n对$n+4$的关系，即：

n 叶抽出	≈	n+1 幼叶伸长	≈	n+2 和 n+3 幼叶进一步发育	≈	n+4 叶原基形成

（4）叶与根的同长关系。

除胚根外，水稻所有的根都和叶一样，是在茎节上发出的。出叶节位和主要发根节位的关系是 n 对 $n-3$，即：

n 叶　抽出期	≈	n-3 叶节　发根期

例如，在第 3 叶抽出时，3-3=0 节位，即不完全叶节位发根生长；到 4 叶期即第 1 叶节位长根；到 5 叶期即第 2 叶节位长根；依此类推。它们之间的关系见表 4-2。

表 4-2　秧苗的发根节位、数量、粗细和叶龄的关系

发根节位	根数	根粗（mm）	发根时叶龄
种子根	1.0	0.64	—
芽鞘节根	5.0	0.38	1~2 叶期
不完全叶节根	6.3	0.53	3 叶期
第 1 叶节根	8.0	0.65	4 叶期
第 2 叶节根	10.1	0.71	5 叶期
第 3 叶节根	11.8	0.74	6 叶期
第 4 叶节根	13.8	0.78	7 叶期

（5）叶与根和根系的同长关系。

上述发生在茎节上的根统称为不定根。不定根上可再发根为 1 次分枝根，1 次分枝根上再发的根为 2 次分枝根，依此类推。它们发生的时间间隙，约为 1 个叶龄差。即：

n叶抽出期	≈	n－3叶节发不定根	≈	n－4叶节发1次分枝根	≈	n－5叶节发2次分枝根	≈	n－6叶节发3次分枝根

（6）叶与根和根原基的同长关系。

根是根原基发育而来的。根原基的分化出现和叶的抽出关系为：

n叶抽出期	≈	n叶节根原基开始发生	≈	n－1叶节根原基分化增殖	≈	n－2叶节根原基进一步发育	≈	n－3叶节发根期

以上生长关系说明：我们可以从叶片的现状，分析判断同长叶、根的生长状况；或可根据水稻“不可逆”的特性，分析判断根、叶生长的当时状况。依据根、叶的同长关系，可以指导实际生产。

4.叶的生长条件

（1）水分。水分充足，有利于叶的生长，但叶片较大且薄，易干枯；反之，叶的生长受到抑制，生长缓慢，叶片较硬。生产上，应露晒田以减少土壤水分，控制叶片生长，以达到理想的群体效果。

（2）肥料。肥料对叶片生长的影响很大。在各种肥料中，以氮肥最为重要，氮肥能促使出叶期提早、叶片增长和叶片寿命相对延长；但氮肥过量，叶片大而薄，组织结构疏松，容易干枯，叶片寿命反而缩短。

（3）光照。光对稻叶生长有抑制作用。在相同的肥水条件下，阳光充足，能破坏或抑制稻叶生长素的活性，使叶片生长缓慢，变得叶短而硬直；光照不足，叶长而软；黑暗则促使叶片伸长。

（4）温度。叶片生长最适宜的温度为气温32℃、土温30℃～32℃；最低温度低于7℃或最高温度高于40℃时，稻叶停止生长。

5.叶片衰老的原因与预防

叶片的衰老有内因和外因两个方面原因。

（1）内因。叶片的衰老与品种、组合的遗传特性有关，叶片的寿命与叶片厚薄有密切关系。叶厚寿命长，叶薄寿命短。一般来说，同一品种或组合，叶片厚度自下由上逐渐增厚。但是，各品种、组合的叶厚递增速度不同，如早稻矮秆品种、组合的叶厚，递增速度慢，所以上位叶片较薄，叶片内的水分易产生不平衡状态，以致失水而枯叶。

（2）外因。凡能影响叶生长和根生长的条件，均能影响叶片的衰老，特别是施肥不当和干冷气候等原因。偏施氮肥，稻叶生长过旺，叶长大而薄，保水力差，容易失水。如遇干冷北风，灌水不及时，很容易导致叶片失水干枯；根系早衰，吸收能力下降，水肥不能满足叶的生长需要，会导致叶片早衰。更重要的是，根还具有合成细胞激动素及其他类似化合物的能力，根部合成的细胞激动素等物质输送给叶片，就能使叶绿素的分解速度缓慢，这样叶片的衰老就会延迟。

克服后期叶片早衰的根本途径，除选育上位叶片厚实的品种、组合外，还要培育健壮的根系。在生产栽培管理上，一是稻田轮作并增施有机肥；二是合理施肥，多用磷钾复合肥；三是多露轻晒，改善耕作层的还原状况，使根系壮大。根不衰，叶片也不会衰，这就是“根深叶茂”的道理。

第三节　叶的光合作用

从生理观点来看，光合作用是水稻高产的最根本的生理基础。水稻的叶片是光合器官，是制造光合产物的场所。光合产物的产生，又取决于叶的光合作用能力。

1. 稻叶叶绿体的结构和色素的功能

水稻叶子是光合作用的主要器官。叶子能够进行光合作用，主要原因是叶子具备了叶绿素和其他色素，这些色素能吸收太阳光能并且将其转化、传递下去。稻叶的颜色也是这些颜色的综合反应。

当水稻叶片还未伸出叶鞘时，叶片中的叶绿体细小，叶绿素含量也很低。随着叶片的生长和发育，前质体不断分裂，叶绿体的数目也就不断增加，与此同时，叶绿体的体积也逐渐增大，叶绿素的含量就剧增（见表4-3）。

表4-3　稻叶叶绿体的数目、大小和叶绿素含量

叶的类别	1克鲜叶的叶绿体数目（10亿）	叶绿体直径（微米）		叶绿素含量（10^{-6}微克）	基粒数目（一个叶绿体）
		长轴	短轴		
嫩　叶	2.2±0.4	4.3±1.2	2.3±0.6	0.47±0.07	7.5±5.2
成长叶	2.2±0.3	6.3±0.8	3.5±0.4	2.5±0.3	43.1±5.3
缺氮叶	2.3±0.2	4.8±0.7	2.5±0.7	0.94±0.06	23.7±7.5
黄叶品种	3.4±0.1	5.0±1.0	3.3±0.5	0.24±0.01	24.5±5.8

水稻的叶绿体呈扁平椭圆形，在高倍显微镜下（见图 4-4），可以清晰地看到叶绿体中有极细小的颗粒，称为基粒；其他均匀的基础物质，则称为基质；叶绿体内有许多微细的片层结构，每两层片层折叠为压扁的包囊，称为类囊体；基质由许多小的类囊体相互重叠，比较紧密，从上往下看，便呈颗粒状，这些片层叫作基粒片层；在基质中也分布有较大的类囊体，层次少，排列疏松，这些片层就称为基质片层。片层结构主要是由蛋白质和类脂组成的，叶片中各种色素分子和酶是有规律地排列在片层结构上的。基质中也含有酶，主要是暗反应的酶。所以，光合作用的光化反应只限于在有色素的片层结构上进行，而光合作用的暗反应或其他过程主要或全部在基质中进行。

图 4-4　电子显微镜下的水稻纵切面（前田）

稻叶叶绿体的色素主要有两类：一类是叶绿素，呈绿色；另一类是类胡萝卜素，呈黄色。叶绿素又分为两种：一种是叶绿素 a，呈蓝绿色；另一种是叶绿素 b，呈黄绿色。类胡萝卜素也分为两种：一种是胡萝卜素，呈橙黄色；另一种是叶黄素，呈淡黄色。这四种色素都能吸收光能，其中叶绿素 a 在光合作用中最重要，其他三种色素吸收的光能，都要传送给叶绿素 a 才能起到光合作用。

2. 叶绿素的形成与影响因素

稻叶叶绿素的形成要经过一系列复杂的生物合成过程。首先形成原叶绿酯 a，在光照下还原形成叶绿酯 a，加上叶醇后就形成了叶绿素 a。在叶绿素的形成过程中，既有酶参与的化学反应，也有与光有关的还原过程。

前质体的存在，是形成叶绿素的主要内在条件，因为有了前质体，才有进一步形成原叶绿酯的可能性。在水稻生产上，有时能发现个别品种的叶片呈全白色或部分白色，产生这种白化现象主要是由于遗传等因素使叶绿素不能形成。

叶绿素的生物合成受许多环境条件因素影响，其中主要是光照、温度和矿物质元素。

（1）光照。光照充足，有利于叶绿素的生物合成；光照不足，影响着叶绿素生物合成的光还原步骤，导致新叶绿素生物合成慢或不能合成。但是，叶绿素仍不断分解，分解大于合成，致使叶片内的叶绿素的单位面积含量下降，叶色褪绿显黄，呈现出黄化现象。黄化的幼苗，在光照充足的条件下，叶绿素又能形成和积累，叶色又可转绿。早春育秧期间，常常有低温阴雨天气，光照不足，秧苗易发黄；本田生产，密度过大，肥水过足，往往稻株下层叶片受荫蔽而发黄。这都是因为光照不足，影响了叶绿素的生物合成。

（2）温度。温度主要影响酶的活动。在一定温度范围内，温度升高能增强酶的活性，低温则降低酶的活性，实质影响着原叶绿酯的形成，最终就影响叶绿素的形成。一般叶绿素形成的最低温度是 7℃，最适宜温度是 30℃，最高温度是 40℃。

一般籼稻品种，在早造倒春寒天气，当白天温度高于 12℃时，叶绿素形成正常，白天生长的一段叶片呈绿色；晚上温度下降到 12℃以下时，抑制了酶的活性，从而不能形成叶绿素，甚至使类胡萝卜素的合成也受到破坏，晚间生长的那一段叶片便呈黄色或白色，这样就会出现黄绿或白绿相间的叶片。这就是“节节黄”或“节节白”叶片的形成原因（见彩图 10）。

（3）矿物质元素。矿物质微量元素对叶绿素的形成有很大的影响。氮和镁都是组成叶绿素的主要元素，铁和锰是叶绿素的形成过程中某些酶的活化剂。稻体缺乏氮、镁、铁和锰时，是不能形成叶绿素的，会呈现出缺绿病。

在生产上，增施氮肥，提高叶片含氮量，同时也能提高叶绿素含量，叶色显得浓绿；通过排水露晒田，降低土壤中的铵化氮含量，形成的叶绿素也就减少，所以叶色转淡。

此外，糖是叶绿素生物合成必不可少的原料，叶绿素的形成与组织内的含糖量有密切的关系。早造秧苗在三叶期之时，由于种胚内贮藏的营养物质已被消耗完毕，叶片形成的光合产物又不多，叶绿素形成又慢，如遇上低温阴雨天气，形成新的叶绿素更为困难，往往造成“苗小叶黄”。因此，早施断奶肥，以氮增糖，提高叶体糖的含量，促进新叶绿素的形成，增多光合产物，使秧苗生长健壮，这便是培育壮秧的方法之一。

3. 光合作用的过程

根据研究，水稻植株的干物质重量有 10% ~15% 来自土壤肥料，85% ~90% 来自光合作用。光合作用是绿色植物吸收阳光的能量，同化二氧化碳和水，制造有机物质并释放氧气的过程。光合作用所产生的有机物质主要是碳水化合物。

光合作用的过程，可用下列反应式来表示：

$$6CO_2 + 6H_2O \xrightarrow[\text{绿色植物}]{\text{光}} C_6H_{12}O_6 + 6O_2$$

水稻在光合作用过程中，一方面形成许多有机化合物，另一方面把太阳光能转变为化学能，贮藏在有机化合物之中，所以光合作用是获取有机营养的根本途径，光能利用就成为水稻生产上田间栽培管理的核心。理论上，水稻产量的高低，在很大程度上取决于水稻对太阳光能的利用情况。

光合作用是很复杂的过程，大体包括三个方面。

（1）对二氧化碳和水的吸收。二氧化碳和水分是光合作用的原料，主要是通过叶片的气孔吸入二氧化碳，但也有一小部分是由根部吸收土壤中的二氧化碳和碳酸盐。水分主要靠根系吸收并输送到叶片，供光合作用和其他生理活动需要。

（2）对光能的利用。光合作用是一个贮存太阳能量的过程。当太阳光照射在叶片上时，由于反射、穿透、蒸腾等，太阳能量只有 0.5% ~1% 被光合作用利用。归纳如下：

- 阳光 100%
  - 可见光 50%
    - 反射 5.0%
    - 透过 2.5%
    - 吸收 42.5%
      - 蒸腾损失约 40%
      - 散热损失约 1.5% ~2.0%
      - 光合利用约 0.5% ~1.0%
  - 红外线 50%
    - 反射 22.5%
    - 透过 15.0%
    - 吸收 12.5%（均因蒸腾损失）

严格来说，由于叶片中的色素对不同波长的光线的吸收程度不同，所以反射和透过的光线也各异。水稻叶片对青、蓝、紫、红等光的吸收达90%，但对绿、黄光只吸收70%左右；而反射率则以绿、黄光最多，约为20%，其他可见光约为10%；除了绿、黄光的透过率有10%外，其余可见光的透过率都是极低的。

（3）光合作用的化学变化。光合作用的化学变化是一个复杂的过程。实质上包括一系列的光化学步骤和物质的转化问题。光合作用需要光，但并不是光合作用中任何过程都需要光。根据光合作用时需光与否，大体上可划分为两个反应：光反应和暗反应。光反应即必须在有光的条件下才能进行的，由光所引起的反应；暗反应即由若干酶所催化的化学反应，它是不需要光的，但并非说一定要在黑暗中才能进行。所以，光合作用是光反应和暗反应的综合过程。

光合作用大致可分为下列三大步骤：光能吸收，光能转变为化学能，二氧化碳的固定。

第一步，光能吸收。叶绿体中的四种色素都可以吸收可见光，对光合作用有效的可见光的波长是在400～700微米之间。一般认为叶绿体内存在着两个光系统，进行着两个光反应。光系统Ⅱ受光激发失去电子后，从水分子中取得电子，并将水分解。光系统Ⅱ放出的电子经一系列的电子传递体传给光系统Ⅰ，光系统Ⅰ再受光激发放出电子，这些电子又经电子传递体而最后传给氧化型辅酶Ⅱ（NADP）。

第二步，光能转变为化学能。激发了的光系统Ⅱ和光系统Ⅰ把电子传出来，经过电子传递体的传递，通过光合磷酸化，最后形成三磷酸腺苷（ATP）和还原型辅酶Ⅱ（$NADPH_2$），把化学能贮藏在这两种物质中，这就是光能转变为化学能的过程。

第三步，二氧化碳的固定。二氧化碳在被还原型辅酶Ⅱ的氢还原之前，必须经过羧化阶段，将其固定为羧酸，然后才被还原，再经过复杂的变化，最后形成碳水化合物，把活跃的化学能同化为贮藏的化学能。由于水分子（H_2O）被分解，氢气（H_2）被利用，最后释放出氧气（O_2）。

以上复杂的过程，就是光合作用的全过程。

4.影响光合作用的内外因素

水稻的光合作用，不仅受内部因素的制约，而且受到外界条件的影响。影响水稻的光合作用的内部因素有不同部分、不同生育期和不同品种；外部因素有光照、二氧化碳、温度和肥料等。

（1）内部因素。

①不同部分。由于叶绿素具有接受和转化光能的作用，所以水稻植株中凡是绿色的部分，都具有叶绿素，有叶绿素的部位都能进行光合作用，即叶片、叶鞘、穗轴、节间和颖壳等部分都能进行光合作用，只不过各部位的光合作用能力不同，依顺序为叶片光合强度最强，叶鞘次之，其他部分就很少（见表 4-4）。

表 4-4　抽穗后稻株各部分的光合强度（%）

部分	颖壳	穗轴	叶片	叶鞘	节间
比率	0.4	2.1	86.9	9.4	1.0

同一叶片，不同生育情况的叶片的光合强度有所变化，幼嫩的叶片光合强度很低，成长成熟的叶片光合强度最高，衰老的叶片光合强度下降。

同一稻株，不同叶位的叶片的光合强度也因叶片的生长状态而有所不同（见表 4-5）。

表 4-5　主茎不同叶位的叶片的光合强度

叶位	7/0	6/0	5/0	4/0
光合强度	13.0	36.0	58.7	15.0

注：光合强度单位为 CO_2 毫克/100 平方厘米 · 小时。

水稻在抽穗扬花期，最后三片功能叶的光合强度也各不相同，剑叶最强，剑叶下一叶次之，剑叶下二叶又次之。综合试验表明，剑叶和剑叶下一叶的光合强度最高，对稻穗粒重的影响是最大的。

②不同生育期。籼稻单株不同生育期的光合强度有两个高峰，一是在分蘖期，二是在抽穗期。一般来说，水稻生长的前期和中期的光合强度较高，抽穗后下降。水稻群体的光合量，在不同的生育期也有所不同，一般在分蘖盛期和孕穗期的光合强度较高。

③不同品种。不同品种的光合强度是有所不同的。品种的遗传特性决定了叶片的大小、叶绿素的含量等都是不同的，也就决定了光合强度的不同。

（2）外部因素。

①光照。光合作用的速度与光照强度有密切的关联，在一定范围之内，几乎是呈正相关关系。但超过一定范围之后，光照强度增加，光合作用速度

反而放慢；当达到某一光照强度时，光合强度不再增加，这种现象称为光饱和现象。所以，可以利用这一光饱和点的概念，来衡量和评述某绿色植物对光的要求。例如，水稻单株的光饱和点是在4万~5万米烛光（米烛光是1烛光距离1米处的照度），夏季晴天中午，光照强度超过10万米烛光，高于水稻的光饱和点，单株水稻不能充分利用这些光能；但在阴天时，光照强度只有1万~2万米烛光或更低，水稻的光合作用明显下降。但是，本田水稻群体对光的利用与单株有所不同。对水稻群体来说，随着叶面积增大，挡光越严重，光饱和点就越高，甚至不存在光饱和点的现象。

一般光照较强时，光合强度比呼吸强度大几倍，但随着光照减弱，当光合强度逐渐接近或相等于呼吸强度，同一叶片在光合过程中吸收的二氧化碳和呼吸过程中释放出的二氧化碳等量时的光照强度，就称为光照补偿点。利用这一概念来评述某绿色植物的物质的积累与消耗，有实际意义。例如，水稻群体中，生育中后期因过度密植或施氮过量，导致叶片徒长，相互间遮蔽，使下层叶的光照强度低于光照补偿点，导致这一下层叶光合作用制造的养分，反而被消耗尽，或者不能满足呼吸作用的消耗，在这种情况下，十分不利于水稻生产。所以，水稻高产栽培时，要求保持下层叶的受光有2 000米烛光，在一定范畴内，越强越好。生产上，一再强调水稻群体要通风透光，就是这个道理。

②温度。温度主要影响着酶的活性。光合作用过程中的暗反应，就是由酶所催化的化学反应，温度直接影响着化学反应的速度。粳稻叶片光合强度的最适宜温度是18.5℃~33.5℃，而籼稻的是25℃~35℃。水稻叶片在15℃以下或35℃以上时，光合作用都会下降。其原因是：在低温时，酶促反应慢，光合强度降低；高温时，一方面，高温破坏叶绿体和原生质的结构，并使叶绿体的酶纯化；另一方面，高温促使呼吸作用加快，其增加速度大于光合速度，所以测出的净光合强度就降低。

了解了光合作用的基础知识，对指导生产有现实作用。早稻尼龙薄膜育秧，一要注意防止膜内凝结水珠，以避免光照下降；二要注意膜内温度不宜超过35℃，以免呼吸过甚，消耗光合产物，造成弱苗；三要注意保温，防止膜内降温到20℃以下而不能进行光合作用。夏季气温高，往往在35℃以上，此时田间应放活水降温，对水稻光合作用才是有利的。

③二氧化碳。二氧化碳是光合作用的原料，对光合作用有较大的影响。一般来说，二氧化碳的浓度提高，有利于增强光合作用；反之，光合强度减弱。但是，空气中的二氧化碳的含量占体积的0.03%，相当于0.58毫克/升或300 ppm，空气中的二氧化碳含量对水稻光合作用来说是比较低的。

在水稻生产上，通常田间白天二氧化碳的含量比空气中的标准含量低10% ~20%左右，尤其是高产栽培，群体消耗更多的二氧化碳，所以二氧化碳的不足是影响增产的主要问题之一。

④肥料。矿物质元素直接或间接地影响光合作用。氮、镁、铁、锰等是叶绿素生物合成所需的矿物质元素；钾、磷等参与碳水化合物的代谢，缺乏时便影响糖类的转变和运输，也就间接影响了光合作用；同时，磷也参与光合作用中间产物的转变和能量的传递，所以磷对光合作用的影响也很大。

水稻活动中心叶叶片的氮、磷、钾、钙、镁、硫等含量不同，光合强度就不同。除钙外，其他五种元素含量越高，光合强度越大。为了使活动中心叶保持相当高的光合强度，叶片中各元素的含量必须具有以下水平：氮为2%，磷为0.5%，钾为1.5%，钙为0.2%，镁为0.4%，硫为0.7%。

在氮、磷、钾三种肥料中，氮对水稻光合作用的效果最显著。生产上，氮肥施用后3天就能测出光合作用的速度逐渐加快，10天左右达到最大值，光合强度一般比施氮肥前提高10% ~15%，以后又逐渐下降，20天左右即恢复接近原来的水平。追施氮肥对促进光合作用的影响有两方面：一方面是增加叶片数目，增加叶片面积，即增加了光合面积，这是间接影响；另一方面是增加叶绿素含量，同时促进光合作用的光反应和暗反应，有着直接的影响，因为氮与光合强度的关系非常密切，相关系数 $r=0.979$。但是，在水稻高产栽培上，切勿施氮肥过量，导致禾苗徒长而影响高产。

⑤水稻群体光合强度的日变化。由于一天中的光照、气温都不同，所以水稻群体光合强度也随之变化。根据温暖天气下的测试，变化比较显著（见表4-6）。

表4-6　水稻分蘖期一天中光合强度的变化

时间（时）	8	9	10	11	15	16	17	18	19	20
光合强度	4.95	6.40	5.94	5.67	5.60	5.51	4.05	3.46	2.07	1.96

注：光合强度单位为 CO_2 毫克/100平方厘米·小时。

但是，在晴天无云强光天气时，光合作用进程便形成双峰现象，即在上午10时前后和下午3时前后达到光合强度高峰，中午高温时段有“午休”的现象。出现这个现象的原因有三个：一是由于日照强，温度高，叶的蒸腾强度大，失水多，水分补充不上，迫使气孔关闭；二是由于气孔关闭不吸收二氧化碳，二氧化碳供应不上，无足够原料供应光合作用；三是由于光照强，光合产物多，水分不足，或许光合产物来不及输送出去，反而限制了光合作用。

第四节　分蘖的生长与生理特性

水稻是具有分蘖特性的作物，每一叶节都有一个腋芽，在条件许可时，腋芽长出即成分蘖。分蘖的发生有着一定的内在规则，是水稻生长发育的一个重要规律。

1. 分蘖发生的位置

水稻的稻茎一般都有 12～17 个节，除最上一个穗颈节外，每一个节均有一片叶，叶腋内有一个腋芽，蘖就是由这些腋芽在适宜的条件下生长而成的。但是，水稻拔节后露出地面上部的 3～5 节的腋芽呈休眠状态，无特殊情况一般不发生分蘖；水稻移栽插植的，茎节最下 1～3 节的腋芽也往往受深插限制而不发生分蘖。所以，水稻分蘖的主要发生位置，是簇生于稻茎基部分蘖节上各叶的腋芽。

分蘖在茎节上发生的位置，称为分蘖节位。着生节位置较低的分蘖，叫低位分蘖；着生节位置较高的分蘖，叫高位分蘖。一般来说，分蘖节位愈低，该分蘖的叶片数就愈多，成穗率就愈高，且穗大粒多。

低位分蘖的发生与移栽方式和管理有很大关系。水稻直播田、塑盘育秧抛秧田，一般发生分蘖的节位都是较低的，可以在茎部第 1～2 叶节就发生分蘖，往往不完全叶着生的腋芽也可以发育生长成分蘖。肥足苗健的，分蘖早，位置低。

地上部分的茎节位的腋芽，在特殊条件下也会萌动而分蘖。这些特殊条件有：一是禾苗在多肥高温荫蔽时；二是典型感光晚造品种错种在早造时；三是孕穗期错用了杀雄性农药造成“死苞”后；四是拔节以后茎秆折断时；五是抽穗前幼穗被螟虫为害后；六是再生稻等会发生高位分蘖的现象。

分蘖的发生，与品种、组合的遗传特性及栽培条件有着密切的关系。

2. 叶、分蘖发生的规则

叶、分蘖同伸现象是水稻生长的内在规律。按叶、分蘖发生的规律，统一作出标记。方法如下：

主茎，以 0 表示；主茎各茎节的叶片，按自下而上抽出的顺序作出标记，分别为 1/0、2/0、3/0、4/0、5/0 等。

由主茎上发生的分蘖，叫作第一次分蘖。各第一次分蘖的第 1 片叶，按其主茎出蘖叶位分别记作1/1、1/2、1/3、1/4、1/5等。

若各第一次分蘖的又会生长发育，成为一分蘖稻株，也有各茎叶节位，分别给予标记。例如，主茎的第1叶节位分蘖（1/1），它的各茎叶分别记作2/1、3/1、4/1、5/1等。

由第一次分蘖上再发生的分蘖，叫作第二次分蘖。各第二次分蘖在第一次分蘖号之后再加上阿拉伯数字表示，分别记作1/1－1、1/2－1、1/3－1、1/4－1等。

由第二次分蘖上再次发生的分蘖，叫作第三次分蘖。各第三次分蘖在第二次分蘖号之后再加上阿拉伯数字表示，分别记作1/1－1－1、1/2－1－1、1/3－1－1等。

一般情况下，水稻主茎抽出第4片叶（4/0）之时，往下倒数的第3片叶即主茎的第1片叶（1/0）的腋芽就会发生分蘖并长出第1片叶（1/1），这分蘖的第1片叶（1/1）与主茎上部的第4片叶（4/0）抽出是同时伸长的，它们之间相差3片叶子。

不论何位置的分蘖，分蘖的出现总是与母茎、母蘖相差3片叶子。所以，母茎或母蘖的叶抽出与分蘖发生的第1叶抽出的同伸长关系为：

n 叶抽出	≈	$n-3$ 叶节分蘖 第1叶抽出

例如，主茎第5片叶子抽出之时，5－3＝2，即主茎第2叶节分蘖，其第1片叶子也正在抽出。其他的类推。

根据叶、蘖同伸长关系，可以推算它们之间的同伸类别。例如，当主茎第7片叶（7/0）抽出时，它与主茎第4叶节位（4/0）分蘖的第4蘖的第1叶（1/4）同时伸长，也与第3蘖的第2叶（2/3），第2蘖的第3叶（3/2），第1蘖的第4叶（4/1）同时伸长，还与第二次分蘖的第1叶（1/1－1），在同一时间伸长生长发育。简言之，7/0与4/1、3/2、2/3、1/4以及1/1－1都是同伸叶。其他的类推。

3. 分蘖发生的内外条件

（1）内在条件。影响分蘖发生的内在条件，是指稻体本身应具备的条件，主要有：

①必须在水稻的分蘖期中，即在主茎四叶期到拔节孕穗期前。只有在这

个时期内，禾苗生长旺盛，养分充足，才能有利于分蘖的发生。四叶期前，秧苗生长属于自养阶段，各器官逐渐形成并趋于成熟，不能发生分蘖；拔节孕穗期后，生长发育的重心向生殖生长转移，一般不能发生分蘖；只有营养生长阶段，生长旺盛，养分充足，才是分蘖旺盛时期。

②主茎必须有 4 片以上绿叶，且苗体健壮。从种子的结构可以看到，秧苗在三叶期以前，它的生长发育靠种胚贮藏物质的转化，生长发育的重心，是根和叶等形态的发育，体内酶的系统逐渐趋于完善和成熟，属于自供阶段。秧苗四叶期，苗体内的生长发育趋于成熟，叶片中的叶绿素水平提高，体内积累的营养物质在满足生长发育的前提下有所剩余，在这种情况下，才能促成第 1 叶茎节的腋芽生长发育，成为主茎的第 1 个分蘖。

根据叶的生长规律，当第 4 叶的叶片抽出之时，是第 3 叶的叶片展开并趋于成熟的时期，是第 2 叶的叶片旺盛时期，也正是第 1 叶的腋芽生长叶片抽出时期。第 4 叶和第一分蘖的第 1 叶抽出所需的养分，是靠它们之间的维管束相连通供应的结果。所以说，分蘖初发生时的养分是全靠主茎蘖通过维管束系统输送供给的。

根据同位素的测定，n 叶抽出和 $n-3$ 分蘖的第 1 叶同时抽出时，它们所需的养分依靠 $n-2$ 叶的养分供给。通俗地说，某一叶节位发生的分蘖，该上一叶负责着分蘖第 1 叶抽出的养分，同时也负责着再上一叶抽出的养分供应。例如，主茎的第 3 叶节位发生的分蘖，该分蘖的第 1 叶伸长所需的养分，主要来源于主茎第 4 叶的养分供给；同时，第 4 叶的养分还负责着主茎第 6 叶抽出时的养分供应。所以说，每一叶片的完整程度，每一叶片的受光面积，每一叶片的养分积累，都关系到本身和分蘖的生长发育，保护每一叶片都是重要的。在秧苗期，如果没有 4 片以上绿叶，就没有足够养分，分蘖通常不能发生。僵苗的发生，往往是由于秧苗只有 2 ~ 3 片绿叶，或者虽有 4 片绿叶但叶小苗弱，无养分的积累剩余，因而迟迟不能发生分蘖。

③苗体必须含氮量高。分蘖发生必须以旺盛的细胞分裂为先导，细胞分裂的物质基础是蛋白质和核酸，它们都是含氮的化合物。秧苗氮素水平高，有利于早分蘖，多分蘖；氮素水平低，则分蘖迟，分蘖少或不分蘖。因为苗体衰弱时总是把有限的养分优先供应给母茎蘖，维持最低的生命生长，就会削减或停止对分蘖的供应。这是因为水稻遗传进化过程中，保持着与环境相争的特异性。根据研究，稻株含氮量大于 3.5% 时，分蘖迅速发生；在 2.5% 时，分蘖停止；低于 1.5% 时，分蘖死亡。

④与品种、组合的遗传特性有关。有些品种或组合分蘖强，也有的分蘖弱；一般矮秆、穗小的品种比高秆、穗大的品种分蘖多；生育期长的品种比

生育期短的品种分蘖多等。

（2）外在条件。影响分蘖发生的外在条件较为复杂，主要有：

①温度。气温和水温对水稻发生分蘖有很大的影响。发生分蘖最适宜的气温是30℃～32℃，最适宜的水温是32℃～34℃。气温低于20℃，水温低于22℃，分蘖就十分缓慢；无论什么品种、组合，气温低于15℃，水温低于16℃，分蘖就停止发生；气温高于40℃，水温高于42℃，分蘖就停止发生。

②光照。光照强度直接关系到水稻光合作用产物的积累，也影响着分蘖的发生。光照强，光合产物多，有利于发根促蘖；反之，同化产物减少，分蘖就迟而少，分蘖纤弱；光照越弱，抑制分蘖就越严重，在光照强度减到自然光照强度的5%时，分蘖就停止。所以，生产上提倡小科密植，防止过早封行，群体通风透光，才能有利于有效分蘖。而且，在多株秧苗插植的前提下，往往会造成"包心黄"而死亡。抛秧生产的，秧苗小而落土浅，光照好，有利于早分蘖、多分蘖和低位分蘖。

③水分。分蘖期水分过多或过少，对分蘖都有直接的抑制作用。田间水分的管理，直接影响着土壤通气、土壤温度、茎部的光照强度，以及肥料的吸收等。水分调节适宜，才有利于分蘖的发生。反之，稻田干旱，水分不足，易导致水稻的生理机能减弱，影响分蘖；田间灌水深而久时，土壤温度较低，土壤缺氧，还原物质多，严重抑制分蘖。生产上一般采取浅水分蘖方法，多露轻晒，调节水气，促进分蘖。

④插植深度。这里指的是田间插植移栽时，秧苗入土的深度。一般插秧要求把秧苗插入表土1寸为宜，但往往不慎把秧苗插入2～3寸之处，造成返青慢，分蘖迟。其原因有二：一是正常插入表土1寸之处的秧苗，有利于其基部茎节发根生长；但是，深插在2～3寸之处的秧苗，它基部原本不要伸长的茎节间也被迫着向上伸长1～2节，一定要伸展到1寸厚度的表土层之后，才能正常发根和分蘖；这一过程，在消耗许多养料的同时，也需要6～15天恢复生长，造成分蘖推迟，有效分蘖减少。二是土温的变化，与土层厚度有关。表土层温度高，2～3寸深度的土温比表土层温度低2℃～3℃，而且该土层不通气、还原物质多，十分不利于秧苗的生长。可喜的是，塑盘育秧和抛秧生产的，避免了插植过深的危害。

⑤肥料。土壤肥瘦和施肥多少，对分蘖影响也很大。田好肥足，分蘖发生早而多，分蘖期长；田瘦肥少，分蘖发生迟而少，分蘖期短。在各营养元素中，氮、磷、钾三要素对分蘖影响最为显著，其中氮素影响最大。因为分蘖是细胞的迅速增生，需要大量蛋白质和核酸，即需要大量的氮素来合成这

些化合物，所以促进分蘖与氮肥关系最大；核酸和某些蛋白质分子需要磷的结合，所以磷肥对促进分蘖也是关键的；钾可以提高光合效率，促进蛋白质、核酸的合成和细胞分生，施用钾肥又可提高氮肥的效果，所以钾肥对促进分蘖也是重要的。生产上，磷、钾肥只有和氮肥配合施用，对促进分蘖才有明显效果。

4. 有效分蘖和无效分蘖

水稻生长进入拔节时，是营养生长向生殖生长的重大转折时期，生长重心逐步转向幼穗分化发育。这段时期的养分供应，也转向茎秆、穗、叶的迅速生长的需要，对分蘖的营养供给便迅速减少，造成分蘖向“生”与“死”两极分化发展。一部分的分蘖，在拔节后能继续生长，能拔节、出穗、结实，成为有效分蘖；另一部分的分蘖，在主茎或母蘖拔节后就生育停止，不能成穗，成为无效分蘖。这说明主茎或母蘖对分蘖的养分供应是以拔节为界限的，这一时限促成了对分蘖的自然淘汰现象。即凡具有独立生活条件的分蘖，就能继续生长发育成有效分蘖；凡不具备独立生活条件的分蘖，就停止生长，自然死亡，成为无效分蘖。分蘖的独立生活条件是指：具有 3 叶以上的分蘖，并且有自己比较健全的不定根，可以不依赖主茎或母蘖的营养而能独立生存，这是区分有效分蘖与无效分蘖的先决条件。

一般来说，分蘖的发生和一至两叶期的生长，其所需养分是由主茎或母蘖供应的，没有独立生活能力，主茎或母蘖一旦减少养分的供应，分蘖就会死亡；当分蘖出第 3 叶时，自身开始发根，逐步向独立生活过渡，有成穗的可能；当有 4 叶的分蘖时，有了自己比较健全的根系和光合能力，就具有独立生活的条件，这类的分蘖原则上是有效分蘖。所以，无效分蘖多数是只有 2 叶以下的或高位的分蘖，由于环境不良，虽有 3 叶的分蘖也会成无效分蘖；分蘖的位置愈低，叶片数目愈多，根系愈发达，独立生活的能力就愈强，有效分蘖和成穗的把握就愈大。

根据叶、分蘖同伸规律和分蘖最起码要具有 3 片叶的条件，按分蘖期每抽出一片叶约需 5 天时间估算，那么拔节前 15 天的时期，是有效分蘖和无效分蘖的界定时期。也就是说，从秧苗移栽后到拔节前 15 天的时期，是水稻有效分蘖时期；从拔节前 15 天到拔节的时期，是水稻的无效分蘖时期。

在一定条件下，有效分蘖和无效分蘖的动态变化，与光照、肥料、水分及稻体素质有很大的关系。生产上，要创造良好的环境条件，尽量促成及保护较幼弱的分蘖发展成穗；过氮蘖丰时，就要适当控水制肥，改善群体条件，以实现高产栽培管理。

第五节　茎的生长与生理特性

稻茎在拔节后，呈圆筒形，中空，直立生长于地面。茎秆上有节和节间之分，节上长叶和芽。茎秆的节间数、长度和粗度，因品种、组合的遗传特性和栽培条件而异，主茎一般有 12 ~ 17 个节，基部茎节密集，都能分蘖，称为分蘖节；地上部分有伸长节 3 ~ 6 个。生育期长的品种节数多，生育期短的品种节数少。节间在拔节前伸长慢，拔节孕穗后伸长快，抽穗授粉后茎秆伸长达到最后的高度。茎秆粗壮，基部茎节密粗，干物质重，是抗倒、高产的基础。

1. 茎的生长方式

水稻稻茎的生长方式与其他禾本科植物一样，有两种：顶端生长和居间生长。这两者的生长方向，是背对背地进行长度的生长。

在营养生长时期，生长锥的细胞不断进行分裂、伸长和分化活动，活动的结果使茎节数增加，同时，在生长锥的稍下部位的外层细胞向外分化发育形成一个突起物，即叶原基和腋芽原基。这种由顶端分生组织的活动而引起的生长，称为顶端生长。

在稻茎的顶端分生组织进行活动形成节与节间的同时，节间基部保留着一部分分生组织，称为居间分生组织。居间分生组织的分裂活动，使茎的每一节继续延长，称为居间生长。当稻茎基部的节间进行居间生长，开始伸长时，生产上称为拔节。抽穗时地上部分的几个节间同时进行居间生长，所以节间伸长特别迅速。

稻茎初期生长是顶端分生组织活动的结果，形成新的茎节和叶子。但是，剑叶原始体形成后，进入幼穗分化期，茎的顶端形成穗子，穗分化完成后，顶端分生组织不复存在，这时的生长则由居间分生组织活动而引起。拔节和抽穗时，节间迅速伸长，完全是居间生长的结果。所以，稻茎的生长是由顶端生长开始，到居间生长结束。

2. 节间伸长与叶片、叶鞘和稻穗的同伸关系

水稻拔节期和孕穗期，是营养生长和生殖生长同时并进的时期，在此期间，既进行着茎、叶生长，同时又进行着幼穗分化，这个时期俗称为“营养生长和生殖生长混合时期”。因此，了解茎、叶和穗生长的相互关系及其内在规律，对指导生产实践有着重要的意义。

（1）节间伸长与叶鞘、叶片的同伸关系。

叶片、叶鞘、节间三者同伸的规则为：

n 叶伸长	≈	$n-1$ 叶鞘伸长	≈	$(n-2)$ 至 $(n-3)$ 节间伸长

或

倒 n 叶伸长	≈	倒 $n+1$ 叶鞘伸长	≈	倒 $n+3$ 节间伸长

例如，迟熟早籼品种广陆矮 4 号，主茎一生共有 13 叶，当 13/0 叶伸长（在外观上看是 12/0 叶正在抽出）时，12/0 叶鞘在伸长，同时 11/0 叶节至 10/0 叶节的节间也在伸长；或者说，倒 1 叶伸长（在外观上看是 12/0 叶正在抽出）时，倒 2 叶鞘在伸长，同时倒 4 节间也在伸长。同理类推。

节间、叶鞘、叶片等营养器官的伸长和干物质的增加是有规律的，一般在器官伸长速度达到最大时，干物质重的增加逐渐增快，到伸长接近终止时，干物质重增加最快。这些营养器官内含物质的增加，是幼穗分化发育和灌浆结实成熟的物质基础。

（2）节间伸长、叶片抽出与幼穗分化发育的关系。

叶片抽出、节间伸长和幼穗分化发育的进度，亦存在相关生长关系，由此可以及时鉴定幼穗的分化发育期。现以地上部分拔长 5 个伸长节的品种为例，它们之间的几个重要生长相关关系如下：

①倒 3 叶露尖（叶龄余数 3.0）时，倒 5 节间开始伸长，幼穗进入第 1 次枝梗分化。

②倒 2 叶露尖（叶龄余数 2.0）时，倒 5 节间已定长，倒 4 节开始伸长，幼穗进入颖花分化。

③剑叶露尖（叶龄余数 1.0）时，倒 5 节间已充实，倒 4 节已定长，倒 3 节间开始伸长，幼穗分化的最高颖花数被决定。

④在剑叶抽出 1/2 左右（叶龄余数 0.5）时，花粉母细胞减数分裂开始，至剑叶叶耳超过倒 2 叶叶耳 3～10 厘米时，减数分裂结束。

各品种的生育期不同，地上部分的拔长节间数目也不同，而在幼穗分化进度上，早熟品种比中熟品种稍早些，迟熟品种比中熟品种又稍迟些。例如，地上部分的拔长为 4 节间数目品种，在倒 4 节间未拔节伸长稍前些时间，其幼穗分化就开始了。所以，按生育期划分，可分为重叠、衔接、分离生育型三种。

各节间的伸长时间，下部节间一般为 10 天，随着节位的提高，其伸长时间也逐渐增加，最后 2~3 节，则需要 20 天左右。

节间的增粗过程与幼穗分化发育的关系大致如下：一般茎秆最基部的第一个伸长节间，在第一苞分化期稍前开始逐渐增粗，至雌雄芯分化始期停止，基部第一节间的增粗是与一穗颖花数的分化相伴进行的。茎秆基部第一节间的粗度和颖花数之间有极显著的正相关关系，茎秆粗大则颖花多，反之则少。根据以上同伸关系，可以判断水稻生育进程，以作出科学的肥水管理。

3. 茎秆的物质充实与输出期

当倒 $n-3$ 叶露尖时，倒 n 节间开始充实。厚壁机械组织的细胞壁由纤维素、木质素充实加厚，硅在表皮细胞壁上沉积，茎粗也有所加大，同时，由下而上在薄壁组织内逐渐积累起大量淀粉。至倒 $n-3$ 叶片完全抽出时，倒 n 节间的干物质积累的重量已接近最大值。其余各节间的积累，依此类推。茎秆的物质积累的多少，对大穗有特别重要的影响。一般来说，茎秆粗壮的，就穗大粒多。

这些基部节间充实物质的来源，主要依赖于当时正处于功能旺盛期的较下部叶片的光合作用，假如这些叶片光合作用的功能不强，光合产物少，基部节间的物质积累也相对减少，以致茎秆细弱，易造成穗小和倒伏。

此外，钾素能促进茎秆内壁细胞积累木质素，增厚秆壁，增强稻株的抗倒能力；硅酸盐能直接增加硅在水稻茎、叶上的沉积量，促进表皮细胞硅质化，提高稻株的抗折能力和抗病能力。所以，水稻高产栽培中一定要增施钾肥和硅酸肥料，目的是增强茎秆，促进大穗，特别是在高氮素水平的情况下，显得尤其重要。

根据测定，在水稻抽穗前后，地上部分的各个茎节间（除倒 1 节间外）的干物质积累基本上达到了最大值。开花授粉受精后，茎秆中积累的淀粉迅速分解，作为灌浆物质向穗部输送。大约到乳熟末期、蜡熟初期，各茎节间的干物质降到最低点，此时茎秆的干物质只有抽穗前后最大值的 1/3~1/2。也就是说，出穗后 15 天左右的时间内，各茎节间输送出其所有积累物质的 50%~70%，供谷粒灌浆使用。这个数量在一般情况下，相当于谷粒干物质重的 20%~40%。由此可见，茎秆在拔节过程中的充实物质，不仅是稻株抗倒能力的基础，而且是谷粒灌浆充实物质的重要来源之一。

第六节　田间管理问题之释

水稻在本田营养生长期，是水稻高产栽培的重点。一方面要早施、重施分蘖肥，促进禾苗快生快长；另一方面又要制水制肥，控制苗数的消长，提高有效分蘖数，搭好通风透光和苗足的高产禾架。此外，还要加强植保工作，使用农药预防病、虫、草害，确保稻株安全且健壮生长，尽量发挥稻株的光合能力，争取高产。但是，在土壤、天气、病虫等诸因素的影响下，田间管理充满着矛盾，能引发出许多问题。例如，生理性病害、病虫害、肥害和药害等，都需要人们有预见性地、前瞻性地科学处理和调控，才能够达到创高产的预定目标。

当前水稻生产上常发生的、较易防治的病虫害，本书不作介绍。

1. 分蘖期的栽培管理要点

分蘖期田间管理的主攻目标，是通过科学的肥水管理，获得足够数量的壮株大蘖和合理的高产群体结构，为足穗高产奠定基础。栽培技术的关键，是抓好“三早”措施，即“早促、早发、早控”，确保禾苗健壮，有效分蘖数足，发而不过，构建通风透光的高产群体，以保证禾苗后期稳生稳长，避免早衰、倒伏和减少病虫害。

分蘖期的栽培管理要点如下：

（1）抖好稻田、施足基肥，创造适宜“早促、早发”的土壤条件。

（2）适时早栽、合理密植。充分利用土地资源和光能，在保证足够基础苗的同时，满足禾苗“早发”对光照的要求，保证获得适宜的穗数。

（3）早施促蘖肥、酌施保蘖肥。本田有效分蘖期短，促蘖肥应早施、重施，以速效氮肥为主，配合磷钾肥施用。在有效分蘖末期，看苗势酌量施保蘖肥，确保达到预期有效分蘖数。

（4）适时晒田，控制无效分蘖。当每亩总茎、蘖数达到预计亩有效穗数的1.2～1.3倍时，就要看田间土壤情况和禾苗的生长势，及时进行露晒田，控水控肥控分蘖，构建合理的高产群体。

（5）做好病虫害防治工作。

2. 叶的田间诊断机理与问题分析

根据水稻生长发育规律，观察各时期营养器官的长相，可以诊断出水稻生长过程中的问题，从而进行调控或防治。每一稻株叶片的多少、大小、颜色、叶相等，既能反映稻株过去的和当前的生育状况，又能反映稻株的发展趋势。所谓看苗诊断，主要是看叶诊断。经验介绍如下：

（1）看叶色判稻株生育状况。正常水稻生产情况下，叶色的深浅反映着稻株的代谢类型。叶色深标志着叶片含氮量高，代谢旺盛，光合产物主要用于新生器官的生长，稻株正在进行扩大型代谢；叶色褪淡标志着叶片含氮量下降，光合产物运往贮存器官内积累，新生器官生长速度减慢，稻株转向积累型代谢；叶色带黄标志着稻株代谢功能减弱，生长缓慢，积累产物少。

在判断叶色变化时，可把同一叶的叶鞘颜色作比较，如果叶色深于叶鞘颜色，说明稻株处于扩大型代谢；叶色与叶鞘颜色相仿，表明稻株开始转向积累型代谢；叶色浅于叶鞘颜色，则表明稻株已转入了积累型代谢。

以上是叶色的总论，结合水稻生长各时期的生产要求，有不同的生产要求指标。分蘖盛期前，要求叶色较深，促进扩大型代谢，以利于新生器官生成，早生快发；反之，叶色淡黄，说明肥分不足，应速施肥料，以促进禾苗正常生长。在分蘖盛期后，要求控蘖促进幼穗分化，田间稻株叶色就一定要从深色褪为淡绿色，促进稻株转向积累型代谢，积累代谢产物，确保有效分蘖数，为形成大穗打好物质基础。

同一时期同一稻株不同叶片的叶色是不同的。在水稻长叶时期，正常情况下，心叶颜色总是较淡；下第 1 叶较深；下第 2 叶正进入功能旺盛期，叶色又稍深；再下的第 3 叶正处于功能旺盛期，一般叶色最深；再下的第 4 叶及以下的叶片，叶色又渐渐依次变淡，直至枯黄。水稻在缺肥状况下，氮素易被再转移和再利用，下部叶片的氮素转给上部叶片利用，易造成下部叶片的叶色提早褪淡或过早枯黄；于是，往往下第 3 叶的叶色就比下第 2 叶的叶色浅，以下各叶的枯黄加重。生产上，要根据田间禾苗叶色的状态，及时调整肥水管理，以获得该生长时期的理想群体。

（2）看叶长判断稻株生育状况。正常情况下，稻株的叶片长度是随着叶位的上升而逐步递增，至倒 3 或倒 4 叶达到最长，此后，由于营养物质大量地向节间转移，叶长又逐渐变短。如果叶长变化反常，往往是栽培上出了问题，或受寒冷影响严重。定型叶的叶长，反映着稻株在该叶伸长期的营养水平，也反映着与该叶同伸器官的生长状况。

根据水稻的遗传特性，依据叶的长度，可以对相对应器官发育的情况作出判断，及时调整管理措施。例如，倒 2 叶过长，倒 5 节间必然也过长，因而倒伏的威胁就增加；又由于倒 2 叶的长度在相当程度上受到倒 4 叶功能的影响，当倒 4 叶功能旺盛时，即肥水充足时，往往导致倒 2 叶的叶片过长，倒 5 节间过长。在早造，往往受寒流影响严重，叶的生长受到抑制，会留下创伤的遗迹，依据水稻的生长规律，也可以判断当时的天气状况。

（3）看叶相判断稻株生育状况。叶相可大体分为五种类型：叶直立，与植株着生角度小，俗称“直”；叶片上部约 1/4 处的叶片稍弯，俗称“挺”；叶片上部约 1/3 处的叶片下弯，俗称“弯”；叶片上部 1/2 处弯曲，叶尖与该叶耳水平，俗称“披”；整个叶片弯曲，叶尖低于叶耳以下，俗称“垂”。叶相的形态除了与遗传有一定的关系外，更主要的是反映着稻株的代谢状况，实质上也反映着肥水管理水平。稻株氮代谢越旺盛，生长就越快，叶片组织就越柔嫩，叶片就越披垂；反之，当稻株逐渐向以积累为主的方向转移时，生长减慢，叶片变短，叶相逐渐挺直。

3. 利用叶的形态特征来指导水稻生产

在禾苗移栽后的有效分蘖期，这一时期生产上要求：稻株叶色应迅速加深，一般早造要求栽后 4 ~ 5 天叶色转“乌”，成为一生中颜色最深的时期，叶色必须深于叶鞘颜色；叶片弯披而不下垂，株形短壮。此时，如果叶色不深，出叶速度慢，应从温度、插植深度、土壤环境、肥水管理、病虫危害等方面寻找问题的根源，及时调整补救措施。

进入无效分蘖期时，这一时期生产上要求：稻株的叶色应有所褪淡，逐渐达到和叶鞘的颜色相似；叶鞘短粗，叶相转挺；每一主茎有 5 ~ 6 片绿叶，且总茎、蘖数适宜。此时，如果叶色仍然黑绿，叶鞘细长，叶耳急剧增长，早晨看禾苗叶片披垂，中午看禾苗叶片仍然下“弯”带“披”，傍晚看禾苗叶尖吐水慢而少，且总茎、蘖数过高，则为旺长苗，且根系活力有衰退迹象。生产上应速控制氮肥，并及早排水露晒田，控制无效分蘖数，促苗健壮。如果此时苗小叶黄，有效穗数少，应“看苗看天看田”适施氮钾肥料，迅速采取措施，保蘖壮苗。这个时期是水稻生产的关键时期，应看叶相诊断禾苗长势，果断采取趋利避害的管理措施，如贻误时机，后期更难弥补。

进入长穗期时，这一时期生产上要求：叶色应继续褪淡，与叶鞘的颜色基本相似或稍浅于叶鞘的颜色，促使稻株向积累型转化；远看全田禾苗，叶尖呈淡绿色，近看呈青绿色；在抽穗前约 15 天，即剑叶露尖时，全田禾苗的叶色要有明显回升，直至出穗前稍褪；出穗时，确保每一单茎、蘖至少要有 4 片绿叶，且倒 3 叶、倒 2 叶和倒 1 叶的叶片长度依次递减，叶相挺直，手触叶尖有锐感。禾苗有这样的长相，是创高产的基础。反之，禾苗长相异常，应及时采取补救措施：若叶色浓绿，可适当增施钾肥，或者适当施用少量石灰粉；若叶色淡黄，则可施适量氮肥或在根外喷施氮肥和磷酸二氢钾等。

进入灌浆结实期时，这一时期生产上要求：高产稻株抽穗后叶色应有所回升，仍然要保证每一稻株有 3 ~ 4 片功能叶青绿，达到“青枝蜡果”效果；到谷穗蜡熟末期，叶色才逐渐转黄，这才是高产的长相。此时，若叶色

（2）大量施用未腐熟的有机肥料，在稻田淹水缺氧的条件下，有机物中的含硫蛋白质就会产生大量还原性的中间产物，如硫化氢、乙酸和丁酸等有毒物质，毒害根系。

（3）化学肥料施用过多，特别是硫酸铵，在缺氧条件下，通过硫酸盐还原细菌的作用，形成硫化氢等有毒物质，毒害根系。

（4）土壤质地黏重，通透性不良，易产生硫化氢，毒害根系。

（5）禾苗生长不良，由于深插，或插秧时遇上低温天气，根不容易生长，禾苗生长不良，使根部周围还原物质积累，引发毒害。

（6）病害植株，病株的光合作用不正常，给根部输送的氧气和糖分都减少，导致根的氧化能力低，易使有毒物质积累，毒害根系而产生黑根。

防治黑根产生的主要途径：①晒田是最基本的办法，是通过增加土壤通透性来降低还原性物质；②加强农田建设，改良土壤，排灌分渠，降低地下水位；③合理施肥，科学用水，及时防治病虫害等。

6. 禾苗深插引发发僵的原因与补救措施

深插发僵，是秧苗插植移栽而引起的发僵，一般插植的稻田易发生此类现象。在大田秧苗移栽时，由于秧苗插植较深，或者在刚刚拌好的田里马上插植或抛秧，随后伴随浮土下沉而导致秧苗移植太深，造成禾苗前期发僵。

症状表现：秧苗插植后返青推迟，出叶缓慢，叶色发黄，苗丛簇立，迟迟不见分蘖。秧苗节部的腋芽萌动和生长出分蘖，需要一定的温度、光照和氧气条件，由于插植太深，迫使秧苗最下部的节间必须先行拔节伸长，往往要伸长2～3个节位，使秧苗的基部上升到靠近土表后才能正常长根系和发生分蘖。一般每拔一个节需要5～7天的时间，在这一段时间里，秧苗处于通气不良、还原性强、营养差、地下部土温低的状况下，易造成叶色发黄，延迟7～10天的时间，才能发根和发生分蘖，往往造成有效分蘖数不足，错过创高产的好时机。

预防和补救措施：①若是浸冬田、冷底田，应开沟引排冷泉水，降低地下水位；②进行冬季犁田晒冬，增施磷肥和钾肥，改善土壤理化性质；③提高拌田质量，使田面平整，耙田后待浮土沉实，或隔一夜再抛插秧苗，以免秧苗下沉；④坚持薄水带土抛插，要求浅、匀、直、稳，苗科均匀，直立不斜，灌水不浮；⑤已深抛插秧苗的田，要立即排水，1～2天后进行摸田提苗，及时扭转秧苗下陷太深的现象。

7. 禾苗中毒发僵的原因与补救措施

中毒发僵，是因土壤中还原性物质毒害稻根所引起的发僵。在早造，以绿肥作基肥的稻田比较普遍发生该现象。

症状表现：秧苗抛插后迟迟不返青，或返青后生长不良，叶片自叶尖向下褪绿，呈现为黄中透红，远看为红色。苗株矮小直立，生长停滞、不分蘖。随后下部叶片出现大小不等的赤褐色或暗褐色斑点，并自叶尖向下渐变为赤褐色枯死，严重的由下部叶逐渐向上部叶发展，常常导致全株死亡，远看似火烧状。根系前期萎缩无弹性，新根少而细，严重时根表皮脱落，有的根色透明。随着病情的发展，根系大多呈黑色并腐烂。这种黑根具有类似臭鸡蛋的刺鼻气味，当其暴露在空气中，约半小时后便又转变为黄褐色。在黑根大量变成灰白色并腐烂后，往往在近地面的根节上续生新根，形成双重根节的特征。

病症原理：中毒发僵主要发生在长期水浸、泥层过深、有机质多、通透性不良的水稻田，特别是早造绿肥用量过多或施用未经腐熟有机质肥过多的田块。由于这些有机质的分解，需要不断消耗土壤中的氧气，氧化电位下降，还原作用增强，有机质在嫌气分解过程中，产生大量的有机酸、亚铁、硫化氢、二氧化碳和沼气等有毒物质。当前期气温低时，以乙酸等有机酸的毒害为主；当气温升高到20℃以上时，则以硫化氢（H_2S）毒害为主。在土壤还原性不断增强的情况下，根际氧化区紧靠根表，形成黄棕色的氢氧化铁［$Fe(OH)_2$］薄膜覆盖在根的表面，使白根变成黄褐色；在稻根表面功能的作用下，产生的氢氧化铁与硫化氢相互作用，就形成黑色的硫化铁（FeS或Fe_2S_3）沉淀，使黄根变成黑色；大量硫化氢继续毒害根部后，可使稻根软弱无弹性而呈灰白色，最终糊化腐烂并有恶臭气味。

预防和补救措施：①加强农田基本建设，降低地下水位，改造长期浸水田、冷底田等不良的稻田。②合理施用腐熟有机质肥。以紫云英作基质肥时，要特别注意适量施用，并适量施用熟石灰，以有利于紫云英绿肥的腐熟及中和土壤中的有机酸。③科学用水，浅灌勤露，提高土温，增强通气。④对于发生中毒现象的稻田，要立即排水，酌施磷钾肥，深耘细耘，然后看田看苗轻露或轻晒田，以促使禾苗恢复生机。

8.引发早造禾苗受冷害发僵的原因与补救措施

冷害发僵的症状：秧苗抛插后，迟迟不能返青，或者出叶缓慢，叶片、叶鞘呈淡黄色，稻丛呈簇状，瘦细软弱，分蘖不良或不分蘖。稻根呈褐色软绵，弹性差，白根少而细。受害严重的稻株，下部叶片自尖端向下干枯，有时还伴有褐色不规则的小斑点。

冷害发僵的病理：发生冷害发僵现象的田块，多是深山冷水串灌的田块，或者有冷泉水的田块，这类田块发生该现象在早造气温低时尤其明显。

因为水稻生长受气温制约，一般稻根生长最适宜的温度为30℃～32℃，超过35℃，对根的生长开始产生不利影响，低于15℃，根的生长和活动就很微弱。根据测定，水稻分蘖最适宜的温度为28℃～31℃，低于24℃或高于37℃都不利于分蘖发生，低于18℃则分蘖停止。所以，受到冷水为害的稻田，本身水温直接影响土温和禾苗的生长，导致禾苗发僵。冷水为害的禾苗生育期延长，兼有缺磷、缺钾和还原性物质中毒的症状，而且易感染叶瘟和穗颈瘟。

预防和补救措施：①搞好农田基本建设，截断冷泉水源，挖坑建池蓄水，提高水温，杜绝冷水直灌；②科学用水，浅水勤灌勤露，提高土温，促进禾苗生长；③选用抗寒力较强的品种、组合，培育壮秧，适时抛插。

9. 引发早造禾苗低温发僵的原因与补救措施

低温发僵症状：早造禾苗生长期间，受低温天气的影响，上部嫩叶变为淡黄色，叶片上出现很多锈褐色针头状小点，尤其以叶尖部为多，下部老叶呈黄绿色或淡褐色，严重的叶片尖端稍枯。稻根呈锈褐色，新根很少。如果有一段时间的低温天气，日均气温在15℃以下，而且昼夜温差较大时，往往叶片上的叶绿素的形成受到低温交替的破坏，叶片就会出现“节节黄”或“节节白”的症状。

低温发僵病理：一是稻根的生长和分蘖受到低温的影响，长期低温，禾苗所受的危害与冷水为害基本相同；二是叶绿素的形成主要受到光温限制，一般叶绿素的形成要求最低温度区间为7℃～12℃，最适宜温度为30℃，最高温度为40℃。在早造倒春寒天气，往往是低温寡照，当白天温度高于12℃时，一般籼稻品种，叶绿素的形成基本正常，白天生长的一段叶片呈绿色或黄绿色；晚上温度下降到12℃以下时，抑制了酶的活动，不能形成叶绿素，甚至使类胡萝卜素的合成也受到破坏，晚间生长的一段叶片便呈黄色或白色，这样就会出现黄绿或白绿相间的叶片。几天时间，就形成了“节节黄”或“节节白”的叶片。

预防和补救措施：①重视天气预报，科学管理，低温来临前，应灌深水护苗；②低温过后，要及时排水，追施一些速效肥，特别是磷肥，并露田促根，然后浅水勤灌勤露；③选用抗寒力较强的品种、组合，培育壮秧，适时抛插。

10.“返黄田”禾苗采取补救措施的案例与分析

笔者家乡门口有一块约8亩的水稻田，属红壤土质，土比较黏稠。不论早造还是晚造，水稻插植第一次施肥后，田间禾苗就出现黄化现象。当时，生产队就采取如下措施：一是在施完第一次肥后，即排水露晒田；二是施用适量“黑白灰”，即草木灰与石灰粉混合施用。几天以后，水位下降，田间土壤失水微裂，禾根上浮，白根显露，禾苗转青，渐渐转入正常生长和管理，最后仍然有好的收成。这块田，经过几十年的改良，特别是实施抛秧生产后，近10年来就从未出现过禾苗“返黄”的现象，有了较好的收成。

这类红壤土质的水稻田，在梅州市山区是比较常见的稻田，往往土壤酸性偏高。土壤酸碱度对水稻生长有直接的影响，酸碱度对土壤养分的转化，特别是对磷等微量元素的有效性影响较大。适宜水稻生长的土壤酸碱度近于中性，酸性偏高，影响秧苗对养分的吸收，使秧苗因营养不良而黄化。这类田块的特点，是土壤中硫酸亚铁含量比较丰富，往往会有“铁锈水”出现，这对稻根的生长极为不利。田间检查根系，往往黄根多，根细小，根尖白色部分短而少，发根不旺，根活力弱，吸收差，导致禾苗因营养不良而黄化。

对这类稻田的改良及管理，应采取如下五方面措施：①要搞好农田基本建设，排灌分渠，降低地下水位；②冬季推广种植绿肥和稻秆回田，增加土壤有机质含量，改善土壤理化结构；③适度增施石灰粉，改善土壤酸碱度；④推广抛秧移植，以利于根系在浅表土生长发育；⑤抛秧后，田间多落干轻露，以促进根系发育生长。

11. 水稻营养元素失调的田间诊断、病理及防救措施

水稻为了正常生长发育，必须从土壤中吸收各种各样的营养元素。根据分析，需要的营养元素至少有14种，即氮、磷、钾、硅、镁、钙、硫、铁、锌、锰、硼、铜、钼、氯，其中氮、磷、钾、硅、镁、钙、硫7种元素，水稻的需要量较大，称为大量元素；另外7种元素的需要量较少，称为微量元素。水稻生长过程中，某元素缺少或过多，都会引发生理性病害，稻株外部形态上表现出特有的病状，称之为缺素症或过量中毒症。

（1）氮素失调的田间诊断、病理及防救措施。

失调症状：禾苗缺氮一般先从老叶尖端开始向下均匀黄化，渐渐由基叶延及心叶，最后全株叶色黄绿，下部老叶枯黄。叶片窄而短，直立，株形矮瘦，出叶慢，分蘖迟而少，迟迟不能封行。发根慢，细根和根毛发育差。抽穗后，叶片提早落黄，明显早衰，最后造成穗小粒少，秕粒增多，粒重降低。反之，禾苗过氮则表现为叶片宽阔且长，披软，叶色浓绿，叶鞘色泽稍淡，过早封行封顶，无效分蘖多；节间拉长，茎秆软弱，抽穗迟而不整齐，贪青迟熟，容易倒伏，空秕率高；严重过氮，最终导致禾苗颖花退化严重，穗长而粒少，秕粒多而减产（见彩图13）。

病害机理：氮是组成植物细胞原生质中蛋白质的主要成分，是形成植物

体的重要成分，也是叶绿素的主要成分。在缺氮状况下，植株矮小，叶面积小，单位叶面积的碳素同化作用衰退，使淀粉贮藏量减少。缺氮的稻株，常是下部叶片先发黄早衰，而新生叶片仍为绿色，这是因为下部叶片的叶绿素、蛋白质被分解利用，其中的氮被转运给新叶再利用。

在水稻的一生中，有两个时期最容易因缺氮而引起减产。第一个时期是有效分蘖期，这时缺氮十分不利于早分蘖、多分蘖、成穗，导致亩有效穗数减少；第二个时期是幼穗分化始期至花粉母细胞减数分裂末期，即抽穗前10～26天，缺氮会使每穗枝梗数和颖花数减少。但氮素过多或过于集中，使碳素同化作用产生的糖或贮藏的淀粉分解所形成的糖，供应不上过量吸收的氨合成蛋白质的需要，氮素就以氨和氨基酸形态存在，使稻体内铵态氮和可溶性氮大量增加，这样碳氮比值、钾氮比值、硅氮比值都下降，纤维素、木质素的含量也减少，导致稻体茎秆瘦细，节间伸长，叶片披软，组织嫩弱，徒长贪青，成熟延迟，易倒伏，病虫害易侵入（见彩图15）。

防救措施：①科学施肥。一般亩用氮、磷、钾的比例为2∶1∶3，根据水稻各生长时期科学施用；②科学用水，浅水勤灌多露；③对缺氮的禾苗，可配合氮、磷、钾进行片施、穴施或塞施；④对过氮的禾苗，可适施石灰，并排水露晒。

禾苗过氮受害的案例及分析。

1980年早造，梅州市大部分农户迎来了土地家庭承包责任制的第一个春天。改革的激情调动了广大农民种粮的积极性，农户准备大显身手。在此前，农村是生产队集体建制，往往只有生产队长一人会耕田，大多数农民只是跟着干。

“种田无师傅，只要肥来辱”是农村耕田俗传的一句老话。因此，那年的早造水稻生产，大多数农户的禾苗都施肥过剩，禾苗幼嫩，叶色浓绿，叶长披软，分蘖多，封行早，最后导致病害严重，普遍减产10%～20%，严重的达到30%～40%，个别的田块基本失收。这一事例，许多老农业干部仍记忆犹新。

究其原因，主要是农民科学种田的意识淡薄，施化肥、施粪水多，造成禾苗过氮严重。氮在水稻的生命活动中占有首要地位，它直接影响到稻株各器官的生长。但是，禾苗施氮过剩，有以下六个方面的危害：

①秧苗期过氮。秧苗期施氮过多，秧苗体内就得氮多，反而消耗糖类物质多，在超过秧苗体内贮藏糖类的许可范围时，不仅对生长无益，反而使秧苗体内积累了氨，积累的氨过多的情况下，就会造成“氨中毒”，导致幼苗心叶枯黄。

②分蘖前期过氮。在氮素供应充足时，禾苗分蘖早，分蘖旺盛；根生长快，根数增加，根短且分布浅，根活力强。但是，氮肥过量，分蘖增多，叶片大而长；田间禾苗封行过早，反而抑制稻根生长，根量显著减少，同时禾体荫蔽，禾苗基部光照少，不分蘖或分蘖少。根据测验，当光照强度减低至自然光照强度的50%时，分蘖受到不利影响；在光照强度是5%时，则分蘖就不能发生，还易使叶鞘过度伸长，消耗养分，延长分蘖的时间。

③分蘖后期过氮。氮素虽然能使稻叶伸长，延长叶的寿命，但是在氮素过剩的条件下，叶片长大而薄，叶片组织结构疏松，容易干枯，叶片寿命反而缩短；稻田荫蔽，稻体中下部的叶片光合能力差，根系生活力衰败加快；营养物质减少，影响颖花数量。

④幼穗分化期过氮。若施肥过量，氮素超出允许范围，造成禾苗“一路青”，氮代谢过盛，碳代谢受抑制，稻体内营养物质积累得少，又会引起颖花大量退化。

⑤抽穗期过氮。当禾苗过氮时，稻体内较多的碳水化合物就用在与含氮化合物形成氨基酸方面，减少了糖的供应，运输到谷粒的糖就减少，影响谷粒的充实度；在高氮的条件下，特别是加上弱光，颖花不育率显著增加，这一方面是因为花粉在柱头上不易发芽，另一方面是由于开花时花药不能完全破裂，花丝异常伸长。高氮条件下，抽穗后的叶与根易早衰，茎生长过快，又易造成倒伏。

⑥禾苗过氮易引发病虫害。禾苗在氮肥施得过多或过于集中的条件下，碳素同化作用产生的糖或贮藏的淀粉分解所形成的糖，供应不上过量吸收的氨合成蛋白质的需要，氮素就以氨和氨基酸形态存在，使稻体内铵态氮和可溶性氮大量增加，为病菌提供丰富的营养基质，易导致病害发生；群体荫蔽，高温高湿，病虫易发生；叶片的硅氮比值低，特别是新叶的硅氮比值又更低，禾苗抗体差，也易感染病虫害；病虫发生，茎叶受损，“源、流、库”失调，导致减产甚至严重失收。

（2）磷素失调的田间诊断、病理及防救措施。

失调症状：秧苗移栽后缺磷，禾苗生长显著缓慢，分蘖延迟或不分蘖；叶片细瘦，直立不下披，严重时叶片沿中肋稍呈卷曲状态；叶色暗绿，无光泽，严重时叶尖带蓝紫色，远看禾苗暗绿中带灰紫色；叶鞘长，叶片短；叶簇顶端近乎整齐，株间不散开，稻丛呈簇状，矮小瘦弱；根系紧缩不散，短而细弱，多呈褐色，新根很少；如有硫化氢中毒的并发症，则根系灰白，有的呈黑色，叶尖枯黄；抽穗期和成熟期延迟。（见彩图16）一般情况下，磷过剩不易造成危险，但是在氮肥过多的条件下，如再过多施用磷肥，就会加剧稻体对氮素的吸收代谢，造成氮素过剩的危害症状，易引发病虫害。

病害机理：缺磷一般多发生于红壤或黄壤性水田、冷底田、高山水田和还原性强的水田。红壤或黄壤类土壤本身含磷量低，速效磷含量更低；冷底或高山等还原性强的田，水稻对磷素的吸收代谢功能很弱。其次，磷肥在土壤中，在酸性条件下，易被铁、铝离子固定；在微碱性条件下，易被钙离子固定。因此，田间的有效磷减少，常使水稻表现出缺磷现象。据报道，水稻根系吸收磷的能力，在土温16℃时仅为土温30℃时的55.9%；当稻株在60 ppm以下测验时，就易引起禾苗缺磷，在30 ppm以下时，则表现为严重缺磷。

磷是构成植物体内核酸的主要成分，磷素不足会使细胞分裂减慢或不分裂。一方面，水稻分蘖期是细胞分裂的旺盛期，需要大量的磷才能满足分蘖的需求，此时缺磷就会阻碍分蘖；此外，磷酸能促进植株体内蛋白质的合成，如果水稻缺磷，体内的铵态氮和其他可溶性氮的积累，就易诱发稻瘟病。另一方面，磷有促进吸氮和抑制吸硅的作用，所以在氮肥过多的情况下增施磷肥，则稻体内硅的含量降低，导致茎秆披软，抗性下降，易诱发稻瘟病、纹枯病和虫害。

防救措施：①搞好农田基本建设，降低地下水位；②增施有机质肥，改良土壤；③科学施肥用水；④缺磷的禾苗，可增施磷肥或磷酸二氢钾；⑤在氮多磷多的禾苗长势过盛时，可适施石灰。

（3）钾素失调的田间诊断、病理及防救措施。

失调症状：秧苗移栽后缺钾，病株较矮小，老叶下垂黄化而心叶窄挺，茎秆细弱，分蘖稍减。初期叶色略呈深绿色，叶片较狭而软弱，随后基部叶片自叶尖沿叶缘两侧向叶基逐渐变成黄色或黄褐色，并产生大小不等的铁锈状的赤褐色或暗褐色斑点，严重时可聚合成斑块或条状，最后叶片自尖端向下逐渐变成赤褐色枯死，由下叶逐渐向上叶蔓延，严重时全株只留少数新叶保持绿色，远看似火烧状，但很少全株枯死。病株的主根和分枝根均短而细弱，根表皮层呈水渍透明状，根毛少，易脱落，整个根系呈褐色至暗褐色，新根很少。（见彩图17）钾肥一般不会引起稻体内钾素过剩的为害，但当氮肥施用量过多时，反而助长体内氮素过剩的为害，易诱发病虫害。

病害机理：首先，缺钾一般多发生于有效钾易于流失的浅薄沙质土田、漏水田和红、黄壤土田，也发生于有机肥用量低，而氮素化肥用量偏高的钾氮比例失调的水田。这些田在持续低温状态下，影响了禾苗对钾素的吸收，使秧苗缺钾症状表现严重。其次，钾与蛋白质的合成有关，缺钾就会引起蛋白质减少，而氨基酸、酰胺氮的积累却相应增加；钾与纤维素、木质素合成有密切关系，缺钾后纤维素、木质素相对减少，导致稻株的机械组织发育不良，茎秆软弱。最后，缺钾的稻根中亚铁氧化酶的活性减弱，对还原性土壤的抗性降低，易受亚铁和硫化氢为害。因此，缺钾就易发生稻瘟病、白叶枯病、纹枯病、小粒菌核病和胡麻斑病等。

防救措施：①改良土壤，加深耕作层；②增施钾肥，在分蘖期将稻体的钾氮比值提高到0.5以上；③缺钾的禾苗，应立即排水，在追施氮肥的同时必须配合钾肥，随后耘田、露田，促进稻根旺发，提高吸肥能力；④水稻中后期，可亩喷1%氯化钾或硫酸钾液2~2.5千克。

（4）镁素失调的田间诊断、病理及防救措施。

失调症状：随着水稻连作和产量的不断提高，土壤中的镁元素有供应不足的可能。缺镁的禾苗，表现为先从下部叶片的叶肉褪成淡黄色，但叶脉仍呈绿色，这是鉴定的主要特征；随后逐渐扩展至上部叶片，最后全株呈黄绿色，并由于叶片和叶鞘间的角度增大，叶片呈波浪形弯曲下披；植株矮化，分蘖减少。（见彩图18）土壤中镁含量过剩，一般不引起危害。

病害机理：镁是叶绿素的组成成分，在稻体内约有10%的镁，存在于叶绿素分子中；镁在植物体内有转移的特性，生长新叶时，可以从老叶转移给新叶利用；镁离子是很多酶的活化剂，可以加速酶促作用，促进作物的新陈代谢；镁与糖的代谢、氮的代谢、磷酸化作用、呼吸作用等都有密切关系。当水稻缺镁时，叶绿素减少，光合作用降低，茎叶中碳水化合物的含量减少，可溶性氮化物的含量增加，水稻易感染稻瘟病；同时，缺镁的禾苗，容易早衰，易诱发胡麻斑病。钾有妨碍稻体对镁的吸收的特性，在缺镁的土壤中若过多施用钾肥，往往会加重水稻因缺镁而引发叶瘟和穗颈瘟的程度。

防救措施：①增施有机肥和焦泥灰，改善土壤理化性质，增加镁的含量；②缺镁的禾苗，可增施硫酸钾镁肥。

（5）硅素失调的田间诊断、病理及防救措施。

失调症状：水稻是吸收硅最多的一种作物，一般土壤都含有丰富的硅，但有些红壤旱改水田或山间畈田等，往往硅元素不足，也常有缺硅的现象。禾苗缺硅表现为株形披散，稍矮，分蘖少，叶片软弱下垂，色较淡，略呈黄绿色，严重的剑叶微有纵卷；抽穗后，一般穗的长度缩短，粒数减少，遇大风颖壳易受伤，易遭受稻瘟病、胡麻斑病等病菌侵入而产生褐色斑点；禾苗生长后期，较易出现早衰现象。（见彩图19）稻体不缺硅的状况下，叶片、叶鞘、茎秆和颖壳中的细胞都能硅质化，形成硅化细胞。这样就能增强茎叶硬度，使叶片挺直，着生角度变小，可缓和多肥条件下水稻生长过于繁茂和易发生披叶的不良现象，改善通风透光条件，有利于光合作用，降低田间湿度，防止病虫的孳生繁殖。

病害机理：水稻对硅的需要量，约等于氮素量的10倍。硅被稻根吸收后，随着蒸腾作用与水一起在稻体内上升，水从叶表面蒸发掉，大部分硅则累积在表皮细胞中，即所谓表皮细胞硅质化，从而增强稻体的抗性；反之，稻体披散，抗性降低。硅对水稻的作用是多方面的：一是硅可以将土壤中固定的磷酸置换出来，增加土壤中有效磷的供应；二是促进水稻地上部的氧气运入根部，提高根的氧气力；三是减少对铁、锰的吸收，降低铁、锰毒害；四是促进碳水化合物的形成。所以，硅在促进稻株健康生长和提高抗病虫性方面，具有特殊的作用。

防救措施：①选用吸收硅元素较强的品种、组合。②科学施肥用水，切忌过氮，浅水勤灌多露，增强根系活力，提高蒸腾强度。③改良土壤，增厚耕作层。硅主要是由耕作层吸附的，耘作层深不仅有利于水稻生长，更有利于吸收硅元素。④增施有机肥及补施硅酸盐肥料，推广稻秆回田。一般稻秆含硅可达干重的10%～20%，是很好的有机质肥料。

（6）钙素失调的田间诊断、病理及防救措施。

失调症状：钙是水稻必需的营养元素，但需要量很少，生产上很少发现缺钙现象。一般土壤不缺钙，往往只是由于稻体内钙的吸收和运输等生理功能失调而造成缺钙的现象。严重缺钙的稻株，上部叶片的尖端变白色、卷曲，后呈暗褐色枯死，根短，根尖褐色（见彩图20）。如极度缺钙，则稻株生长受阻，生长点死亡。

病害机理：新细胞的形成需要供应充足的钙，严重缺钙会导致新细胞形成受阻；钙对提高稻体内蛋白质的含量、促进呼吸也有一定作用。此外，钙离子还能消除铵、铝、钠、氢等离子的毒害作用，还能加速铵的转化，从而减少铵在稻体内的积累，提高禾苗的抗病性，这也是在禾苗过氮时，施用适量石灰的道理。此外，水稻缺钙，细胞壁易发生黏化，稻根延长部分细胞遭到破坏，导致根系发育差。所以，在含有较多氢、钠、铝离子的酸性土壤施用石灰，或对过氮受害的禾苗适度施用石灰，都有良好的效果。

防救措施：①对酸性缺钙的土壤，应施用适量石灰，这样既提供了钙营养元素，又中和了土壤酸性，有利于水稻生长；②适喷钙肥，对中性、弱碱性土壤，根系吸收受阻，应改用叶面喷施，一般用0.3%～0.5%氯化钙液，连喷2～3次；③适度控制肥料用量，大量施用氮肥、钾肥，会抑制禾苗对钙的吸收，科学用肥施肥是防止水稻缺钙的基本措施；④防止土壤干旱，高温干旱易使土壤溶液浓缩，极易引起稻体缺钙，应及时灌溉。

（7）硫素失调的田间诊断、病理及防救措施。

失调症状：这里的硫素失调，主要是指土壤硫素或氧化态硫素含量不足引起的危害。水稻所吸收的硫素，来自有机肥、化肥、土壤和雨水。一般水稻不至于硫素不足，但长期少用含硫肥料的田或淋洗强烈的酸性土和沙性土，往往会造成作物缺硫症。水稻缺硫，根系明显地伸长，但支根减少；株形变矮，分蘖减少；叶片变窄，叶脉先褪绿，后全叶呈黄绿色，与缺氮非常相似，仅凭病状极难诊断。（见彩图 21）但它不像严重缺氮的叶片自尖端向下枯焦，可以通过施用适量氮肥后进行试诊，若禾苗无明显变化，则可判断是缺硫现象。

病害机理：硫是各种作物生长发育所必需的营养元素。硫是蛋白质和酶的组成成分，能调节作物体内的氧化还原作用，与叶绿素的形成有密切关系。鉴于此，水稻缺硫，体内的蛋白质含量就会减少，酶的活性减弱，氧化还原作用降低，叶绿素的形成受到影响，导致水稻发育不良。

防救措施：①适当施用含硫化肥，一般在水稻生长前期施用硫酸铵、硫酸钾、过磷酸钙等，就可防止缺硫；②注意肥水管理，防止土壤还原性过强。

（8）铁素失调的田间诊断、病理及防救措施。

失调症状：水稻生育期中出现的铁元素失调有两方面的原因：一方面是土壤中亚铁离子浓度过高引起的铁中毒，这在部分排水不良、还原性强的田块较易发生；另一方面是铁素养料不足引起的褪绿黄化以致变白等病状，这在秧田初期偶有发生。幼苗期缺铁，一般都是新抽生的心叶整张叶片褪绿黄化，然后变为白色，但下部早前生成的叶片仍是健全绿色。由亚铁离子浓度过高而引起毒害的禾苗，分蘖初期开始呈现。先是下部叶片从叶尖逐渐向叶基部出现细小的褐色斑点，随后整张叶片自叶尖向下变成褐色或紫褐色，严重时叶片枯死。（见彩图 22）据报道，铁中毒的叶片也有自叶尖向下黄化的类型。受害的根系多呈黄褐色，僵缩严重的根系多呈黑色，根际土壤呈青灰色或灰黑色，田里常有铁锈水出现。

病害机理：铁是水稻生长发育必不可少的营养元素，它能促进叶绿素和磷酸蔗糖的形成，也能促进呼吸作用。在水稻叶片中，铁大部分存在于叶绿体内，虽然叶绿素分子结构中并不含铁，但它参与叶绿素的形成。铁分布于稻体内，难以被转移再利用，所以一旦铁素不足，首先是新生叶片出现黄化发白的症状。一般土壤含铁量都比较多，水稻对铁素需要的绝对量又很少，正常情况下很少发生缺铁的现象，在石灰性很强的土壤中，才有可能发生缺铁现象。但在沙质土的旱秧田、半旱秧田的秧苗期前后，在秧板面干燥发白或秧板面覆盖大量草木灰的情况下，会出现成簇秧苗心叶黄化发白的病苗，这是因为表层土壤有氧化及碱性反应，在此情况下，游离态铁质呈氧化态或以氢氧化铁形态沉淀，使秧苗吸收不到足够铁离子而显示出暂时性缺铁的现象。特别是地下水位高、排水不良、有机质含量较多的田块，常有大量铁锈水，当土壤中亚铁离子浓度过高时，能抑制稻根对营养元素的吸收。此外，磷、锰、钾和硅与铁彼此间有拮抗作用，即铁增加，根对磷、锰、钾和硅的吸收就减少；磷增加，则根对铁的吸收就减少，所以受亚铁毒害的僵苗常常伴有缺磷病症。

防救措施：①防止秧苗期缺铁，主要是提高秧田质量，加强水浆管理，务必使秧田不受干旱晒白；②切忌过量施用复合肥、磷钾肥、草木灰和石灰等；③防止本田禾苗亚铁中毒，主要是加强农田基本建设，降低地下水位；④当出现亚铁中毒时，应开沟排出铁锈水，适度露晒田，以降低亚铁离子浓度；⑤适当增施钾肥，增加稻根的氧气和提高根中亚铁氧化酶的活性，就能减轻亚铁的危害。

（9）锌素失调的田间诊断、病理及防救措施。

失调症状：锌是水稻生长发育所必需的微量元素。缺锌的禾苗，先在下叶中脉区出现褪绿黄白化，叶上生红褐色斑块，后逐渐扩大呈红褐色条状，自叶尖向下变红褐色干枯，并自下叶向上叶依次出现。病株的出叶速度减慢，新叶叶片变得短而窄，叶色褪淡，特别是基部中脉附近褪成黄白色。重病稻株叶枕距缩短或错位，明显矮化，很少分蘖，田间表现为生长参差不齐，生育期延长，多不能抽穗，即使抽穗也结实不良。稻根系为褐色，老朽。（见彩图 23）

水稻缺锌症与缺钾症相似，区分主要依据以下三方面：①缺锌病叶先是中脉失绿黄化，随后出现红褐色斑点，最后变红褐色焦枯。这种病状由叶片基部渐向叶尖、由叶片中部渐向叶缘发展。但缺钾症状正相反，是由叶尖向下、由叶缘向内侧发展。②缺锌老叶发脆，缺钾不明显。③缺锌一般是土壤 pH≥6.5 时容易发生，缺钾则不受此限。

病害机理：锌能促进植物体内色氨酸的形成，使之转变为生长素即吲哚乙酸，促进植物生长。锌也是叶片细胞中碳酸酐酶的组成成分，并能增强过氧化氢酶、过氧化物酶和多酶氧化酶的活性，从而促进呼吸作用。水稻对锌的需要量很少，一般土壤供给量都能满足水稻生长发育的需要。但是，在还原性强的土壤中，嫌气分解的有机酸能抑制水稻根系对锌的吸收，并且锌可能与硫化氢作用，产生低浓度的硫化锌；在含磷量高的土壤中，磷能抑制稻根对锌的吸收，或锌与磷酸作用，产生低浓度的磷酸锌；一般酸性土壤中的有效锌都比较多，随着 pH 值的递增，有效锌不断大幅度下降，在pH≥6.5

时开始形成 $Zn(OH)_2$（即氢氧化锌）沉淀而无效化；有些酸性土如红砂岩发育的老水稻土，原本含锌量低，吸收量很少；有时施用石灰等碱性肥料后，也可能导致锌被固定，有效锌减少。这些因素，都能导致水稻出现缺锌症状。禾苗缺锌症在移栽后就可能发生，分蘖期可达到发病高峰。

防救措施：①搞好农田基本建设，改良土壤。②增施锌肥。移栽前，一般亩施 1.5～2.5 千克硫酸锌作基肥，或用 0.5% 硫酸锌溶液蘸秧根。③移栽后出现缺锌症的稻田，应立即排水通气，促进根系发育，并用 0.1% 硫酸锌溶液或氯化锌溶液进行叶面喷施。

（10）锰素失调的田间诊断、病理及防救措施。

失调症状：锰是作物生长发育所必需的微量元素。水稻需要锰量不多，一般土壤含锰量又较多，生产上出现的缺锰或锰中毒现象往往很少发生。但是，在强石灰性土壤或酸性土壤上施用大量石灰以后，土中有效锰含量显著降低时，就有缺锰的可能。缺锰稻株下部的老叶呈黄绿色，上部嫩叶的叶脉褪绿成淡黄色条纹，这种条纹可以从叶尖向下扩展至叶片基部，随后出现暗褐色坏死斑点，并不断愈合成暗褐色的坏死线条；新抽出的叶片短而窄，呈淡绿色；株形变矮，根系发育不良，结实率低，千粒重下降。（见彩图 24，Ⅰ）锰过量出现中毒为害时，稻株的生长和分蘖均受抑制，叶片和叶鞘的叶脉上出现褐色细点，尤其在下部的老叶上最为明显，严重时叶片和叶鞘变褐色枯死。（见彩图 24，Ⅱ）

病害机理：锰主要分布在稻体内生理活性较旺盛的幼嫩组织中，它能促进叶绿素的形成和碳素同化作用。锰是很多酶的活化剂，能促进三羧酸循环，增强有氧呼吸。水稻缺锰很容易发生胡麻叶斑病，因为水稻正常生长时，稻体内的铁和锰之间保持适当的营养平衡，但在有机质过多的水田里，土壤中的铁随着有机质的分解，会产生多量的水溶性二价铁，当亚铁含量过高时，就会阻碍根对锰的吸收，缺锰和缺铁往往伴随在一起，这样更容易诱发胡麻叶斑病。锰能减少稻体内铵态氮和可溶性氮的含量，增加水稻的生理活性，提高水稻对稻瘟病的抗性。

防救措施：①合理施肥，防止过量施用石灰；②稻株出现缺锰症状时，可用 0.1% 硫酸锰水溶液进行叶面喷施；③锰害发生时，适当增施硅酸盐肥料，可减少根系对锰的吸收，从而减轻锰害。

（11）硼素失调的田间诊断、病理及防救措施。

失调症状：硼是作物生长发育所必需的微量元素。水稻对硼的需要量很少，生产上很少出现缺硼症。水田中除过量施用硼肥外，一般不会达到毒害水稻的水平。但是，土壤中有效硼的含量往往会因土壤、耕作、施肥等条件不同而引起有效硼的减少。如沙土、粉沙土、酸性土等易被雨水淋失；石灰性土壤中的有效硼易与钙化合，生成不溶性偏硼酸钙沉淀；水稻移栽过密，荫蔽，光照不足，影响根系对硼的吸收，这些都能引起水稻缺硼症。缺硼的禾苗矮缩，新叶抽出后叶片的尖端变白色，且卷曲，似缺钙症状，严重的生长点死亡，或随后抽出几乎完全白色的卷曲叶片，分蘖仍可继续产生，但结实不良，空壳增多。硼过量引起的毒害，表现为稻株下部的老叶从尖端开始，沿着边缘褪绿，继而出现大的暗褐色椭圆形斑，最后变成褐色并干枯。(见彩图 25)

病害机理：硼参与花器官的形成和发育，有利于受精作用的顺利完成；促进植物生长点（如根尖和茎尖）细胞分化，有利于根系和植株生长；此外，还有利于碳水化合物在植物体内的分配和运输等。从水稻本身来说，对硼的需要量也远比其他营养元素大。因此，在缺硼状态下，不利于花粉发育，授粉受精受到影响；同时导致有机酸在根、茎中积累，根尖和茎尖分生组织的细胞分化和伸长受到抑制。

防救措施：①改善土壤理化性质，防止过量施用石灰等碱性肥料。②增施硼肥。缺硼地区，可用硼镁肥作基肥，在秧苗期、孕穗期和始穗期可用 0.02% ~0.03% 硼酸水溶液或 0.03% ~0.05% 硼砂水溶液进行叶面喷施。

12. 梅州市水稻病虫害发生的特点、防治中存在的问题及防治经验

（1）梅州市水稻病虫害发生有两个新特点。

一是新的病虫害不断出现，且范围不断扩大。自 1982 年以来，大面积推广种植杂交水稻，难免造成了引种又引病的现象。自 20 世纪 80 年代以来，细菌性条斑病由种子带病小面积发生后，不断扩大为害面积，目前已成为全市普遍发生的病害；黑条短缩病近几年来也在五华、梅县、大埔等地不断出现，潜伏的危害不可轻视；如稻水象甲、福寿螺、稻曲病等，已成为普遍性的病虫害了；又如大稻缘蝽，在大埔已发生过大面积的严重为害案例，令人担忧！

二是病虫害发生频率较高，危害程度加重。由于水稻品种或组合结构调整、气候条件变化、病虫抗性增加、偏施化肥等多方面的原因，常见的病虫害都有加重的趋势。

在近 10 多年来，稻瘟病发病面积大且加重，常常出现小面积严重发生而导致失收的现象；三化螟虫发生面积也不断扩大和加重，2013 年晚造，兴宁发生了罕见螟虫灾害，严重为害面积达到 700 亩，部分田块颗粒无收，广东省调查组认为，这是新中国成立以来兴宁地区最为严重的水稻螟虫为害案例；稻飞虱的为害在个别年份有所加重，由于农户管理不及时，也造成了

不可挽回的损失。

根据四川省抽样调查的结果，若不控制病虫害，“七五”期间年均损失稻谷59.5万吨，“八五”期间年均损失92.8万吨，“九五”期间年均损失144.2万吨。其中，稻瘟病造成水稻损失27%、纹枯病造成损失18%、稻飞虱造成损失9%、三化螟虫造成损失9%、二化螟虫造成损失31%。这些数据，足以说明其危害。

（2）防治水稻病虫害中存在的问题。

农户防治工作中，“重虫轻病、重后轻前、重药轻综、重用轻对、重浓轻适”的“五重五轻”现象比较普遍存在。有些农户见到病虫才来防治，错过了防治的最佳时机；有些农户未对症下药，失去了防治的最大效果；个别农户乱用农药，造成了损失，教训尤其深刻！近10年间，在水稻幼穗分化期，农户错用了致死幼穗分化的农药，造成“死苞”而失收的个案常有发生；错用除草剂致死禾苗或推迟使用“稗王”而造成结实率下降的个案也时有发生。以目前的生产体制，个体农户的家庭损失，相对而言是比较严重的。这些都要引起人们的重视！我们应加大宣传力度，加强实地指导，提高农户科学种田的水平，确保水稻安全生产。

（3）水稻病虫害的防治经验。

对水稻病虫害的防治，应注重如下六个方面的工作：

①选用抗病性能高的新良种。目前，抗病性能高的杂优组合较多，一般选用高抗稻瘟病、白叶枯病的新组合，不选用在当地多年种植过的品种或组合，避免其耐药性，防治效果比较显著。

②秧苗一定要带防病防虫药抛插。秧苗期面积小，用药成本低，防治效果好；刚抛插的稻田，苗小间隙大，防治效果差。其中，纹枯病主要以土壤带菌传播，稻瘟病主要以种子、病稻草带菌和空气传播，白叶枯病和细菌性条斑病主要以种子、病稻草带菌和风雨、灌溉水传播，黑条矮缩病主要以灰飞虱传播。秧苗期做好了防治，能确保秧苗抛插后一段时间里，避免病害的感染和虫的为害。秧苗带药防治虫害，要用内吸性的农药为主，较有利于综合防治食叶类、吸汁类、钻蛀类的害虫。

③狠抓“三期”综合防治。这里的“三期”是指禾苗封行期、分蘖盛期和抽穗期。正常年份，不管这“三期”病虫害是否发生，都要做好防治工作。一般在每期相隔7天连续用药2次，防病防虫的农药混施，保证稻株体内持药时间15天左右，就能确保有效的防治。

④一定要使用名牌大厂生产的农药。目前，农药市场比较混乱，含量各异，效能不一，价格悬殊，良莠不齐。如上海东风厂生产的40%三环唑，

是防治稻瘟病的品牌农药，市面上有许多含量低、混合了其他药物的三环唑，若农户选用了后者，就会造成防治效果不理想，随着时间的推迟，病菌以几何级数快速繁殖并传播，病害得不到有效的防治，造成病害加重，错过了最佳防治时间。这种现象比较普遍存在，应予以纠正。

⑤选用对口农药重点防治。例如正常年份，防治稻瘟病可用上海东风厂生产的40%三环唑；特殊年份，稻瘟病发生严重时，除施用40%三环唑外，还要交叉使用富士一号或40%稻瘟灵等，相隔7天时间连续施用2～3次。这样实施，可避免病菌的抗药性，以取得较好的防治效果。又如，螟虫重发生年，一要在低龄螟虫期对口施用农药，二要交叉使用多种类对口农药2～3次，保持药效15天左右，就能较有效地防治螟虫，千万别等到螟虫高龄代时期才来防治，在害虫世代重叠繁殖时，虫口密度大，是较难防治的。

⑥勤检查，早决策。勤检查是及时有效防治病虫害的最基础、最重要的措施之一。在高温高湿、禾苗幼嫩、群体荫蔽等状况下，病虫害繁殖快、潜伏暴发概率高，所以，做到勤检查、早防治，才能及时达到效果。同时，每次施用农药后，在2～3天内也要细致检查防治病虫害的效果，及时总结，果断决策，针对现状采取措施，确保有效防治。

13. 稻瘟病难防治的原因

实际生产中，稻瘟病的确难防治，稍有不慎就酿成大祸。为什么稻瘟难防治？综合来看，有以下六个方面的原因。

（1）稻瘟病的生理小种多、病源广。由于水稻是人们赖以生存的主要粮食，特别是南方，一年两造的水稻生产，给稻瘟病真菌提供了优越的生态环境，长年的积累，造成了稻瘟病生理小种多达几十种或近百种，寄主多、病源广，已经成了水稻生产的主要病害之一。

（2）稻瘟病生理小种优势群转换频率快。稻瘟病的生理小种，其真菌体的遗传变异，促成新的稻瘟病生理小种的形成，其几何级数的快速繁殖和积聚，又形成新的优势种群。当年某地的稻瘟病某一类型的生理小种（假设B群）为优势群，但随着时间的推移，另一类生理小种（假设C群）的繁殖和积累，又形成了该地的稻瘟病的优势生理小种，反之，B群为劣势群体。

（3）稻瘟病菌耐药性提高。在长期使用同一类型农药防治的情况下，稻瘟病菌对这一类型的农药产生了抗药性或耐药性。

（4）品种或组合抗稻瘟病的性能下降。同一品种或组合在当地使用了4～5造以后，抗病性能有逐渐下降的趋势；同时，对农药也产生抗药性。农民常说的“换田不如换种”就是这个道理。

（5）高抗的品种、组合并非具有绝对性。品种、组合的抗病性，是相对而言的，并非百分之百都能抗稻瘟病任何一个生理小种。实际工作中，只能对主要的几个生理小种进行测试，无法对每个生理小种进行测试。通过对主要几种生理小种测定后，进行综述的评定，确定该品种、组合的抗级，所以实际测试在客观上是存在差异的。

（6）稻体素质与田间气候环境。在水稻生产过程中，前期攻氮促分蘖，稻体含氮素高，抗体下降；中期田间荫蔽，高温高湿有利于病菌快速繁殖；天气不良，防治效果差，这些都增加了防治稻瘟病的难度。

14. 黑条矮缩病发生的个案与防治措施

2009 年晚造，五华县郭田镇和周江镇等地，晚稻因发生黑条矮缩病而导致歉收面积有 3 000 亩左右。田间禾苗表现：发病植株矮缩，植株高度普遍在55 ~60 厘米，分蘖增多，每科达 25 穗，穗小，包颈，稻壳颜色变黑，不结实或结实率很低。观察取样病株，在叶背的叶脉和茎秆上呈现蜡白色的短条瘤状隆起。

据群众反映，发病田块在水稻抛秧后 10 天左右即出现植株高矮不齐现象，有些群众误认为施肥不足而加大肥料用量，但植株仍生长矮小。经市县联合调查，证实是黑条矮缩病为害。在梅州市较大面积发生是首次。随后，梅县、大埔的晚造烟迹稻田均有小面积发生。

水稻黑条矮缩病属病毒病，又称水稻黑条矮缩病毒，属植物呼肠孤病毒组病毒。水稻黑条矮缩病毒为害禾本科的水稻、大麦、小麦、玉米、高粱、粟、稗草、看麦娘和狗尾草等 20 多种寄主。

该病毒只靠灰飞虱、白背飞虱、白带飞虱等传染，其中以灰飞虱传染为主。介体一经染毒，终身带毒，但不经卵传毒。稻田中繁殖的第二、第三代灰飞虱，在水稻病株上吸毒后，迁入晚稻和秋玉米传毒，晚稻上繁殖的灰飞虱成虫和越冬代若虫又进行传毒，田间病毒通过早稻—晚稻的途径完成侵染循环。灰飞虱最短获毒时间为 30 分钟，1 ~2 天即可充分获毒，病毒在灰飞虱体内的循回期为 8 ~35 天。接毒时间仅 1 分钟，稻株接毒后潜伏期 14 ~24 天。晚稻早播比迟播发病重，禾苗幼嫩发病重。毒源的多少，决定着水稻发病程度。

发病症状：俗称“矮稻”或“矮禾”，主要症状表现为分蘖增加，叶片短阔、僵直，叶色深绿，叶背的叶脉和茎秆上呈现蜡白色，后变褐色的短条瘤状隆起，不抽穗或穗小，结实不良。不同生育期染病后的症状略有差异。苗期发病，心叶生长缓慢，叶片短宽、僵直、浓绿，叶脉有不规则蜡白色瘤状突起，后变黑褐色；根短小，植株矮小，不抽穗，常提早枯死。分蘖期发病，新生分蘖先显症，主茎和早期分蘖尚能抽出短小病穗，但病穗缩藏于叶鞘内，俗称“包颈”。拔节期发病，剑叶短阔，穗颈短缩，结实率低；叶背和茎秆上有短条状瘤突。

防治方法：①清除田边杂草，降低虫源、毒源。②治虫防病。注意秧田、本田前期防治稻飞虱，抓住第一代成虫向稻田和第二、三代成虫由早稻本田迁向晚稻秧田的防治。③及时施用农药。

15. 使用农药不当引起生理病害的鉴别

合理用药能预防或控制病虫的发生和为害，能保证水稻的安全生产。但用药不当，即用药过量、用药浓度过高或用药不适时，常导致水稻焦斑、黄化、青立、畸形、死亡等现象，给水稻生产造成生长受阻、产量下降、品质变劣或失收等后果。目前，使用的化学农药种类多，其性各异，使用不当所造成的药害可分为急性药害、慢性药害和残留性药害三种类型。

（1）急性药害：在使用农药后，稻种或稻体反应很快，症状明显，肉眼清晰可见，如发芽率下降、发根不良、灼伤、凋萎、黄化、失绿、畸形、枯死等。

（2）慢性药害：在使用农药后，稻体的症状表现不明显，生长缓慢，如无健株对照比较，不易判断，一般表现为光合作用减弱、生长缓慢、延迟结实、穗形变小或畸形、“死苞”，结实率下降或失收等。

（3）残留性药害：在使用农药后，一般当造不引起水稻受害，在土壤中积累到一定数量时，就会造成水稻受害。

生产实践中，造成水稻药害主要由药剂性质、水稻耐药性、气候条件和施药技术四个因素决定，表现出各种不同的症状，应认真细致地调查分析，才能正确判断原因。

16. 水稻受黏附性农药造成药害的症状与鉴别方法

施药后，水稻叶片黏附着高浓度的药物，使叶片出现白色斑点、黄褐色斑点或枯焦。斑点形状、大小不一，病健的交界一般都较明显，严重的可引起叶片枯死。如撒施石灰等粉剂不均匀，常造成形状不一的褪色白斑或褐色枯斑；砷制剂农药较高浓度喷施时，附着在叶片上会发生急性药害，其叶缘或叶片焦灼枯萎；若发生慢性药害，可使叶片黄化，在稻体内积累较多时，能毒害水稻雄性花器，造成不育；滴油性药剂施用过多，黏附在叶片上会使叶片变为红黄色。谷粒上的黏附性药害，症状大多表现为褐色斑点，严重的使整颗谷粒变为暗褐色枯焦状。

造成药害的鉴别方法：①农药配制浓度较高，施药均匀的，则药害的症状就均匀分布。②撒施粉剂农药不均匀或施用的药液未搅拌均匀，最后桶底部分沉淀浓度过高，喷施后造成人为状分布的药害症状。③重复撒施或喷施，造成部分禾苗受药过量，也会导致人为状分布的药害症状。④早晨露水未干，或雨后叶片水珠未干时，施用粉剂农药，易造成黏附性药害。

17. 有机砷农药造成药害的症状与鉴定方法

有机砷农药是很好的杀菌剂，能有效防治水稻纹枯病。一般规定在拔节孕穗前施用，若施用不当，就会造成水稻药害。

分蘖期用药不当引起的病状：水稻叶片被过浓的药液黏附，叶片上产生很多形状、大小不一的淡黄色或深褐色斑点，严重的叶片枯死，甚至抽出的新叶变成白色。

鉴定方法：幼穗分化期错用此药导致受害，表现为抽穗扭曲，颖壳退化，整穗和剑叶均呈黄白色；孕穗期错用此药受害，叶色浓绿，轻者千粒重降低，秕粒增加，重者剑叶平伸，穗轴和枝梗扭曲，颖壳的外形和排列变形，危害花蕊，出现翘稻头，甚至抽不出穗，含苞而死，或部分空粒、秕粒变黑褐色，成为褐穗头；灌浆期错用此药受害，在多雨或湿度过高时，往往引起穗上发芽，千粒重降低，米质下降。有机砷农药施药量过大，不仅危害当造，由于土壤受污染还会危及下一季水稻。

18. 除草剂造成药害的症状、使用注意事项与个别介绍

（1）除草剂造成药害的症状。

除草剂种类多，不同的除草剂造成的危害不同。

二氯喹啉酸属激素型除草剂，也是生物化学选择性的除草剂。含有二氯喹啉酸的农药有稗王、杀稗王、快杀稗、克稗灵等，它们的主要防治对象是稗草。水稻孕穗期受到此药为害，主要表现为幼穗发育受到干扰，轻者结实率低，重者“死苞”失收，然而禾苗生长基本正常。

草甘膦在低浓度误用时，水稻生长期不同，受害表现也不同。分蘖期受害，稻叶发黄，稻基部腐烂，心叶凋萎，形成假枯心；约7天后开始分蘖，分蘖多，植株浓绿，呈簇生状，受害基部有气生根出现。幼穗分化期受害，主茎生长受抑制，节间变短，植株变矮，高位分蘖增加，形成多病状。孕穗期受害，水稻不能抽穗，稻穗轴基部呈淡褐色或褐色，组织坏死，造成“死苞”，损失严重，但其稻株正常，叶色青绿，不枯黄，随着时间的推移，又会出现高位分蘖与幼穗发育的现象。

苯氧羧酸类的除草剂，常用农药有敌稗、2，4－滴丁酯、2甲4氯钠盐等。误用了它们，则稻叶发黄，部分叶片枯死，受害轻的水稻仍能生长，但

水稻矮小，稻穗不能正常灌浆结实，稻粒秕小，结实率下降。播种后芽期误用了2，4－滴丁酯、2甲4氯钠盐除草剂后，芽谷不长根，幼芽细长扭曲，随后死亡。秧苗4叶期用药量过多，稻叶张开，植株东倒西歪，一星期后表现为生长缓慢，植株矮小发僵，叶色浓绿，有的基部肿大，老根变褐色腐烂，新根短而粗，但没有或有少量根毛；20天后，常出现叶片、叶鞘愈合成管状，俗称"葱管秧"，心叶不能正常抽出，主茎逐渐死亡。受害较轻的秧苗，过一段时间后，新抽心叶冲破管状叶鞘，从旁边伸出，一般还有3～4片叶仍然皱缩畸形，之后才逐渐恢复正常，但受药害的禾苗一般分蘖提早，分蘖也比正常禾苗多。

误用吡啶羧酸类、苯甲酸类除草剂农药，也会使稻穗不能正常灌浆结实，产量降低。

（2）稻田使用除草剂应注意的事项。

任何农作物对除草剂都不具有绝对的耐药性或抗药性，所有的除草剂对农作物和杂草的选择也都是相对的。在一定的环境条件下，正确地使用除草剂，才能显现出除草剂的选择性，而农作物不受到伤害或伤害甚微。否则，农作物将受到伤害。所以，使用除草剂除草时，应注意如下四个方面：

①要选择对口的除草剂农药。非水稻作物使用的除草剂，千万不能在水稻田施用；一定要详读该除草剂的商品介绍，了解其性能，选择性应用。近10年间，个别农户不注意，错用除草剂的个案时有发生，造成了严重损失，应引起重视。

②要严格控制亩使用除草剂的总量和配制药液浓度。按该除草剂的说明书要求，配制亩使用药剂的总用量，严格配制药液浓度。例如，水稻直播田前期应用丁草胺、甲草胺等，使用不当往往会造成严重药害；喷射流量不一致或者重叠喷雾，就会造成局部水稻受害。

③不要乱与其他杀菌剂、杀虫剂等农药混合施用。例如，敌稗与2，4－滴丁酯、有机磷、氨基甲酸酯、硫代氨基甲酸酯农药混合使用，会使水稻受害。这类农药，往往是由于混合使用后产生了药性的加成效应，干扰或抑制了作物体内对除草剂的解毒系统，造成了对水稻的危害。有机磷杀虫剂、硫代氨基甲酸酯杀虫剂，能严重抑制水稻植株内对敌稗水解的芳基酰胺酶的活性，若将其与敌稗混合使用或短时期内连续使用，均会导致水稻受害。

④在通气不良的嫌气性稻田土壤中，过量或多次使用杀草丹，会诱变形成脱氯杀草丹，严重抑制水稻生长，造成水稻矮化。

（3）在水稻孕穗期使用"稗王"产生药害的机理。

"稗王"除草剂的有效成分为二氯喹啉酸，是防除稻田稗草的特效药。

除草使用时间，是在水稻移栽后 7～15 天施用，在水稻孕穗扬花期禁止使用。假如在水稻拔节孕穗扬花期使用了“稗王”，就必然会引起不同程度的药害。一般来说，水稻稻体受药量多，或在稻体生育敏感期，其产生的药害相对严重；反之，产生的药害相对较轻或者甚微而不见有药害的发生。

产生药害的机理如下：

二氯喹啉酸属激素型除草剂，也是生物化学选择性的除草剂。一般在水稻移栽后 7～15 天施用二氯喹啉酸，正值水稻营养生长进入旺盛期，稻体吸收除草剂后，在体内通过酶诱导的生化反应将除草剂转变为无活性的化合物或完全分解，而杂草（稗草）没有这种生化反应功能，生长激素合成受到除草剂的干扰，因而受害死亡，这样生产上就达到了选择性除草的目的。但是，二氯喹啉酸除草剂在水稻拔节孕穗扬花期使用时，由于水稻从营养生长转化为生殖生长的过程中，一定要合成各类生长激素促进稻体生长形态的转化，可是，这一时期的营养生长基本终止，体内降解二氯喹啉酸的机能下降，除草剂反而干扰了水稻生殖生长激素的合成，产生了药害。

根据报道，在水稻幼穗分化初期，用激素型除草剂处理，会产生穗轴弯曲、重叠畸形的稻穗；当除草剂对花序发生作用时，将引起严重伤害，导致没有花粉或花粉不能成熟，以致不能授粉结实。换言之，二氯喹啉酸的除草原理，除本身干扰作物生长激素合成以外，也要选择水稻生长发育的“时差”，即在营养生长时期使用就能达到杀死杂草而水稻不被伤害的目的。

除草剂种类繁多，性质及机理各异。因此，稻田使用除草剂除草时，一定要根据各类除草剂的性质和使用要求，严格按规定操作，合理配制药液，用科学方法施用，这样才能防止除草剂的为害，确保水稻安全生产。

（4）水稻“抛秧一次净”的药理、用法用量与危害症状。

“抛秧一次净”的有效成分是苄嘧磺隆—异丙草胺，它是苄嘧磺隆与异丙草胺的混合物，属酰胺类除草剂品种，可抑制杂草体内的氨基酸生物合成，达到除草目的；异丙草胺对种芽有特别的毒杀作用。为抛秧田一次性除草剂，具有高效、安全、广谱、持效期长等特点，可有效防除稗草、千金子、碎米莎草、牛毛草、异型莎草、矮慈姑、节节菜、鸭舌草、泽泻、陌上菜、四叶萍等稻田杂草。

用法用量：在水稻抛秧田 4～7 天后，每亩用量 20～25 克，拌细土或化肥 5～10 千克，均匀撒施，用药后浅水保持 5 天以上。

注意事项：①用药后不要保水过深。②不要随意增减药量。③贮存于阴凉干燥处，远离食品、种子。

“抛秧一次净”使用不当或用药过量，会引起水稻禾苗枯黄，一般施药

7 天后叶尖先干枯，逐渐发展到叶片大面积枯死。

19. 酸雨危害水稻的鉴定与分析

1992 年，正是早造水稻分蘖盛期，梅县丙村镇有一小部分农户反映：水稻、蔬菜等农作物叶片出现黄褐色斑点，有烂叶症状，不知何故。

笔者实地调查看到，水稻的叶片有黄褐色的斑点，斑点大小不一，大斑点的中心部分为白色，周边呈黄褐色；蔬菜的叶片也有与水稻叶片一样的症状。查看后，笔者判断是酸雨为害的结果。

判断的依据：①该受害区域内，绿色植物叶面的症状基本一致，叶片越嫩，受害症状越明显；②细查症状是腐蚀后的迹象，与未受害边缘有明显界线，并非病菌发病所为。

那时的丙村镇，工厂比较多，每天的排烟量非常大。在这些浓烟中，夹杂着二氧化碳（CO_2）或硫化氢（H_2S）气体，这些气体在空中飘移积聚，浓度越来越高，遇上云层水分后，就形成了碳酸（H_2CO_3）或硫酸（H_2SO_4），含酸的小雾点积聚，就形成雨点降落下来，特别是在低气压天气情况下，形成酸雨的现象，更有可能。酸雨洒落在农作物叶面上就造成了腐蚀现象，雨点的大小、酸度的强弱不同，易造成上述症状；未洒落到的地方，农作物当然就不受害。

20. “傍晚看禾，‘惜死’老婆”的解释

水稻叶片中的叶绿素，有这种特性：一般情况下，叶绿素附在向阳光的细胞的表面，最大限度地接受光线进行光合作用，此时叶绿素密集排列，使叶色表现出绿色。白天时，在强光升温的条件下，叶绿素便游向与光线平行的细胞壁内侧，以避免受损，叶色就表现出褪色现象。同时，蒸腾作用加强，叶面蒸发的水分大于根部的吸水量，叶片就出现披软现象。但在傍晚光照减弱、气温下降的情况下，叶绿素又游向向阳光的一面，加上蒸腾作用减弱，叶面蒸发的水分小于的根部吸水量，叶片得到水分的补充而向上直立，叶色又浓绿，禾苗显得特别好看。男人看到如此长势的禾苗，情不自禁赞扬自己的妻子。所以，农村流传的俗语“傍晚看禾，‘惜死’老婆”就是这样的道理。

21. 增强对水稻植保重要性的认识

水稻的一生，需要人们加强保护，科学的肥水管理和病虫害防治，才能使水稻稳健生长发育，获取高产。水稻一生的科学管理，主要是看叶相的变化进行，根叶同长，幼穗发育，息息相关，保护水稻每一片叶子，在生产上是很重要的。但是在管理过程中稍有不慎或处理不及时，往往会给水稻生产

带来不少问题和不必要的损失，应予以重视。

在水稻有效分蘖期前，即秧苗至幼穗分化期前 15 天，稻株叶子的光合产物与稻株的物质积累，主要用于发根和分蘖；若此时期的叶相不理想，即叶片过长过大，或过氮，或群体荫蔽，或病虫为害等，均能造成根系不发达，有效分蘖数减少。

在水稻拔节长穗期前，心叶以下的几片功能叶，其营养物质负责着植株的拔节和幼穗分化；此时叶相不理想，主要会造成稻穗枝梗数少和颖花数少，或引起颖花退化。

在水稻抽穗灌浆期间，植株上的叶片，特别是倒三片的功能叶，所产生的光合产物，主要是负责籽粒的充实。根据测定，稻穗所需的物质，主要来自抽穗后叶片等的光合作用产生的光合产物，占 60% ~80%；其次来自抽穗前贮存于稻体叶鞘和茎秆内的同化物质，占 20% ~40%。

以上足以说明，我们要增强对水稻植保工作的重要性的认识。

第五章　水稻幼穗分化发育

水稻分蘖高峰期后，在一定的光温条件下，稻株开始拔节长穗。所谓拔节，是指发根节以上的节间开始伸长，到出穗后 4 ~7 天穗顶露出剑叶鞘，整个过程才宣告结束。所谓长穗，是指幼穗的分化发育。拔节与长穗过程的先后，因品种不同而异，但两个过程的大部分时间都是重合的，所以长穗期通常也称为拔节长穗期。

这个时期的生长特性，是稻株的营养生长和生殖生长同时并进，生长发育十分旺盛，生长量和吸肥量也最大。一方面，迅速地拔节、出叶、长根，个体和群体迅速扩大；另一方面，茎的生长点发生质变，分化发育形成稻穗。所以，了解稻株的生理特性，满足其生理需求，是获取高产的关键。

第一节　水稻的“三性”和“三期”概念

1. 水稻的“三性”

水稻的发育特性，是影响稻株从营养生长向生殖生长转变的若干特性。这些特性集中表现为品种的感光性、感温性和基本营养生长性，通称为水稻的“三性”。“三性”是水稻遗传特性的反映，依品种不同而异。不同地区和不同栽培季节，水稻品种生育期的长短，从出苗到抽穗日数，基本上取决于品种“三性”的综合作用。

（1）水稻品种的感光性。

水稻原产于亚热带地区，系短日照性植物。日照时间缩短，可加速其育性转变，使生育期缩短；日照时间延长，则可延缓发育转变，甚至不转变，使生育期延长，或长期处于营养生长状态而不抽穗、不开花。水稻这种因日照长短的影响而改变其发育转变、缩短或延长生育期的特性，称为感光性。一般晚稻品种（指典晚感光型品种，以下同）或愈是晚熟的品种，其感光性愈强，属于对日长反应敏感的类型；而早造的早稻品种或愈是早熟的品种，其感光性愈弱，属于对日长反应迟钝或无感的类型。

（2）水稻品种的感温性。

各类水稻品种，在其适于生长发育的温度范围内，高温可加速其育性转变，提早抽穗，使生育期缩短；而较低温度可延缓其发育转变、延迟抽穗，使生育期延长。水稻因温度高低的影响而改变其发育转变、缩短或延长生育期的特性，称为感温性。

（3）水稻的基本营养生长性。

水稻的生殖生长，是在营养生长的基础上进行的，其发育转变必须有一定的营养生长作为物质基础。因此，即使稻株处在适于发育转变的短日、高温条件下，也必须有最低限度的营养生长，才能完成发育转变过程，开始幼穗分化。水稻进行生殖生长之前，不受短日、高温影响而缩短营养生长期，称为基本营养生长期或短日高温生育期。不同水稻品种的基本营养生长期，其长短各异。这种基本营养生长期的长短的差异特性，称为品种的基本营养生长性。至于营养生长期受短日、高温影响而缩短的那部分生长期，则称为可变营养生长期。水稻的可变营养生长期的长短，因品种而异，一般有7叶期的时间。

不同水稻品种的“三性”特点：早稻是由晚稻演变而来的对短日照不再敏感的变异型，一般早稻品种都具有基本营养生长性弱、感光性弱、感温性较强的特点，因此，早稻品种生育期的长短，主要取决于温度的高低。晚稻品种一般都具有基本营养生长性弱，而感光性、感温性都强的特点，其生育期的长短，主要取决于日照的长短，同时又受温度的影响，光、温联应效果甚为明显，只能在短日、高温条件下完成发育转变，开始幼穗分化。中稻品种的“三性”特点，是晚稻和早稻的过渡类型，中稻的早、中熟品种，其“三性”特点偏近于早稻，迟熟品种则偏近于晚稻。中稻的基本营养生长期都比早稻长。

在我国水稻生产实践中，早稻品种可作早造和晚造栽培，而晚稻品种一般只能作晚造栽培。这是因为早稻的感光性迟钝，感温性敏感；晚稻的感光性敏感，感温性也敏感，但它的感温性要在短日条件下，才能明显表现出来。海南省地理环境特别，全年均适宜水稻生产，晚造水稻收获后，仍可以播种进行水稻生产，若用感光性的品种，可以借助春分前后的短日照条件促进水稻幼穗分化。然而，广东等稻区，冬春寒冷，即使早造典晚品种能生长，但它的基本营养期太短，错过了短日照的时效，大部分时间处于长日照的时期，因此早造不能种植感光性的典晚品种。

2. 水稻的“三期”

水稻从种子萌发播种至成熟收刈，全生育期包括营养生长和生殖生长，营养生长又分为基本营养生长和可变营养生长，所以水稻的三期是指基本营养生长期、可变营养生长期和生殖生长期。

（1）基本营养生长期。水稻从种子萌发至幼穗分化开始前，必须提供最基本的、最低限度的、最短时间内的营养生长所需的物质基础，此阶段称为基本营养生长期。

（2）可变营养生长期。水稻经过基本营养生长期后，受到日照长度、温度等影响，营养生长的时间发生长短变化，然后才进入幼穗分化，这一阶段称为可变营养生长期。

（3）生殖生长期。水稻从幼穗分化至稻穗成熟，称为生殖生长期。

水稻全生长期的长短，主要取决于品种、组合的可变营养生长期的长短。早稻感温型品种，可变营养生长期主要受温度调控，高温使可变生长期缩短，低温使可变生长期延长。晚稻感光型品种，可变生长期主要受光照时间调控，长日照使可变营养生长期延长；反之，短日照使可变营养生长期缩短。所以说，品种的遗传特性及光照时数、温度是决定水稻茎的生长点进入幼穗分化的关键因素。

第二节　促成幼穗分化的决定因素

水稻在拔节前后，稻株茎生长点发生质变，开始幼穗分化与发育。发生稻株茎生长点质变的先决条件，主要是水稻的遗传特性和温、光条件，即品种的感温性和感光性。

1. 感温型品种的决定因素

一般来说，感温型的品种，激活进入幼穗分化主要是在有效积温的基础上，在基本营养生长期结束，进入可变营养生长期后的一段时期里的温度，是促使稻株茎生长点由叶芽分化转变为幼穗分化的先决条件。

水稻进入幼穗分化时，需要一定的有效积温，这对感温型的品种尤为重要。因品种不同而异，一般早造早、中、迟熟的品种的有效积温是2 500℃、3 000℃、3 500℃；晚造早、中、迟熟的品种的有效积温是2 300℃、2 800℃、3 200℃。

2. 感光型品种的决定因素

感光型的品种，激活进入幼穗分化主要是在基本营养生长期结束，进入可变营养生长期后的一段时期里的光照时数，即日照长度，是促使稻株茎生长点由叶芽分化转变为幼穗分化的先决条件。短日的作用主要是诱导水稻植株的幼穗分化。在我国各稻作区，稻作期间的日照长度大多数是 11～16 个小时。根据华南农业大学在全国 8 个地点对 161 个水稻品种进行的研究，水稻品种通过光周期诱导的最高日长限度，基本上按从南到北，从晚稻到早稻的迟、中、早熟品种的顺序，由 11 个小时 58 分向 15 个小时 37 分逐渐递增。在自然条件下，各地晚稻幼穗分化所需的日长条件变幅较小，一般不超过 14 个小时，否则就不能进入幼穗分化或分化而不抽穗。

一般认为，短日条件配合 20℃ 以上的夜温，使感光性强的水稻品种顺利完成光周期诱导，就开始进入幼穗分化。一般感光型的早熟籼、粳品种，促进幼穗分化的临界光长为 12 个小时 50 分至 13 个小时 10 分，延迟幼穗分化的临界光长为 13 个小时 50 分至 24 个小时。水稻秧苗的叶片和叶鞘均可接受光周期的刺激，使植株完成光周期反应，进入幼穗分化阶段。除光照长度本身外，水稻的光周期反应还受温度、秧苗叶龄、光照强度等因素影响。在光照强度适合的范围内，光照强有利于幼穗分化。反之，温度低，日照时数过短，光照不足；或田间禾苗封行过早，荫蔽遮光；或稻体含氮量高，造成郁闭等，都不利于进入幼穗分化。

因品种的生长期长短不一，在水稻幼穗分化发生时，往往出现三种类型的现象。早熟品种，分蘖还未停止，幼穗已开始分化，称为重叠型；中熟品种，分蘖已停止，拔节开始，紧接着幼穗分化，称为衔接型；迟熟品种，营养生长结束，经一段时间后才幼穗分化，称为分离型。

第三节　幼穗分化发育的特点

水稻从幼穗分化至出穗的时期，称为长穗期，俗称孕穗期。不同品种的长穗期不同，一般早熟品种约 28 天，中熟品种约 30 天，迟熟品种约 32 天。水稻幼穗分化发育，一般分为以下八个时期。

1. 第一苞原基分化期

幼穗开始分化时，首先在生长锥基部产生环状突起，这个突起叫作第一苞原基。所谓苞，即退化的变形叶，每一个穗节上都发育成苞。第一苞的出现，标志着幼穗分化开始（见图5-1，Ⅰ）。时间为1~2天。

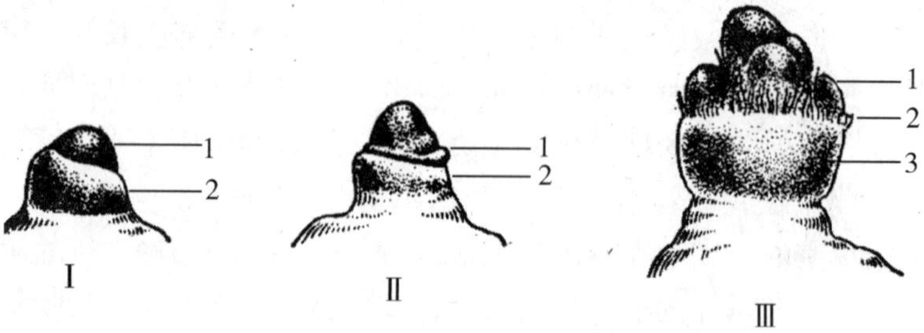

图5-1 第一苞分化期和第一次枝梗原基分化期

Ⅰ第一苞分化期幼穗的外形：1.生长锥 2.苞

Ⅱ第一次枝梗原基分化初期幼穗的外形：1.生长锥出现的横纹 2.苞

Ⅲ第一次枝梗原基分化后期幼穗的外形：1.第一次枝梗原基 2.苞毛 3.苞

2.第一次枝梗原基分化期

当第一苞分化后，苞原基不断增大形成环状，绕抱生长锥的基部，生长点也增大并相继分化出横纹状的第二苞、第三苞原基，即为第一次枝梗原基分化的开始（见图5-1，Ⅱ）。当分化达到生长锥顶部时，在苞的着生处开始长出白色的苞毛，此时第一次枝梗原基的分化结束（见图5-1，Ⅲ）。时间2~3天。

3.第二次枝梗原基和颖花原基分化期

第一枝梗原基分化结束后，在其顶端分化出第二次枝梗，第二次枝梗原基分化顺序为从上而下进行，即生长锥最顶端的生长点停止发育时，顶部最迟产生的第一次枝梗原基生长最快，在它的基部出现苞，并由下而上在苞的叶腋中又开始产生次级的突起，这就是第二次枝梗原基，依序进行分化（见图5-2）。当幼穗长有0.5~1.0毫米时，全穗的枝梗数已基本确定。紧接着，顶端的第一次枝梗上开始出现瘤状突起物，就进入颖花原基分化期。此时，幼穗长1.0~1.5毫米，苞毛非常浓密（见图5-3）。

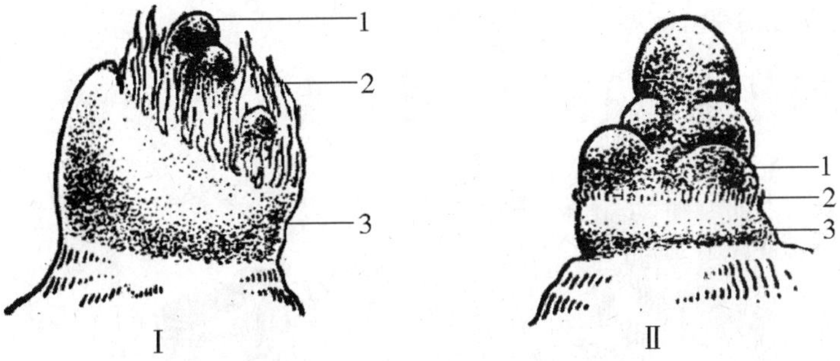

图5–2　第二次枝梗及颖花原基分化初期

Ⅰ分化初期幼穗的外形：1.第一次枝梗原基　2.苞毛　3.苞

Ⅱ从Ⅰ剥下的一个枝梗的外形：1.第二次枝梗原基　2.苞毛　3.苞

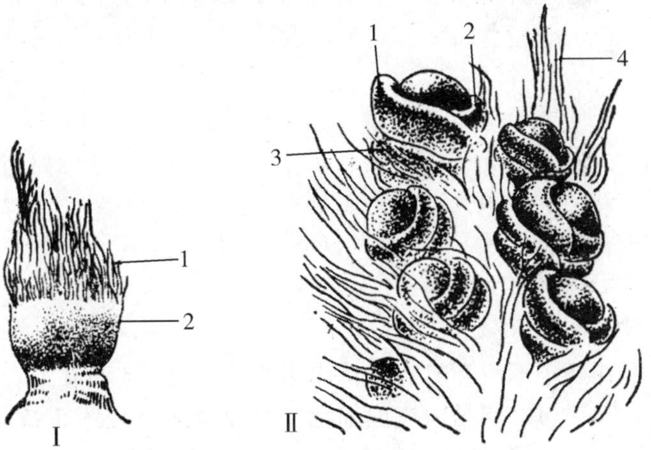

图5–3　第二次枝梗及颖花原基分化后期

Ⅰ分化后期幼穗的外形：1.苞毛　2.苞

Ⅱ从Ⅰ剥下的一个枝梗的外形：1.外稃原基　2.内稃原基

3.不孕花外稃原基　4.苞毛

4.雌雄蕊形成期

颖花原基产生之后，每一朵颖花的颖片内又出现一些小突起，这就是雌雄蕊原基，它们挤在一起，被内、外稃所包围（见图5–4）。

雌雄蕊分化的顺序是从上而下进行。这时期穗最下部分的第二次枝梗的颖花亦陆续分化完毕，此时一穗最高颖花数已确定。与此同时，每一朵颖花内部也在进一步分化，雌蕊分化出柱头、花柱和子房，雄蕊分化出花药和花丝。此时，幼穗长5～10毫米。

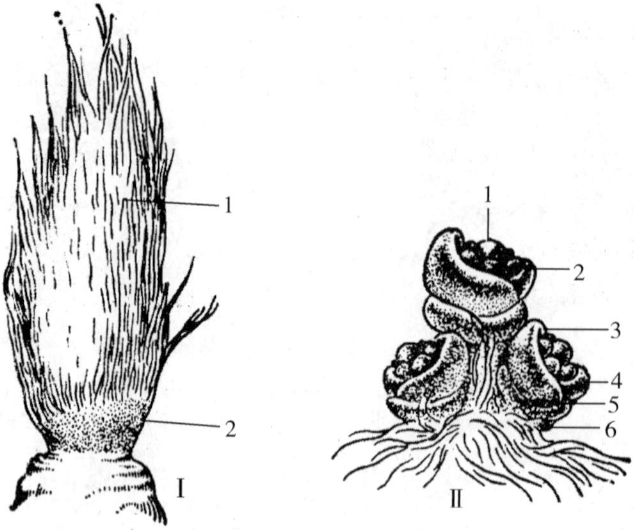

图 5-4　雌雄蕊形成期

Ⅰ幼穗的外形：1.苞毛　2.苞

Ⅱ从Ⅰ剥下的一个枝梗的外形：1.雌蕊原基　2.雄蕊原基　3.外稃原基　4.内稃原基　5.不孕花外稃原基　6.颖片原基

5. 花粉母细胞形成期

花粉是在花药中形成和发育的，成熟的花药内有 4 个花粉囊，花粉囊内有造孢细胞，花粉母细胞是由造孢细胞发育而来的（见图 5-5）。此时，幼穗长 15～40 毫米，颖花长度约 2 毫米，顶端有叶绿素。

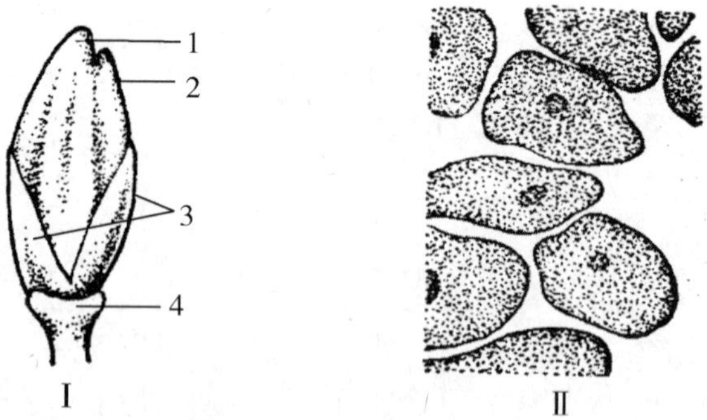

图 5-5　花粉母细胞形成期

Ⅰ一个颖花的外形：1.外稃　2.内稃　3.不孕花外稃　4.颖片

Ⅱ发育后期的花粉母细胞

6. 花粉母细胞减数分裂期

花粉母细胞形成后，体积不断增大呈圆形，随即花粉母细胞就进行减数分裂和有丝分裂，形成单倍体染色体的四分体，即具有 24 个染色体的母细胞，经连续两次分裂，最后形成具有 12 个染色体的子细胞。一个花粉母细胞形成四分体，经过 1 ~2 天的时间。一个稻穗由第一朵颖花减数分裂开始，到全穗的颖花减数分裂完成，历时 5 ~7 天。此时，稻穗迅速增大，穗长由原来 2 厘米左右增长到 10 厘米左右，颖花长度达到最终长度的 1/2，花药变成黄绿色，柱头上开始出现乳状小突起（见图 5-6）。

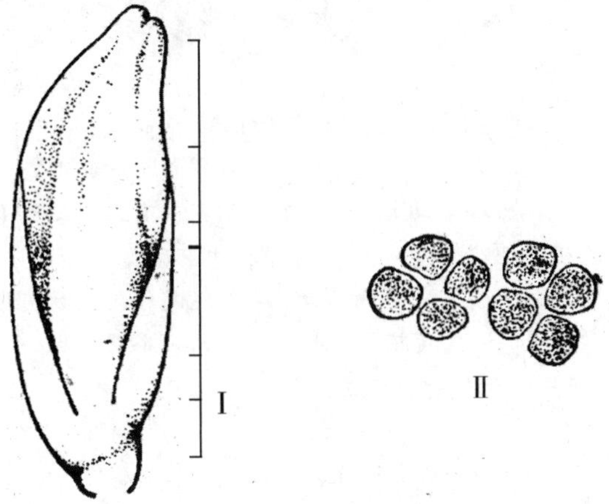

图 5-6 花粉母细胞减数分裂期

Ⅰ 一个颖花的外形（标尺每格为 1 毫米）

Ⅱ 四分体

7. 花粉内容物充实期

四分体分散之后，逐步发育成小单核花粉粒，内有一核，随后花粉粒形成外壳，体积增大并出现发芽孔。花粉内容物开始逐渐充实，直到内容物充实之前，为花粉内容物充实期。此时，颖花长度为全长的 85% 左右，幼穗基本达到全长。

8. 花粉完熟期

随着花粉内容物的充实，花粉内的细胞核进行分裂，形成一个生殖核和营养核，是双核期。然后生殖核又进行有丝分裂，形成两个精子，加上营养核，就进入三核期。在抽穗前 1 ~2 天，花粉内容物逐渐充实到成熟。此时，颖花内外稃出现大量叶绿素，花丝迅速伸长，花药呈黄色，至此幼穗分化发育宣告完成（见图5-7）。

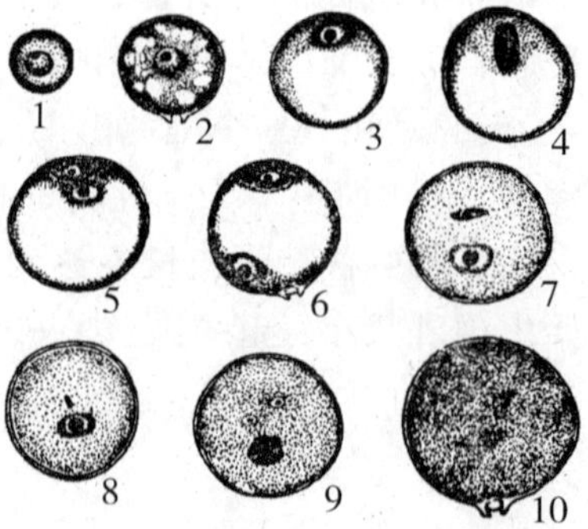

图5-7　水稻花粉的发育过程

1.幼小的单核花粉　2.单核花粉，核中位，外壁与萌发孔形成，出现小液泡
3.单核花粉，核边位出现中央大液泡　4.单核花粉有丝分裂
5.二核花粉，生殖细胞（靠壁一个）与营养细胞形成
6.二核花粉，营养核向萌发孔方向移动　7.二核花粉生殖细胞移向花粉中央
8.生殖细胞有丝分裂　9.三核花粉，两个精子与一个营养核
10.成熟的三核花粉，两个精子变成楔形

生产上，总结出了一套幼穗分化的田间鉴定方法，详见下表。

幼穗分化八个时期的形态特征及田间鉴定法

期数	发育时期	幼穗形态	口诀	天数	距出穗天数
第一期	第一苞原基分化期	看不见	看不见	2	约30
第二期	第一次枝梗原基分化期	苞毛现	苞毛现	4~5	26~28
第三期	第二次枝梗原基和颖花原基分化期	幼穗0.5~1.5毫米	毛茸茸	5~10	23~25
第四期	雌雄蕊形成期	幼穗5~10毫米	粒粒现	3~4	16~17
第五期	花粉母细胞形成期	幼穗15~40毫米	颖壳分	2~3	12~15
第六期	花粉母细胞减数分裂期	颖花1/2长	粒半长	2~3	10~11
第七期	花粉内容物充实期	颖花5/6长	穗绿色	8~12	6~7
第八期	花粉完熟期	颖花全长	穗将出		2~3

第四节　影响幼穗分化的内外因素

幼穗是水稻生殖生长开始的重要标志，幼穗分化期是水稻一生中最为重要的时期之一。幼穗分化开始后，水稻进入营养生长和生殖生长并进时期。首先，这个时期植株生长量迅速增大，叶片相继长出，分化末期根的生长量达一生中的最大值，全田叶面积也达到最高峰，植株干物质的积累接近干物质总量的50%左右，因而也是水稻一生中需肥量最多的时期，占水稻一生中总吸收量的50%左右。这个时期的稻体发展水平，影响着幼穗的分化发育。此外，在幼穗分化发育过程中，对周围环境条件的反应也十分敏感，特别是小穗分化期、花粉母细胞减数分裂期和开花期，是对环境条件的敏感时期，尤其是花粉母细胞减数分裂期最为敏感。因此，稻体因素、环境因素分别成为影响幼穗分化的内外因素。

1. 稻体因素

稻株的生长量和生理状态，主要决定幼穗分化产生的枝梗和颖花的数量，也决定枝梗和颖花的退化。

（1）稻株的生长量。稻株的生长量是指幼穗分化时稻体内物质的积累，特别是茎、蘖粗壮，物质积累愈多，提供的营养物质也就愈多，幼穗分化的枝梗和颖花数量就愈多；此外，茎秆粗壮，维管束多，有利于形成更多的枝梗和颖花数，容易形成大穗。反之，稻体弱小，茎、蘖物质积累少，幼穗分化枝梗和颖花数量就少，则穗也就小。

（2）稻株的生理状态。在同样的生长量下，稻体的生理状态对幼穗分化亦有很大影响，关键也是稻体的物质积累。分蘖期中，稻株的生理状态是以氮代谢为主，即光合产物较多地先后与氮结合，用于营养器官的再生长，此特征称为氮代谢。在这样的生理状态下，大部分的光合产物消耗于扩大营养器官，叶鞘中的淀粉积累较少；到幼穗分化前后，稻体的生理状态必须逐步转向以碳代谢为主，即光合产物较多地以碳水化合物的状态积累起来，此特征称为碳代谢。在这样的生理状态下，光合产物大部分在叶鞘和茎秆中以淀粉形态积累并迅速增多，才有利于分化出输导组织健壮的大穗。所以，在开始幼穗分化前后，即抽穗前25～40天，是稻体进行生理转变的关键时期，生产上应注重适时适度露晒田，促进禾苗稳健粗壮，防止暴长发“黑”，才有利于形成结实率高的健壮大穗。

（3）叶的功能。据研究，倒2叶的光合产物分配，主要留在本叶片和叶鞘外，大量供给当时迅速分化发育的幼穗。同时，稻株的叶片和叶鞘均可接受光周期的刺激，使植株完成光周期反应，进入幼穗分化阶段。除光照长度外，水稻的光周期反应还受温度、光照强度和叶龄等因素影响，所以，稻叶的生理状态和形态良好，都是十分有利于幼穗分化发育的。

2. 环境因素

环境条件对水稻幼穗的影响，主要有以下五个方面：

（1）温度。幼穗分化期最适宜的温度为26℃～30℃，昼温35℃左右、夜温25℃左右的温度有利于形成大穗。幼穗分化对温度的敏感时期，是在减数分裂期后的2～3天，即花粉四分体和小孢子发育期。临界下限温度因品种而异，籼稻为21℃，粳稻为19℃，低于临界下限温度，对幼穗分化和发育不利。此期如遇17℃以下的低温，花粉粒的正常发育就会受到影响，如遇15℃以下的低温，花粉粒发育将受到严重影响，导致雄性不育，从而导致结实率大大降低。临界上限温度42℃，超过此限时，幼穗分化发育也会受到影响，首先会损害雄性器官，引起颖花大量退化和不育。有研究表明，在幼穗分化发育时期，若能将温度保持在20℃～25℃，便可以延长枝梗和颖花分化的时间2～3倍，从而达到增加枝梗和颖花数量的效果。

（2）日照时数和光强。感光性的品种，要经过短日照刺激才能进入幼穗分化，但其光周期的长短因品种而异。据报道，光周期的积累及温度对第一、第二枝梗和颖花原基分化发育有很大影响，与形成大穗有直接的关系。一般认为，短日条件配合20℃以上的夜温，使感光性强的水稻品种顺利完成光周期诱导，是开始进入幼穗分化的重要条件。在光照强度适合的范围内，光照强有利于幼穗分化，而光照减弱，就会使生殖细胞不能形成或延迟形成，或者导致颖花数量减少。在减数分裂期和花粉粒充实期光强不足时，将导致颖花大量退化，并使不孕花增多。

根据原中国农业科学院江苏分院在幼穗分化期内用两层纱布遮光处理的试验，在只有自然光的1/8～1/6时，每穗颖花数减少了32%；在减数分裂期前后用麻布遮光处理10天，每穗总粒数减少了50%。所以，低温阴雨，日照时数过短，光照不足，或由于田间禾苗封行过早而郁闭等，都会造成枝梗及颖花的减少或败育。这种现象在大穗型的品种中尤为明显。

（3）水分。幼穗分化发育对水分的要求比较敏感，一般土壤含水量达到最大持水量的90%，才能满足幼穗分化发育的要求。在这个时期，植株生长量急剧增大，是水稻一生中生理需水最多的时期，不能缺水，如干旱缺水，则不利于幼穗分化发育，尤其在减数分裂时期，会导致颖花大量退化。但长期淹水也是不利的，土壤不通气，根系活动受阻，影响根的吸收能力，也会引起颖花退化。如果在减数分裂期间，受涝水浸一段时间，还会造成

"闷胎"，受害更为严重。

（4）营养。土壤的养分综合地影响着幼穗的发育，特别是氮素。在氮素水平的一定范围内，稻体吸收氮素越多，分化颖花就越多。氮素之所以重要，是因为细胞的分裂、生殖细胞的形成、减数分裂的完成都是与核酸的复制及蛋白质的合成直接有关的。因此，在幼穗分化时缺氮，会引起枝梗和颖花数目的减少；减数分裂期缺氮，会引起颖花大量退化。但是，施氮不能过量，要适时适量，不同时期施用，效果也就不同，一般在幼穗分化前 3 天施肥，氮、磷、钾配合，在一定范围内保持较高氮素水平，效果尤为明显。假如施肥过量，氮素超出允许范围，造成禾苗"一路青"，又会引起颖花大量退化。所以，正确施用穗肥进行促花和保花，是增产的有效措施。

（5）农药。幼穗分化发育期间，施用农药不当，或者错用了农药，对幼穗为害甚为严重，轻者颖花退化，结实率低，严重的造成"死苞"而失收。砷类农药、二氯喹啉酸类农药、唑类杀菌剂农药、铜制剂农药、低浓度草甘膦等，在幼穗分化发育期施用，都会危害幼穗，造成不同程度的损失。此时施用农药，应特别注意！

此外，幼穗分化开始后，尽量减少下田次数，避免踩断水稻根系。此时根系若被踩断，则不易再发新根，根系受损，影响吸收，最终影响幼穗的发育及后期生长。

第五节　孕穗期问题之释

水稻拔节孕穗期间，在田间栽培管理过程中，往往受到人为因素的施肥、用水、用药和非人为因素的土壤、气候、病虫害等的影响，引发水稻生产出现各种各样的问题。

1. 拔节前田间管理要点

在水稻分蘖期栽培管理上，一方面，要早施分蘖肥促进早发分蘖，争取让早生分蘖成为大穗；另一方面，又要早控无效分蘖的发生，保持有一个合理的高产群体结构。田间管理要点如下：

（1）在拔节前 15 天左右时，当每亩总茎、蘖数达到预期的适宜穗数后，要使群体的长势逐渐平稳下来。根据叶、蘖同伸关系，必须是在主茎拔节前 15 天左右分化发育出来的分蘖，才能在主茎拔节前具有 3 片功能叶，才可能成为有效分蘖穗。所谓适宜穗数，是指每亩获取产量的最基本的有效穗数，一般为亩 18 万～21 万主蘖穗数。所谓长势平稳，是指分蘖速度减慢，叶色逐渐褪淡落"黄"，促进氮代谢向碳代谢转换，以便稻株含碳水平提高，积累较多的碳水化合物，为穗大粒多的幼穗分化发育打好物质基础，防止禾苗一路“黑”，暴长猛发。

（2）控制有效分蘖数与无效分蘖数的比例为6∶4，在有效分蘖数达到预计亩有效穗数的1.4倍时就要控制好无效分蘖的数量。例如，预计亩有效穗数18万，亩最高分蘖数30万，则主蘖数在18万穗的1.4倍（即25万）时，就一定要控制好无效分蘖的数量，确保有40%左右的无效分蘖，给予田间禾苗的消长。实际操作中，在预计达到亩有效穗数的1.2～1.3倍时，就要看禾苗、看天气、看田质进行排水露晒田，控制无效分蘖的数量。

水稻是一个有机群体，有效分蘖、无效分蘖、孕穗、产量诸因素是互相协调统一的结果。分蘖数过多不好，无效分蘖数过少也同样不好。无效分蘖数过少，难以确保足够的有效穗数，因而影响产量；有一定数量的无效分蘖，在它的消亡过程中，无效分蘖中的有机、无机物质，可以转移到有效分蘖的母茎、分蘖中去，促使有效分蘖生长健壮。确保成穗率达到60%，才有利于形成壮秆大穗。

2. 分蘖过盛的反作用

为了获取高产，取得足穗，奠定大穗基础，在早施攻蘖肥的前提下，争取早分蘖、多分蘖，但是分蘖并非越多越好。过多分蘖有如下反作用：

一是分蘖过量必然造成封行过早，孕穗期叶面积指数过高，群体郁闭严重，通风透光条件恶化，下部叶片早死，根群发育不良，不利于形成穗大粒多，到灌浆结实期叶面积又将迅速下降，根与叶易早衰，严重影响籽粒充实。

二是容易造成禾苗倒伏和诱发病虫害的发生。

三是分蘖穗比例过大，营养分配不均，主蘖与分蘖穗差异大，其抽穗、结实、成熟不够一致，易造成秕粒。

3. 栽培管理上如何有效控制无效分蘖来提高成穗率

南方稻区，由于雨水比较多，控制无效分蘖有一定的难度，生产管理不慎时，田间成穗率往往低于60%，浪费水稻的生物资源。所以，从科学管理原则上，应做好如下四个方面的技术工作。

（1）根据生产水平和品种、组合的特点，一定要抛插足基本苗数。水稻田有各种类型，品种、组合有早、中、迟熟，早、晚造有生态之别，所以抛插足基本苗数就有不同的要求。一般高产田要求抛插基本苗数1.8万～2万科（穴），但瘦田和沙质田比肥田、早熟种比迟熟种、晚造比早造的基本苗数要稍多一些，这样有利于提高亩有效穗数。

（2）抛后2～3天、插后5～7天禾苗就开始分蘖，为确保拔节前15天有效分蘖数达到18万～20万穗的指标，应在施好本田基底肥的基础上，及早追施分蘖肥，并保持田间浅水分蘖。

（3）当田间苗数达到预计亩有效穗数的1.2～1.3倍时，即进行露晒田，逐渐控制无效分蘖，以促成禾苗从氮代谢向碳代谢转化。“看田看苗看天”露晒田的原则：先露后晒；先轻后重；多露少晒；瘦田轻肥田重；禾苗长势较弱的轻露晒，禾苗长势壮的重晒；高温干燥天气轻露晒，阴雨天气早排重晒。露晒田的程度：露为田面水排干，田边四周土壤有小微裂；晒为田间无水干燥，全田土壤有微裂；重晒为人下田脚不下陷。在拔节幼穗分化前4～5天结束露晒田。

（4）在拔节前4～5天要酌施壮蘖肥。此肥很关键，要做到“看田看苗看天”施用，一般亩施尿素1.5～2千克，钾肥2～2.5千克。

4.梅州市水稻幼穗分化发育阶段的不良气候特点

梅州市早造水稻幼穗分化发育至抽穗，一般在5月中旬至6月下旬初，因品种、组合和播期不同而异。但是，往往在5月中旬至6月上旬之时，有一段时间是较为明显的低温天气，最低温度出现过16℃，此时正是水稻幼穗分化的初期或者是减数分裂期，对水稻危害很大，不同年份有不同的情况。在水稻抽穗开花时期，往往又遇上“龙舟水”，雨水多、气温偏低，也不利于水稻幼穗花粉充实或开花授粉受精。

晚造水稻幼穗分化发育至抽穗，一般在8月下旬至9月下旬。但是，往往在8月下旬至9月上中旬期间，又有一段时间有较为明显的低温降雨过程，光温条件不良对幼穗分化发育也十分不利；若是8月中下旬阴天多雨，光照有异，对典晚品种、组合的幼穗发育不利；9月下旬至10月初又有早来的寒露风，对幼穗花粉的发育或开花授粉受精危害很大；10月后出现较严重的寒害天气的概率较高，对水稻的灌浆结实影响较大。

5.水稻孕穗期受低温危害之释

水稻在孕穗期，对低温敏感的时期有三个，即小穗分化期、花粉母细胞减数分裂期和开花期。在这三个敏感时期中，花粉母细胞减数分裂期对低温反应最为敏感。研究表明：接连三天日平均气温为23℃时，水稻开始受影响；日平均气温为22℃时，水稻受影响显著，造成空粒率约30%；日平均气温为20.5℃时，水稻受严重影响，空粒率达70%；日平均气温在18℃以下时，空粒率达80%。如果水稻在花粉母细胞减数分裂期遇到14.3℃～14.6℃的低温，将导致花药退化、花药壁增厚、花药内无花粉等，造成雄性器官发育不正常的现象，俗称雄性不育，空粒率达94.4%，基本没有收获。也有报道，在花粉母细胞减数分裂期遇到日平均气温为20℃、最低气温低于18℃时，花粉发育严重受到抑制，造成空粒率达81.6%的损失。

此外，低温能促使小穗的性分化有变化，即低温能促进雌性化，抑制雄性化。具体来说，低温能促进雌蕊发育，使雄蕊数目变少，往往造成小穗多花，或一花多子房或一子房多心皮的现象。一般雌蕊正常、雄蕊不正常时，往往造成花粉粒内容物不充实、花药开裂受阻、花粉粒不能在柱头上萌芽等现象，造成空粒。低温严重损害雄蕊的机理是：低温抑制了呼吸酶的活性，雄蕊的生理机能受抑制，积累的有机物质显著减少，使花粉发育不正常或极不正常。

6. 早造低温天气为害水稻幼穗分化发育的案例分析与鉴定特点

梅州市的农业气候比较特别，个别年份显得尤为突出。特别是5月中下旬，往往有明显降温降雨过程，影响着早造水稻幼穗分化发育。

例如，2006年早造，大面积推广种植天优428、天优372和优优200杂交水稻，因该杂优组合在幼穗分化时期的耐寒性问题，受5月中下旬的降温为害，造成了大面积的损失。根据广东省农业厅派出的专家组的鉴定意见，由于该年早稻生产恰遇特殊低温，造成部分品种结实率严重偏低，绝收面积达48 347.26亩。

从1982年到2007年，几乎每隔2～3年时间，5月中下旬就有一次明显的降温过程，持续4～6天，最低气温16℃，多发生在平远、蕉岭、梅县和兴宁地区，早稻受害面积较大而且较严重；丰顺县地理位置偏南，气温稍高，受害面积小而且较轻微。

生育期不同的组合，受降温影响的结实率也不同。汕优64、汕优46、汕优63等组合，生育期分别为中熟、中早熟和迟熟类型。根据调查，在1986年5月18日至24日期间，气温下降，最低温度为16℃左右。此时，正值汕优64进入幼穗分化花粉母细胞减数分裂期的中期，汕优46进入幼穗分化花粉母细胞减数分裂期的初期，汕优63进入幼穗分化初期。结果，田间调查发现，汕优64的结实率下降较严重，其次是汕优46，影响基本不大的是汕优63。

组合的耐寒性不同，受降温影响的程度也不同。同年的汕优组合与协优组合比较，汕优64的耐寒性比较好，受害较轻，协优64的耐寒性差，受害较严重。

2007年以后，广东省品审委设立了人工气候室，加强了品种、组合的耐寒性测定和审定，之后审定的品种、组合，在近期均未发生过此类现象。

鉴定特点：①群体发生，涉及的农户多；②特定品种、组合比较集中，品种、组合耐寒性差的，受害较严重；③该品种、组合的幼穗分化发育敏感期与降温期相吻合的，受害较严重；④地理位置处于海拔高的，受害较严重；⑤受害的稻株以结实率区分，结实率低的受害较严重。由于同一棵主蘖穗进入幼穗分化发育期有差异，所以受害程度也不同，同一棵往往结实率有高有低，受害严重的，往往会造成“死苞”现象。

7. 汕优湛2杂交水稻只开花不结实的原因

1984年晚造，由原湛江杂优公司提供的少量汕优湛2组合在梅县种植，在抽穗扬花时，出现只开花不结实的现象。

笔者到田间调查，远看禾苗长势良好，呈一派丰收景象；近看稻穗抽穗整齐，全部稻穗无一粒灌浆结实。该农户说，有抽穗无花粉。

笔者查阅种源，恍然大悟！原来汕优湛2杂交水稻组合，是当时的湛江杂优公司技术团队自育的父本与汕A不育系配组育成的组合。由于该父本长期在湛江低纬度地区选育，其幼穗分化发育要求的起点温度比较高，在梅州市不适应。查梅州市9月中旬末至下旬中的气候，那时刚好有一股轻度寒流南下，对全市其他组合无伤害也无影响，但其下降的温度，刚好致死了汕优湛2的花粉母细胞，或说花粉粒，使其损失了功能，造成无花粉，因此，抽穗扬花时就不能看到黄色的花粉，无花粉粒哪能授粉受精并灌浆结实呢？这一事例，对我们很有启发，从南向北引种应特别注意水稻幼穗分化发育的耐寒性问题，否则引种就会失败。

8. 博优系列组合穗短粒少的原因初析

2012年晚造，水稻收获时节，销售博优系列组合的同志反映，今年博优系列组合普遍穗稍短、穗粒稍少，比常年普遍减少穗粒数10%～15%，严重的20%～25%，个别田块达到30%的损失，不知原因是什么。

这些组合是博优双青、博优998、博优273等。农户反映，今年这些组合抽穗较不整齐，始穗至齐穗有10多天，个别田块达15天。这些组合有的在9月25日抽穗，有的在10月5日抽穗，比较集中的是在9月28日至10月2日抽穗。这一问题，极大地引起了我们的探索与讨论。

我们初步判断：这些是典晚型组合，造成抽穗时间长和穗短粒少的原因，首先是光，其次是温度。依据有以下三点：

（1）我们知道，感光性的品种，要经过短日照刺激才能进入幼穗分化，但其光周期的长短因品种而异，有的要求时间较长，有的较短。一般晚稻早熟籼、粳品种，促进幼穗分化的临界光长为12个小时50分至13个小时10

分，延迟幼穗分化的临界光长为13个小时50分至24个小时。据报道，光周期的积累及温度对第一、第二枝梗和颖花原基分化发育有很大影响，与形成大穗有直接的关系。

水稻要完成光周期诱导，除了适当的日照条件外，还要求一定的温度条件相配合，特别是夜温（暗期）比昼温（光期）更重要。如昼温保持在30℃，而夜温只有15℃～20℃，即使短日处理20天，亦不能使水稻完成光周期诱导；夜温在20℃左右时，短日处理16天可完成光周期诱导；夜温在27℃时，短日处理12天就可完成光周期诱导。这说明夜温高与低，能影响水稻完成光周期诱导的时间。因此，短日条件配合20℃以上的夜温，使感光性强的水稻品种顺利完成光周期诱导，是该品种水稻开始进入幼穗分化的重要条件。有研究表明，在幼穗分化发育时期，若能将温度保持在20℃～25℃，便可以延长枝梗和颖花分化的时间2～3倍，从而达到增加枝梗和颖花数量的效果。但也说明，在这样的情况下，出穗至齐穗的时间也会延长。

（2）在光照强度适合的范围内，光照强有利于幼穗分化，而光照减弱，就会使生殖细胞不能形成或延迟形成，或者导致颖花数减少。在减数分裂期和花粉粒充实期光强不足时，会导致颖花大量退化，并使不孕花增多。所以，低温阴雨、日照时数过短、光照不足，或田间禾苗封行过早而郁闭等，都会造成枝梗及颖花的败育。这种现象在大穗型的品种中尤其明显。

（3）按照这些组合比较集中的抽穗期来倒推算，这些组合进入幼穗分化始期，应是在8月25日至9月5日，若这时的光照和温度有异常，将影响茎生长点刺激进入幼穗分化，或影响刚刚进入幼穗分化第一枝梗和第二枝梗的分化，或影响第一、第二枝梗上的颖花原基的分化。这个时期的光温条件，对幼穗形成的早与迟，枝梗数的多与少，颖花数的多与少，起着决定作用。若光照波动，日照时长时短，光照强度时强时弱，将直接影响光周期，导致进入幼穗分化发育期有早有迟，抽穗不整齐，时间跨度较大。光温条件不能满足的状况下，也会导致枝梗和颖花粒数相对减少，造成穗短粒少的现象。在该年的8月下旬至9月上旬，气候较不正常，有可能是导致这些组合抽穗期长和穗短粒少的主要原因。

此现象首次出现，特别记载，有待探究。

9. 含有二氯喹啉酸成分的农药在水稻幼穗分化期后使用为害的案例分析

2012年早造，梅县大坪镇有不少农户反映，水稻均出现不同程度的结实率下降的现象，受害面积达到十几亩。同年同造，梅县瑶西村也有同类现象，不知原因。农业部门组织有关人员调查，调查情况如下：

（1）大坪镇汤湖村、清连村、守台村反映水稻结实率低的共有13户，约20亩，涉及天丰优316、五优308、建优G2、深优9798和深优97125共5个品种。专家组调查发现，水稻结实率低的植株高度、叶色、穗长正常，只是结实率低，是正常的20%～30%，并同时伴有高位分蘖现象，该类型植株数量占该田块全部植株的30%～50%，在问题田块中普遍呈带状或块状分布。问题田块在整个水稻种植田段中呈无规律分布。

（2）调查发现，在同一田段同一品种或组合只有少部分田块发生结实率低的现象，大部分结实率正常或只发现很少的结实率低的植株。

（3）从部分受害农户中了解到，问题水稻采用的肥水管理与常年相同。在4月下旬至6月上旬水稻破口期间进行了病虫害防治，使用的药剂有杀虫双、水胺硫磷、稗王、井冈霉素等。其中，一个共同的特点是都使用了“稗王”除草剂。

调查后，一致认为是“稗王”造成的。理由分析如下：

（1）二氯喹啉酸是激素型除草剂，属生物化学选择性的除草剂。含有二氯喹啉酸的农药有稗王、杀稗王、快杀稗、克稗灵等，它们的主要防治对象是稗草。一般在水稻移栽后5～7天使用，这时正值水稻营养生长进入旺盛期，稻体吸收了二氯喹啉酸后，在体内通过酶诱导的生化反应将它转变为无活性的化合物，或者完成分解，使水稻不会中毒受害。然而，稗草没有这样的生化反应功能，生长激素合成受到二氯喹啉酸的干扰，受害死亡，因而达到除草的目的。但是，当水稻进入幼穗分化期后，稻体也进入生殖生长阶段，营养生长阶段基本结束，所以稻体降解二氯喹啉酸的机能下降，反而受到它的干扰，产生了药害。受到药害的水稻，主要表现为幼穗发育受到干扰，轻者结实率低，重者“死苞”。

（2）5月中旬至6月上旬水稻正进入幼穗分化发育期，也正是中、早熟品种、组合进入花粉母细胞减数分裂时期，此时易受“稗王”的干扰与为害。

（3）由于农户用药时间不同，各户禾苗生长进入幼穗发育阶段的时间有异，所以“稗王”为害各家各户的禾苗的程度也就不同。一般受药多的受害严重，幼穗分化敏感期受害严重；反之则较轻。所以，田间调查发现，凡是使用“稗王”稍迟的、喷洒重复的、桶底药液浓度高的，普遍受害较为严重。

（4）由于有一部分稻株受药较多，稻穗受害较严重，颖花退化多，即“库”消耗茎叶的有机物少。此时，茎叶贮藏的物质丰富，叶片的光合作用强，产生的有机物质又无处消耗，即“源”丰足。在这样的“源”与“库”失调的情况下，就激活了原休萌状态的高位腋芽的生长发育，出现高位分蘖的现象，所以，田间就能看到此类现状。随着时间的推移，高位分蘖出现3片以上叶时，又会进行幼穗分化发育，一个多月的时间，又会抽穗扬花，在农药残留稀少，不致为害的前提下，仍可授粉受精结实。

10.含有砷剂成分的农药在水稻孕穗期后使用为害的案例

砷元素对生物体的影响有：抑制含硫基酶的活性，促使氧化磷酸化解偶联，麻痹，诱导促进生长的细胞因子，干扰DNA的合成和修复等。含有砷剂的农药有甲基砷酸锌（稻脚青）、甲基砷酸钙（稻宁）、甲基砷酸铁胺（田安）和市场上正在推销的砷锌·福美双等。

这些农药主要用于防治水稻纹枯病，其药理是借助砷元素使病菌体发生变异致死，从而达到很好的防治效果。但是，砷剂农药具有很强的杀死水稻雄性花粉的特性，是化杀制种中的专用杀雄剂。在水稻孕穗开花期前施用，会造成水稻雄性不育，轻者结实率低下，重者“死苞”失收，然而植株仍保持青绿，随后出现高位分蘖成穗的现象。

该农药明确标明在水稻拔节期前使用，不准在孕穗期使用。如果恰逢水稻幼穗分化发育的最敏感时期，农户施用了含有砷剂的农药，就会造成水稻“死胎”或结实率低下的后果，造成损失。

笔者1976年在隆文中学任教时，承担过梅县科技局下达的化学杀雄制杂交水稻种子的试验。在这个过程中，利用稻脚青农药配制杀雄剂，在水稻花粉充实期间喷射，由于不慎用药过量，结果导致母本幼穗全部含苞而死。剥开稻穗，见颖花变形退化，呈白色，粒形变样。但是，禾苗仍然青绿茁壮，随着时间的推移，母本稻株又出现高位分蘖并有幼穗分化的现象。

11.唑类杀菌剂农药不可乱用

三唑酮类是三唑类杀菌剂，农药有粉锈宁等，主要防治稻曲病、稻瘟病、白叶枯病等，使用不当，会造成水稻叶片短小，严重的不能正常抽穗，导致减产，特别是铜制剂农药，对水稻孕穗期也会产生影响。据报道，农户使用了井冈霉素与硫酸铜的混合剂后，造成水稻结实率低下或失收。烯唑醇类农药有曲纹星、禾果利等，主要防治稻曲病，若使用不当，同样会造成水稻不能正常抽穗，或抽出一半后就停止，导致减产。唑类杀菌剂还有戊唑醇、己唑醇、丙唑醇等，这些若使用不当，同样也会给水稻造成伤害。

农药使用不当是指配制农药过量，或浓度高，或用药液多，或相隔时间短、重复使用同类农药等。

它们的为害机理主要是抑制植物体内赤霉素的合成，使水稻矮化，叶片短小，抽穗困难。

因此，在水稻孕穗开花时期，要特别注意选用农药防治病虫害，切忌用药不当导致水稻受损失。这类农药的为害，也最能引发争议！

12. 非水稻用药绝不可用之

2012 年早造，梅县松口镇梅教村两个农户的杂交水稻，面积约 5 亩，所见稻穗全部含苞而死，稻株仍然青绿，并出现高位分蘖的现象；喷射农药时溅及他人的杂交水稻，被染的稻株也同样受害，表现为同一症状。笔者判断是水稻进入幼穗发育期后，其育性受到致死农药为害。

农户很配合调查，拿出了所用过的农药物证，笔者发现他们施用了果园内使用的农药。一个农户用的是“辛硫磷”，另一个农户用的是“灭多威”。这两样农药均未注明水稻可以使用，或许农药配方中有对水稻不利的成分。现场的解释，得到农户认可。

13. 引起水稻死苞的原因调查与探析

梅州市水稻死苞的现象早在五六年前已出现过。2010 年早造，梅县大坪镇有两个农户约 3 亩的明优 06 出现部分死苞、部分结实率低、小部分基本能正常结实的现象；2010 年晚造，蕉岭县徐溪镇一个农户 1.5 亩的丰两优一号出现严重死苞的现象；梅县城东镇书坑一个农户 1.2 亩的深优 9516 出现部分死苞、部分结实率低、部分基本正常结实的现象；五华县大田镇一个农户 1.2 亩的博Ⅲ优 273 出现死苞的现象，造成颗粒无收（见彩图 28）。田间调查情况综述如下：

（1）首先，造成杂交水稻死苞或结实率低的案例，都是单家独户发生；其次，没有特定的品种、组合，即任何品种或组合均有出现的可能性。所有出现死苞或结实低的品种、组合，均是目前经省、市品审委审定后推广的品种、组合，是合法的种子。

（2）严重田块分析发现，水稻生长青绿，无病虫害，是因难破口抽穗含苞而死，稻穗也发生曲扭，谷壳变形，细查雄花也发生畸形且无雄性花药。在大田正常的杂交水稻灌浆时期检查死苞田块的稻株，出现受害稻株高位分蘖并有幼穗发育的现象，从而证明此稻株在幼穗发育的花粉母细胞减数分裂的敏感时期受药物为害致死，因“库”、“源”失调，促使了稻株高位分蘖成穗。

（3）较轻田块分析发现，疑似有人为喷射药物不均匀的分布的现象，受药多的稻株严重死苞；离喷射点较远的或喷射交接处受药液较少的稻株，能抽穗但结实率低；受药更少的稻株，基本上能正常抽穗结实。

从田间调查可以分析：

（1）发生水稻死苞或结实率严重低下的现象，都是单家独户出现，不涉及某一特定的杂交水稻组合，而这些品种、组合均是合法的，且是目前正大面积推广的，证实与杂交水稻的种性无关。

（2）对比化学杀雄杂交制种过程中不慎过量使用了稻脚青农药后，会造成水稻死苞的事例，发现事例中出现的症状与上述调查情况基本相类似。我们综合分析认为，在杂交水稻幼穗分化发育过程中，农户使用了含有致死花粉母细胞的药素的农药，因而导致该现象的发生。

（3）水稻幼穗分化发育过程中，小穗分化期、花粉母细胞减数分裂期和抽穗开花期都是敏感期。在此时期，若是使用的农药中含有致死花粉母细胞的药素成分，加上配制的药液浓度不同或喷射不均，稻株受药液有多有少，就会造成杂交水稻出现严重死苞、部分死苞、部分结实率低、部分基本正常结实的现象；若避过幼穗分化发育的敏感期，即使使用了同一类农药，也不会发生死苞或结实率低的现象。

根据有关报道，用稻脚青（甲基砷酸锌）、稻宁（甲基砷酸钙）、田安（甲基砷酸铁胺）、青鲜素、乙烯利等药物在水稻幼穗分化期喷雾，对水稻均具有杀雄作用；目前市场上推广的砷锌·福美双，也具有杀雄作用。此外，有些除草剂、唑类农药等使用不当时，也可造成水稻受害。所以，水稻进入幼穗分化发育期后，使用农药要特别小心，应引起重视。

深究其原因，需要农户配合，真实反映施药情况，方能有针对性地分析出问题。

14. 晚稻遭螟虫灾害的质疑之析

2013 年晚造，兴宁市兴田、永和、新陂、福兴、宁新五个乡镇（街道）的水稻遭受三化螟危害导致歉收和部分失收，情况严重的稻田至少有 700 亩。农户怀疑农药和种子有问题，经省有关专家和兴宁农业技术干部调查，确定不是种子、农药的问题，而是螟虫严重为害造成的，是自然灾害。但是，农户不理解，为什么螟虫主要集中为害四个品种，且华两优 689 特别严重呢？同一块田同样施肥用药管理，该品种为什么更严重？为此，特赘笔分析：

（1）抗虫育种非常难。根据有关资料，抗虫育种有三个方面的难度。

一是众多水稻品种中，抗虫基因比较稀少，要普选出高产又有抗虫基因的品种就更加困难，若要选育出能抗两类以上虫害的品种就更加困难了。

二是抗虫育种的检测与鉴定极为困难。自然条件下，要检测和鉴定抗虫品种与虫害发生有密切关系，很难准确判断。它不比抗病育种，如抗稻瘟、白叶枯病的选育品种，可以进行人工喷洒病菌来测试并和病区同步测试，以获得较准确数据来鉴定，从而有利于引导育种家们进行抗病选育，以达到抗病育种的效果。

三是一般虫害是杂食性的，但每一种害虫有其主食的遗传特性。近期，中央电视台报道的科普知识，很有启迪，即某一昆虫能在万绿丛中，寻找到自己最喜欢吃的植物，专门在那里产卵繁殖后代，因而成为那种植物的主要害虫。这是自然界生存斗争的现象，是生物体适者生存的自然淘汰法则，是它们先辈留传下来的遗传特殊性。同样的道理，螟虫也许也有这一特殊性。反之，如华两优689组合，或许它在呼吸、光合作用过程中，散发的气味能引来螟虫；或许叶片折光的光波能引来螟虫；或许稻体内的营养物质是螟虫最喜欢食用的等，这些都可能招致害虫聚集并繁殖，结果大量害虫就为害了它。这些害虫，先吃最喜欢的，再吃一般的，饿了也吃差的。

（2）抗虫育种正在努力中。作为育种者，梦寐以求能选育出抗病又抗虫的高产品种、组合，他们都在默默无闻地努力着。据了解，广东省水稻研究所的育种家，已进行着抗病又抗虫的选育工作，有几个品系达到了效果。转基因抗虫育种方面，也有明显抗虫害的品系报道，但是因其对人体的安全问题，又受到质疑。相信，随着社会的进步、科学的发展，选育出抗病又抗虫的高产品种、组合，为时不远！

（3）要切实做好科学防治虫害工作。害虫是生物体，原则上农药是能毒死它的。特殊盛发病虫的年份，一定要特殊处理，方能达到防治效果。发生虫害时，关键在于适时用药、对症下药、交叉用药，在害虫低龄代低密度时毒杀，要连续2～3次施用农药，确保禾苗有一段时间的持药量，采取这一关键技术措施，虫灾是基本能避免的。

（4）目前品种、组合的抗虫性指标，未纳入品种审定的法定程序。因此，目前经审定通过推广的品种、组合，若发生严重的虫灾，均属于自然灾害，不是种子问题。即使通过了审定的品种、组合，由于抗性下降，病虫基因变异等因素，造成品种、组合受病虫为害成灾，也属于自然灾害，而不是种子问题。

第六章　水稻抽穗开花结实

水稻须经抽穗、开花、授粉受精和灌浆结实，这一时期对水稻生产来说是决定产量的关键时刻，气候不良或栽培管理不慎，往往影响水稻抽穗、开花、授粉授精和灌浆结实，造成减产或失收。

第一节　抽　穗

在水稻幼穗发育完成后，即花粉完成期后两三天，穗轴基节下方的节间细胞迅速延长，使稻穗迅速从剑叶的叶鞘里抽出，这个过程叫作抽穗。在正常天气条件下，每一稻穗自穗顶露出叶鞘至全穗抽出，早造水稻需 4 ~ 4.5 天，以第 3 天伸长最快；晚造水稻需 5 ~ 6 天，以第 4 天伸长最快。

不同类型的品种、组合的水稻抽穗速度各不相同，一般来说，籼稻抽穗快，粳稻抽穗慢；籼稻之中，早稻快，晚稻慢；分蘖力强的品种，齐穗所需的时间长，反之则短。

在一株水稻中，抽穗的顺序为：主穗先出，然后依分蘖次序，分蘖穗先后抽出。根据观察，分蘖力较强的品种，每棵从主穗开始露出叶鞘起，到分蘖穗抽穗完结，需要 6 ~ 7 天的时间；对群体而言，从第一主穗开始露出叶鞘，到最后一个分蘖穗完全抽出，需要 10 ~ 12 天的时间。水稻的抽穗速度，与品种、天气、栽培等内外因素都有着密切的关系。

1. 影响抽穗速度的外因

水稻抽穗的实质是茎秆的伸长，即穗轴基部节间的伸长，所以水稻抽穗的快慢取决于穗轴基部节间伸长的速度，然而影响节间伸长速度的外界条件主要是气温。

气温对水稻抽穗影响最大，气温高，抽穗快，气温低，则抽穗慢。一般最适宜水稻抽穗的温度为 25℃ ~ 35℃，超过 40℃ 抽穗困难，低温也不利。但因不同类型的水稻品种承受低温的能力各不相同，所以水稻安全齐穗期的气象指标因品种类型而异：籼稻要求日平均气温稳定在 22℃ 以上，日最高气温稳定在 25℃ 以上，不出现连续三天平均气温低于 22℃ 的天气；中粳与耐寒性较差的一般粳稻品种，要求日平均气温稳定在 20℃ 以上，最高气温稳定在 23℃ 以上，不出现连续三天平均气温低于 20℃ 的天气；耐寒粳稻要求日平均气温稳定在20℃以上，不出现连续三天平均气温低于19℃的天气。低于下限温度时，水稻抽穗困难，或“包颈”，或不能抽穗。

由于水稻这一特殊性，各地根据这个气象指标制定出本地的水稻安全齐穗期，作为各地选择品种、组合，确定播种期，安排好全年农业生产的重要依据。

梅州市的水稻生产一年两造，晚造水稻的安全抽穗期决定了全年水稻生产的安排，全市各稻区的安全抽穗期是：北部稻区和中南部高寒山区为9月25日前，中部稻区为10月1日前，南部稻区为10月5日前。

2.影响抽穗速度的内因

影响水稻抽穗速度的内在因子，主要是植物本身的激素（赤霉素）。

稻体内源激素的分泌与气温有着密切关系，气温高，稻体活动旺盛，分泌激素水平较高，促进抽穗速度增快；反之，气温低，稻体内分泌激素水平相对较低，抽穗受阻。同时，稻体内源激素的分泌又与种植密度和肥水管理有着密切的关系。

在栽培上采取合理密植，加强肥水管理，及时露晒田，有效地控制迟出的无效分蘖的生长，又能保证后期肥水供给，有效控制病虫的为害，就能促使有效分蘖发育整齐，这样的水稻群体就能抽穗速度快且整齐，成熟一致，以有利于高产；反之，则抽穗慢且参差不齐。

此外，若人为适量增加外源激素（赤霉素），能有效地促使水稻加快抽穗速度；若在防治病虫害过程中，不慎使用了有碍稻体产生内源激素（赤霉素）的农药等，就会造成水稻抽穗困难，或造成“包颈”、“死胎”而减产。

生产上，适当增加外源激素，有利于加快水稻抽穗。在水稻抽穗5%时，亩用“920”2克、磷酸二氢钾250克、尿素200克稀释水液50千克喷雾，有利于加快水稻整齐抽穗，灌浆结实。

第二节　开花授粉

1.稻花的形态结构与特性

在稻穗的第一、第二枝梗上的小穗梗末端着生着小穗。每个小穗有3朵小花，其中只有1朵小花能发育成颖花，另2朵小花退化，只留下变异的护稃遗迹。每一朵颖花从表面上看，有内、外稃（颖）包裹着，其基部有一对退化的护稃（颖）和一对退化的副护稃（颖），它们都着生在小穗梗上。在内、外稃（颖）内有雄蕊6个、雌蕊1个。雄蕊由花药和花丝组成，花药内含有大量花粉粒。雌蕊由两裂呈羽毛状的柱头、花柱和子房组成，子房内有 1 个胚珠，胚珠内有 1 个胚囊。2 个浆片位于子房和外稃之间，开花前里面积蓄有大量淀粉。详见稻花的形态和结构图（图 6-1）。

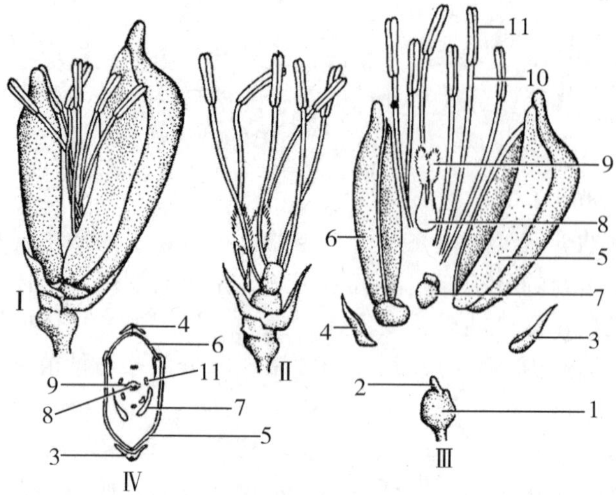

图 6-1　稻花的形态和构造

Ⅰ 开花时稻花外形　Ⅱ 开花时稻花内观（除去内、外稃）　Ⅲ 稻花的各部分　Ⅳ 花式　1～2. 颖片　3～4. 退化花外稃　5. 外稃　6. 内稃　7. 鳞片　8. 子房　9. 柱头　10. 花丝　11. 花药

花粉和柱头的生活力。有报道，每一个花药有 1 000～1 500 粒花粉粒，雄蕊有 6 个花药，故一朵颖花就有 6 000～9 000 粒花粉粒，其数量的多少与各品种、组合的遗传特性和栽培管理水平有着较密切的关系，有的品种、组合花粉量大，有的就稍少些。

水稻花粉的寿命很短，在自然条件下放置 3 分钟，就只剩下半数花粉能够萌发；放置 5 分钟，就基本上全部丧失萌发能力；放置 10～15 分钟，就完全丧失受精能力。

另外，花粉忍受高温的能力远低于柱头，在正常开花前 2～3 小时，用 43℃～45℃温水把整穗稻花浸泡 3～5 分钟，能促使当天成熟的颖花全部开花，但其花粉被“杀死”而丧失了花粉的生活力，然而柱头仍保持着生活力，此做法称为“温汤去雄法”。柱头的生活力在去雄后可维持 6 天左右，在去雄后 1～2 天内授粉，结实率最高。根据报道，在温度 10℃和相对湿度 85%的条件下贮藏花粉，可以保存 24 小时。试验证明，花粉在低温（1℃～

5℃）、干燥（相对湿度30%～40%）和黑暗，或提高容器的二氧化碳浓度的环境里贮藏，其寿命有所延长。水稻这一遗传特性，有利于育种家采取“温汤去雄法”，进行常规杂交选育种。

2. 稻花的开花过程

每一朵颖花自内外稃开始张开到闭合为止，称为开花。

当颖花内的花丝伸长，花药伸到上半部时，表明这朵颖花将于次日开花；当花丝伸长，花药伸到颖花顶端时，表明这朵颖花将在当天开放。稻花开放时，花内部呼吸旺盛，生长迅速，内源激素提高，促进浆片内的淀粉迅速降解为可溶性糖，渗透势发生迅速的变化，吸水膨胀，体积迅速增大到约为原来的3倍，因而有力地把外稃向外推开，使内、外稃的夹角张开为25度～40度。在开外稃的同时，花丝急速生长伸长，花丝原来约长1.6毫米，这时可达到8.8毫米，约为开花前的5倍，有力地把花药推送到花外，开裂散出花粉，随后花丝凋萎。

开颖时，柱头一般在颖壳内，但有些品种、组合的柱头露在颖壳外，有利于接受花粉。颖花自始开至全开约需13分钟，保持全开状态约9分钟。开花后，花粉落在柱头上，进行授粉，此时浆片受到生物刺激而失去水分，逐渐萎缩，内、外颖稃又慢慢闭合，呈两相钩合状态，由始闭至全闭合约经25分钟。由此可见，水稻每一朵颖花由始开至全闭合，需经历50～60分钟的时间。但有的品种若柱头未受到花粉，全开后要经几个小时才慢慢闭合，如不育系就有这一特性。

不同类型的品种、组合或不同的品种、组合，其开花习性中的张颖角度、柱头外露及花药开裂授粉的机制都有遗传特性上的差异。例如，大多数的不育系的张颖角度和柱头外露率都要求大，便于授粉受精，提高结实率。所以，杂交水稻就秉承父母亲本的遗传特性，表现出不同的组合有其不同的差异性。又如，一般常规稻品种在恶劣的天气条件下，它具有能在闭颖状态下花药开裂授粉的特性，此状态称为“闭花授粉”。

但有报道，一些杂交水稻花药开裂散粉的机制与常规品种相比更不发达，往往花药要在开花后30分钟才开裂散粉，若此时遇高温或低温、阴雨等不良天气，则可推迟到开花1～2小时以后才开裂散粉，远远超过水稻开花的持续时间，那么就不能达到及时授粉的目的，形成空粒。

3. 稻花开花的顺序、时间与授粉方式

（1）开花顺序。稻穗通常先从主轴上开花，其次是上部的枝梗开花，然后从上向下，各枝梗依次开花；在同一枝梗上，顶端第1朵颖花先开，接着是枝梗最基部的颖花开放，再依次向上开花，顶端第2朵颖花最后开花。

（2）开花时间。早稻和中稻的稻穗从叶鞘抽出后的当天，就有部分小穗开花，第2~3天就达到盛花期，以后逐渐减少；晚稻在露穗后的第2天才开花，到了第4~5天才逐渐旺盛，开花比较分散。

一个稻穗开花的天数，因品种、气候和稻穗大小而不同。一般从开花开始到全穗开完，早稻需要5天左右，中稻需要6~7天，晚稻需要8天左右。

每天开花的时间，因品种和气候不同而有所不同。早稻和中稻比较早，晚稻比较迟。在正常晴好天气，水稻上午9~10时开始开花，11~12时最盛，14~15时停止，全过程需1~2.5个小时。一般品种、组合，下午和晚上不开花，但不育系的遗传特性不同，午夜还有开花的。水稻开花需要较高的温度和田间有充足的水分。

（3）授粉方式。成熟的花粉借助外力的作用从雄蕊的花药传到雌蕊的柱头上的过程，称为授粉。水稻属自花授粉植物，花药开裂散粉与开花是差不多同时进行的，绝大多数的雌蕊都接纳自身的花粉；但是，受风等环境因素的影响，也有可能接受外来的花粉，造成自然杂交，其自然杂交率一般在0.2%~1%，最高不超过5%。越是温度高的地区，越是开花时间集中的品种，自然杂交率就越高；雌蕊的柱头外露率越高，自然杂交率也越高。这就是造成品种、组合种子不纯的根源之一。

4.影响开花的内外因素

（1）内因。经研究表明，水稻的开花是由“开花基因”控制的，不同类别的水稻品种、组合或不同的品种、组合，遗传特性不同，因而在开花时对环境条件的要求也有一定的差异。例如，“三系”杂交制种，不育系与恢复系是比较典型的遗传类型，恢复系是常规品种，与不育系配对制种时，往往因“开花基因”的差异，对温度、湿度和光照要求也不同，致使它们的开花时间有先有后，特别是恢复系在临界环境条件之时，花时差就越大，越不利于异交授粉结实。

（2）外因。温度、湿度、光照、风力等外界条件都能影响水稻开花。

温度是影响开花的最显著的因素之一。温度高，开花速度加快，反之则慢。一般在28℃~32℃最为适宜，在30℃左右的温度为最理想。但是，不同类型或不同的品种、组合，其开花要求最适宜的温度也有些不同，例如，IR24的最适宜的开花温度为30℃~32℃，汕A则是32℃~35℃。温度在29℃以下时，开花速度随温度下降而减慢；在日平均温度低于20℃，最高温度低于23℃的连续低温条件下，开花不正常，花药不能开裂，不能授粉，花丝伸长受阻，雌蕊机能不良，不能受精；温度高于40℃时，花药易干枯，花药开裂受到抑制，散粉力差，花粉粒变小，内容物不充实，发芽力降低，影响着授粉受精。

特别要强调的是，对一朵颖花而言，高温对开花的伤害是以开花前一天为最严重程度；对一块田的稻花而言，则是在盛花期前一天的高温致害为最严重程度。

湿度是影响开花的主要因素之一。一般相对湿度在 50% ~90% 时都能开花，75% ~85% 为较适宜，但品种间存在差异，例如，IR24 开花在 80% ~85% 的相对湿度为较适宜，汕 A 则在 72% ~76% 的相对湿度为较适宜。气候太干燥，相对湿度低于 60%，或雨天湿度大，都会使开花推迟。

此外，晴天光照强，开花提早；阴天光照弱，则开花延迟。水稻抽穗开花时期，最适宜的气候条件是风和日丽，刮干风、冷风都会影响开花或花时，刮三级以上的风均不利于开花授粉受精。

第三节　授粉受精

水稻抽穗开花后，紧接着扬花授粉受精。

1. 雌蕊的功能

我们知道，雌蕊由两裂呈羽毛状的柱头、花柱和子房组成，子房内有 1 个胚珠，胚珠内有 1 个胚囊，授粉受精后，将发育成新的生命体。花药开裂后散发出许多花粉粒，花粉粒之所以能附着在柱头上，是因为雌蕊的生物形态结构上有相对应的功能：一是羽毛状柱头不仅扩展了接受花粉粒的面积，而且有许多乳头状突起，更能够接受花粉粒，容纳花粉粒，固定花粉粒；二是柱头分泌出黏性的物质，易黏着花粉粒，为花粉粒的萌发与发展提供场所和物质基础。

2. 双受精过程

水稻花粉粒散落在柱头后，在柱头上的分泌物和某些激素的作用下，花粉粒就迅速萌发，形成花粉管。这一过程，只需要 1.5 ~3 分钟。花粉管迅速发育伸长，花粉管的前端分泌出水解酶，可将花柱内的细胞间的果胶质消化，为花粉管的伸长充当“先锋”，打开通道让花粉管沿着花柱、子房壁和胚珠间的空隙，向着胚珠孔伸展。

话说回来，散落在柱头的花粉粒，均有平等的机会进行萌发、伸长的过程，大约需要 30 分钟，花柱上端往往聚集着多条花粉管，呈竞争之势，在电镜下可清晰看到。但是，生物体有选优淘劣的竞争机制，大约开花后 60 分钟，处于劣势的花粉管就被限制，停止了生长发育，只留一个具有优势的花粉管发育伸长。大约开花后 1.5 个小时，这个优势花粉管伸长的同时，花粉粒内的营养核和两个雄核（即两个精子）也在发育形成，并连同其细胞质移动进入胚囊。

花粉管进入胚囊后，其先端破裂，放出两个雄核（精子），一个雄核与胚囊内的卵细胞结合，完成受精，此受精卵以后将发育成有生命的胚；另一个雄核与胚内的两个极核结合，成为胚乳原核，以后将发育成胚乳。这一过程发生在开花后 2.5 ~3 个小时内，称为水稻双受精过程。

3. 影响授粉受精的内外因素

水稻抽穗、开花、授粉受精的过程紧凑而时间又短，凡是能影响到水稻抽穗、开花的因子，同样也影响着授粉受精。

（1）外因。气温、湿度、光照及农药等，都能影响授粉受精。

当时的外界环境条件，若是气温适宜、风和日丽的天气，有利于花粉散落在柱头上；反之，风雨交加，则不利于柱头接收花粉粒，或易被雨水冲刷掉；与开花的要求基本一样，最适宜温度为 28℃ ~30℃，但受精过程的温度变幅要小得多，一般品种、组合在低于 23℃时，就不能授粉受精，气温在日最高温度达到 40℃时，对受精也有较大影响；根据人工花粉发芽的培养基测验，花粉粒萌芽最适宜的温度为 24℃ ~26℃，随着温度增高而加快，30℃为最快，到 40℃以后就停止。

田间要求湿度 75% ~85% 为最适宜，大雨、浓雾天气对花粉粒萌发不利；晚造“寒露风”天气极不利于水稻开花授粉受精，特别是干冷天气，不利于授粉受精。阳光明媚，则有利于授粉受精，阴雨寡照不利于授粉受精，但夏日强光，气温高，也十分不利于授粉受精。农药的浓度，也影响着授粉受精，特别是有致命性的农药，往往会造成损失。

（2）内因。指柱头的形态及其内在的生物激素。

柱头外露与否，分泌物的多与少，直接影响着接受和附着花粉粒的能力。当然，分泌出具有黏性物质的物理性能，与空气、湿度有密切关系。除品种遗传特性外，高温干燥，分泌物就易干燥、黏性下降，接收并固定花粉粒的概率就有所下降。

稻体壮旺，内含物丰富，有利于激素的产生，有助于授粉受精；反之，受外因子的影响，如农药、天气等，特别是含有机砷剂的农药，激素产生受抑制，就不利于授粉受精。所以在生产上，不论何种农药，在水稻开花授粉受精期间，应当禁止施用，以免对性器官产生直接伤害，影响受精，造成空粒。

第四节　灌浆结实

水稻双受精结束后，紧接着就是灌浆结实。水稻受精后，子房经过一系列的变化形成谷粒，这一过程称为灌浆结实期。

水稻受精后，受精作用对稻株代谢有显著的促进作用。首先，子房的呼吸强度剧增，植物激素含量也剧增，于是生殖器官就成为同化物的输入中心，叶、茎等营养器官所贮藏的同化物和刚刚制造出来的光合产物，都集中运输到生殖器官内，最后结籽传宗，代代不息。

1.胚的发育过程

水稻的受精卵在开花后 8～10 个小时，开始分裂为两个细胞，在 24 小时后分裂为 4～6 个细胞。2 天后，发育成椭圆球形的原胚，纵向约有 6 个细胞，横向约有 4 个细胞。4 天后，初生维管束分化。第 5 天，幼芽和幼根的原始体及维管束形成。第 7 天，幼小植物各器官的发育大体上完成。在芽鞘里面，可以看到第一叶和第二叶的原始体，在幼根部可以看出根鞘，以及根部中心的粗导管。10 天后，胚的发育基本完成，具有幼小植物的雏形（见图 6－2）。

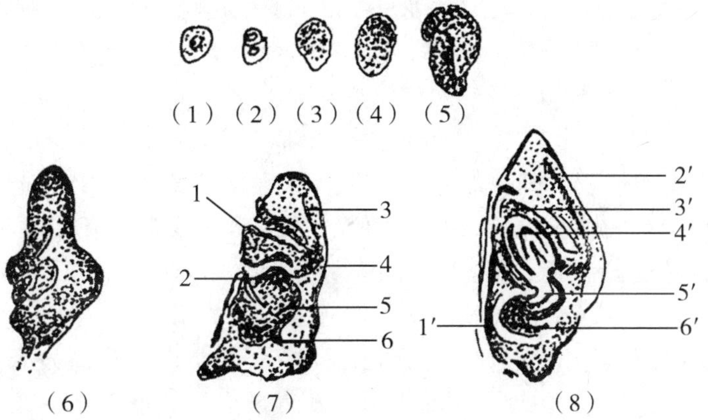

图 6－2　水稻胚的发育

(1) 合子　(2)～(4) 开花后 3 天内的原胚　(5) 开始分化
(6) 开花后第 5 天　(7) 开花后第 7 天　(8) 发育完成的胚
1.牙鞘　2.第一真叶　3.维管束　1′.根鞘　2′.盾片　3′.芽鞘
4.盾片　5.胚轴　6.胚根　4′.第一真叶　5′.胚轴　6′.胚根

2.胚乳的发育过程

紧接着，胚乳的发育也很快。受精后，胚乳原核迅速进行分裂，开花后的第 4 天，子房内部充满胚乳细胞，呈水渍状态。第 5 天，即可看到灌浆物质形成的淀粉，手捏时可见白色米浆液。第 7 天，胚乳细胞中的淀粉数量显著增加，在胚乳的外围，形成糊粉层。随着时间的推移，灌浆物质不断增加，胚乳细胞中的淀粉粒也不断增加，而水分则不断减少，胚乳逐渐增大。

受精后，子房即米粒开始增大，其长度在开花后的 8～10 天基本达到最大值，先端发育到达稃顶；宽度和厚度分别约在开花后的第 14 天和第 18 天达到最大值；开花后 20 天左右，米粒外形基本定型（见图 6-3）。

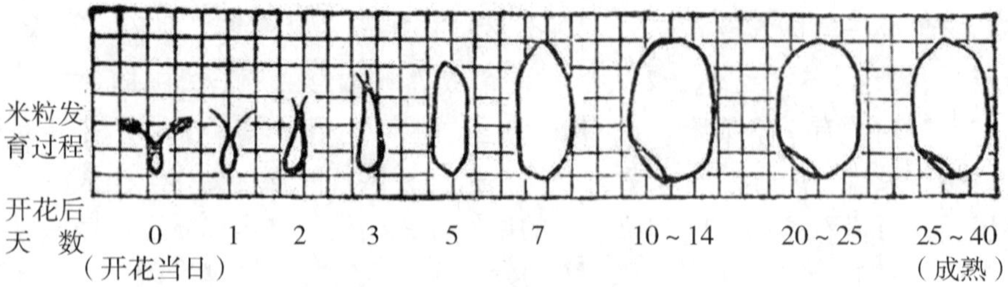

图 6-3　米粒的发育过程

开花后第 1 天，子房即开始伸长，约 1 星期后其先端到达稃顶；随后继续增大宽度和厚度，在开花后的 10～14 天分别接近最大；至开花后 20～25 天体积不再增大；以后由于水分减少，长、宽、厚度均稍有缩小。米粒干重在开花后 25～40 天固定。

米粒干重的增长。开花后的第 9 天，米粒的干物质从 15% 起开始逐渐增重；米粒干重的增长高峰（俗称灌浆高峰期），通常在开花后 15～20 天出现；以后又逐渐减慢，最后米粒占谷粒干物质重的 85%。米重的增长，与品种、组合、早晚造天气等环境条件有着密切关系。

最后，经过上述的生理生化变化，受精后的整个子房就发育成 1 粒糙米，其中，受精卵发育成胚，胚乳原核发育成胚乳，胚珠的珠皮发育为种皮，子房壁发育为果皮，内稃和外稃就成为谷壳。这就是籽粒发育的全过程。

3. 灌浆结实“四期”的形态特征

籽粒发育的全过程，生产上将其划分为乳熟期、蜡熟期、完熟期和枯熟期。籽粒在各时期的形态特征都各不相同。

（1）乳熟期。当米粒内有白色乳浊液出现时，表明有淀粉积蓄，此时可作为乳熟期的开始。随后，白色乳浊液变成浓厚的白色浆液，又发育结成硬块，米粒形状大致完成。谷壳开始转黄，米粒背部仍是青色，此时乳熟期结束。早造乳熟期为 7 天，即开花后第 4 天至第 10 天；晚造乳熟期为 9 天，即开花后第 6 天至第 14 天。

（2）蜡熟期。从乳熟期结束后开始，到米粒变得与蜡质相似，背部浅绿色逐渐消失至最后背面纵沟褪色时为止。此时，米粒干重达到最大值。这时期早造为时 7 天，即开花后第 11 天至第 18 天；晚造为时 9 天，即开花后第 15 天至第 23 天。

（3）完熟期，又称黄熟期。谷壳整体呈黄色，先端米粒转变为白色，米粒硬实，不易破碎。

（4）枯熟期。谷壳色褪淡，护颖和枝梗干枯，顶端枝梗易断碎，有的品种的米粒有横断裂迹。

在这四个时期中，乳熟期对产量影响最大，是关键时期。生产上，要尽量满足其光合产物的形成和向穗部运输所需要的条件。水稻灌浆速度，与品种、组合的遗传特性、气温等因素有关，所以水稻的灌浆结实期也有差异。一般水稻开花后经 25 ~ 45 天成熟，籼稻之中的早稻品种、组合成熟需 25 ~ 30 天，晚稻品种、组合成熟需 35 ~ 45 天。水稻收获适期，一般是在水稻的蜡熟末期或完熟期。

梅州市早造水稻往往在齐穗后 28 ~ 30 天、晚造在齐穗后 30 ~ 32 天收刈，早熟品种、组合又往往提早 2 ~ 3 天。

4. 灌浆物质的转化

稻株运往穗部的灌浆物质，主要有两类：一类是碳水化合物，主要是以蔗糖的形式输入米粒，然后在淀粉合成酶等的作用下合成淀粉，贮藏起来；另一类是含氮化合物，主要是以氨基酸或酰胺的形式输入米粒，再合成蛋白质贮藏起来。

水稻的灌浆物质来源有两部分：一部分是来自抽穗前贮存于稻体叶鞘和茎秆内的同化物质，占 20% ~ 40%；另一部分是来自抽穗后叶片等的光合作用产生的光合产物，占 60% ~ 80%。

水稻开花受精后，抽穗前贮存于叶鞘和茎秆中的淀粉，在酶的作用下分解为糖类，并开始迅速地向穗部输送。绝大部分贮存物质，都是在出穗后的 10 ~ 15 天内转移到米粒中去的；一般在出穗后第 15 天至第 20 天，叶鞘和茎秆中贮存的灌浆物质基本上转送完毕。此时，茎秆的强度大大降低，为茎秆抗倒的最弱质时期。生产上，在此时要特别注意，若发生倒伏，就会严重影响稻穗的进一步灌浆，导致不实粒增加，或结实率下降。特别是前期氮肥过量，造成稻田封行过早，后期根茎叶早衰，易出现这种倒伏现象。

水稻抽穗后叶片的光合作用产物，除必须供给呼吸消耗和较少量遗留给根系、茎秆利用，维持生存活动需要外，其余的基本上转运到当时处于旺盛生长的贮藏中心——米粒。

根据同位素测试，剑叶的光合产物，在 15～24 个小时内就能运到米粒中去；倒 2 叶的光合产物，在 24～72 个小时内就能运到米粒中去；倒 3 叶的光合产物，在 48 个小时以内就能运到米粒中去。至于倒 4 和倒 5 叶的光合产物及氧气和养料，主要是在水稻结实期间供应给根系利用，维持稻体的生存需要，对稻穗灌浆的直接贡献不大，但对整株稻体而言，对维系三片功能叶，以及防止早衰，其作用是不能忽视的。

科学家做过剪叶试验：在抽穗期剪除倒 2 和倒 3 叶，对照相比，空瘪率增至 19.5%，千粒重降低 5.1%～13.5%，产量下降 12.0%～18.5%；剪除剑叶和倒 2 叶，空瘪率增至 29.7%～35.5%，千粒重降低 11.4%～16.0%，产量下降 28.7%～32.0%。这充分说明，三片功能叶对水稻的产量，具有非常关键的作用。所以，生产上要特别保护三片功能叶；高产栽培上，要特别注意保护好水稻抽穗后稻体的四五片完整的绿叶，以创高产。

5. 灌浆物质的分配规律

根据有关研究，灌浆物质在稻株内受着供应能力、竞争能力和运输能力三个因素的影响。

（1）供应能力。所谓供应能力，是指器官或部分的同化物能否输出及输出多少的能力。凡是同化物较多且超过自身需要时，便有可能往外输运，同化物多，输出的潜力越大。如叶子的光合产物，除自身需要外，剩余的光合产物就会输送出去，提供给其他器官。供应方，是物之源，称为“代谢源”，简称“源”。

（2）竞争能力。竞争能力是指器官或部分需要营养物质的引致能力，常常与需要程度是一致的。在同一水稻植株中，很多部分或器官都需要同化物，只有那些竞争能力强的部分或器官，才能分配到较多的同化物。所谓竞争能力强的部分或器官，水稻所处的生育阶段不同，其竞争能力强的部分或器官也就不同。如水稻灌浆结实阶段，籽粒的充实就是此时竞争能力强的部分或器官，生物体内的调配，有机地构成一个完整系统。稻穗各籽粒间，也存在着竞争能力不同的现象，优势颖花竞争能力强，劣势颖花竞争能力弱。一般而言，消化或贮藏同化物的器官，即需要方，是物之库，称为“代谢库”，简称“库”。

“源”与“库”的概念，在生产中常常运用到。“源”多，表示生长旺盛，光合产物多，有利于“库”即各部分或器官的生长利用，一般保持着相对平衡；当“库”需要量大时，“源”不能满足，说明生长不旺盛，产生同化物少，最终又影响“库”。

生产中有实例说明，三化螟虫为害将抽出的稻穗致死，水稻叶片的光合产物就日日积累，此时“源”足，而稻穗“库”却不能贮藏或说不能消耗“源”之物，失去了平衡。在这种状态下，这些充足的同化物就促使水稻出现高位分蘖的现象，用这样的方式来消耗“源”之物，以达到新的平衡。这是出现高位分蘖的机理。

（3）运输能力。“源”之物运输到“库”的过程，称为“流”，“流”表示其运输能力。运输能力包括输出和输入部分之间的输导系统联系的畅通程度和距离远近。灌浆物质的运输管道，主要是在韧皮部，通过筛管去完成，韧皮部薄壁细胞也是运输同化产物的主要组织。同化产物的运输，是决定产量高低的一个重要因素。

输导系统的畅通程度，也影响着同化产物的分配数量。例如，水稻第二或第三枝梗上的颖花的小枝梗（花梗）维管束，比第一枝梗的体积小而且数目少，所以分配到第二、第三枝梗颖花的同化产物就少于第一枝梗的颖花。又如，同一枝梗上的各个颖花，由于在不同位置，其花梗的维管束发达程度也不同，所分配到的同化产物也就不同，先开的优势颖花所获得的同化产物多，后开的劣势颖花相对就少。这样就造成了水稻灌浆速度有的快有的慢，特别是杂交水稻较为明显，有“二段”灌浆的现象出现。水稻的这种遗传特性，往往在环境条件不适宜的状态下，易导致弱势颖花灌浆速度慢，造成空粒或不实粒的现象。

6.影响灌浆结实的内外因素

（1）影响灌浆结实的内在因素主要有：品种的遗传特性、稻体内积累的物质量和稻体的“三能力”。

①品种的遗传特性。一般而言，早熟种比晚熟种灌浆快，籼稻比粳稻灌浆快；同一类的品种，有的灌浆快，有的灌浆慢；杂交水稻组合，大多数有“二段”灌浆的现象，有的（如丰两优 1 号组合）受低温影响，其“二段”灌浆特别明显；有的（如中优 122 组合）受高温影响，其“二段”灌浆也特别明显。这些都是由品种、组合的遗传特性决定的。

②稻体内积累的物质量。水稻抽穗前，稻体健壮，碳代谢强，叶鞘和茎秆积累的物质丰厚；抽穗后，稻株仍保持四五片绿叶，光合作用产生有机物多；稻体内的同化物丰盛的情况下，“源”足就极利于灌浆结实。反之，就不利于灌浆结实。

③稻体的“三能力”。这里的“三能力”，即供应能力、运输能力和竞争能力，泛指“源”、“流”、“库”三者的关系。遗传属于先天性，栽培属于后天性。一般来说，水稻栽培的好与差，决定了籽粒数量，即产量，俗话

说“禾大产量高，禾小产量低”。此外，稻体的形态与病虫害也影响着“源”、“流”、“库”，如过氮的禾苗，倒伏的禾苗，灌浆结实较差；受病虫为害的禾苗，茎、叶受损，维管组织受到破坏，运输管道受损，严重影响着“源”、“流”、“库”的关系，会造成灌浆不实或减产。所以，遗传决定水稻灌浆结实的性质，后天的栽培管理决定着能否发挥该品种、组合产量的最大值。这一因果，要引起人们的高度重视。

（2）影响灌浆结实的外在因素主要有温度、光照、水分、氮肥、病虫害与农药等。

①温度。灌浆结实期间，最适宜的温度是21℃～25℃，有利于干物质的运输、转化和合成，促进种子成熟，缩短成熟期，并能增进干物质的累积，达到粒大粒重效果。据报道，水稻抽穗后10天内，日温29℃，夜温19℃；成熟期间，日温24℃～26℃，夜温14℃～16℃；成熟末期的昼夜温度都是22℃～23℃，这些昼夜温度变化对水稻的灌浆结实最为有利，有利于籽粒饱满，产量较高，质量较好。

温度过高，虽然同化物的分解、转移和积累都进行得快速，能提早成熟，但是高温能促使呼吸加强，增加消耗物质，又促使细胞提早老化，缩短了谷粒接受同化物输入的持续时间，使得同化物积累不够充分，会使谷粒灌浆结实不好，相对而言产量降低，品质下降。温度低于17℃时成熟，呼吸减弱，酶活性下降，同化物输送慢，不利于籽粒物质的积累，易造成籽粒瘦小，产量不高。

早造水稻灌浆结实期，正值六七月份，气温常常可达37℃～38℃，甚至高达40℃～41℃，出现“高温逼熟”和米质差的现象。晚造水稻灌浆结实期，气温较低，特别是白天与夜晚的温差，比较有利于水稻灌浆、结实与成熟，米质明显比早造的好。

②光照。水稻灌浆结实期间，光照强弱对产量影响很大。前面说过，水稻的灌浆物质约2/3来自三片功能叶的光合产物。此时光照强，光合强度也强，形成同化物多，有利于灌浆结实，产量就高；反之，阴雨寡照，光合产物少，籽粒不够充实，造成米质较差，产量较低。

③水分。空气湿度和田间水分与水稻灌浆结实有重大的关系。籽粒在灌浆前期含有大量的水分，当天气晴朗、空气湿度相对低时，蒸腾作用强烈，可增强运输功能，谷粒含水量就减少，有利于有机物的合成与积累。如果阴雨绵绵，光照不足，或空气湿度大，蒸腾作用进行慢，谷粒水分不易向外散发，就会影响有机物合成与积累。

灌浆前期，土壤要保持较充足的持水量，光照强，蒸腾作用强，有利于灌浆物质的输送和物质的积累；反之，干旱不利于灌浆结实。同时，土壤水分对稻米蛋白质含量有较大的影响，一般来说，水田的稻米的蛋白质含量比旱田栽培的稻米更高。所以，在水稻灌浆结实期间，田间以放“跑马水”为宜，一干一湿保持田间湿润，延长根、叶功能，切忌过早断水，影响产量。

④氮肥。抽穗期以后，适施氮肥对籽粒充实起很大作用。氮素足，有利于蛋白质含量提高。水稻抽穗后，叶片的光合作用加强，同化物的合成与输送也增强，因此稻体需要足够的氮素，才有利于灌浆结实；此时氮素不足，叶片易早衰，减少光合产物，影响灌浆结实。但是，当禾苗过氮时，稻体内较多的碳水化合物就用在与含氮化合物形成氨基酸方面，减少了糖的供应，运输到谷粒的糖就减少，影响了谷粒的充实度，反而产量降低。

生产现实中，管理不慎造成禾苗后期过氮，茎叶徒长，茎叶内的氨化合物增多，运到谷粒的碳水化合物相对减小，造成秕粒增多而减少产量。所以，水稻抽穗后要看禾苗长势，适量施用氮肥，延长叶片和根的寿命，对灌浆结实较为有利。提倡根外叶面喷施适量的尿素加磷酸二氢钾等，有助于灌浆结实。

⑤病虫害与农药。水稻抽穗后，病虫害的发生，严重影响着茎叶组织与器官。三片功能叶的叶面积缩小，造成光合产物减少；维管组织被破坏，造成运输管道受阻，这些都严重影响着谷粒的充实。螟虫、稻飞虱等的为害往往更为严重，造成一整穗不结实或半结实的后果；大量稻缘蝽吸食米浆，会造成大面积减产，所以防治病虫害工作很重要。防治病虫害的用药浓度也很关键，浓度高，不仅损伤茎、叶，还可能会抑制同化物的合成，造成灌浆物质少，谷粒不充实和谷粒变色等现象；特别是剧毒农药，除对灌浆结实不利外，残留农药对人也有毒害。

第五节　灌浆结实问题之释

水稻抽穗、开花、授粉受精和灌浆结实期间，稻体受栽培管理及环境条件的影响都比较大，往往出现各种各样的问题。

1. 水稻抽穗后的田间管理要点

水稻灌浆期是决定产量的关键时期，田间管理应以养根保叶、防止早衰、提高光合效率、促进灌浆、提高结实率和粒重为目标，应注意以下三个要点：

一是“看苗看田看天”补施粒肥。叶色偏黄、剑叶短小的应补施氮肥，叶色浓绿、剑叶肥大的不施；瘦田补施，肥田不施；晴天多的补施，阴雨天多的不施。一般在破口期每亩施尿素2～3千克为宜。

二是科学用水。在抽穗扬花期，禾苗需水量大，田间要保持一定水层；在灌浆结实期，田间以湿润为主，干湿间隙灌溉，即灌水后自然落干1～2天再灌水，以保持根系活力，防止叶片早衰，减少空粒和秕粒；若扬花期遇高温或灌浆结实期遇低温，要及早灌深水调节温度；收割前，不宜过早断水，以有利于籽粒充实；一般早稻在收割前4～5天断水，晚稻在收割前6～7天断水。

三是防治病虫害。抽穗前，要检查田间病虫害发生的实际情况，做到有目的地防治，一般主要防治稻瘟病、稻曲病、细菌性条斑病、三化螟虫和稻飞虱等。选准农药，科学配制，切忌用药过量、浓度过高或施用有害稻穗的农药。齐穗后，检查田间病虫害防治效果，针对实际情况，及时进行防治及补救。

2. 稻曲病的防治技术要点

稻曲病在梅州市普遍发生，个别年份发病比较严重，发病前往往易被人们忽视。一般种子带病，特别是杂交水稻制种，由于不育系张颖角度大，易被稻曲病菌感染而种子带病。在田间，水和风都能引起禾苗相互传染。水稻抽穗扬花时期，若低温多雨、雾大、湿度大，易相互感染发病，特别是过氮贪青的稻田，发病较为严重，影响产量和品质。其防治方法：

一是种子消毒。可用50%甲基托布津可湿性粉剂500倍液，或用50%多菌灵可湿性粉剂500倍液（或用强氯精），浸种3～4个小时，捞出后浸种、催芽、播种。

二是抽穗前施药。一般在抽穗前5天左右，可亩用瘟克星0.2千克加水30千克喷雾。

三是抽穗中期施药。当抽穗破口50%时，可亩用5%井冈霉素可湿性粉剂0.05千克，加水50千克喷雾；或亩用5%井冈霉素水剂450毫升，加水75千克喷雾。在抽穗破口前后，相隔7天连续防治2次，效果好且安全。粉锈宁（三唑酮）防治稻曲病效果虽然好，但扬花授粉时期建议不要使用，以防伤害雄性花粉；如果要施用，最好在水稻开花授粉完后使用，更安全。

3. 大稻缘蝽的防治技术要点

1996年晚造，在大埔县部分稻田大量发生大稻缘蝽为害现象，造成严重损失。该虫最大的特点是群集在一起，主要为害晚稻，在水稻灌浆前期刺吸食籽粒的灌浆物质，使籽粒空瘪。该虫吸食主要在早晨、傍晚或阴天时，太阳光照强时就躲藏在稻株基部，不易被人们发现。该虫群集量大，亩成虫有几万或十几万只，为害一片后又迁飞到另一片稻田为害，对受害稻田造成减产或失收。

防治方法：拨开禾苗检查稻株基部，发现该虫密度较大时，就要立即防治；可用10%吡虫啉可湿性粉剂1 500倍液喷雾；或90%敌百虫晶体600～800倍液喷雾；或80%敌敌畏乳油1 500～2 000倍液喷雾。

4. 大稻缘蝽田间为害实例与鉴定的教训

1996年晚造，正值中早熟组合黄熟时期，大埔县农业局反映，洲瑞镇和高陂镇部分水稻不灌浆结实或结实率很低，农户怀疑是种子问题。梅州市农业局领导十分重视，迅速组织农业技术干部前往调查。

调查受害的禾苗发现，大部分是中早熟组合的杂交水稻，正值灌浆结实的黄熟时期，田间表现为稻穗不包颈，一块田里有一小片受害；稻田中心受害严重，田边受害较轻或说基本正常；受害的稻穗，都是空粒，或说严重不实粒，空粒率有的80%，有的50%，有的20%；也有一科禾中，有的稻穗结实正常，其余稻穗结实率严重低下的个别现象；叶片转色正常，无农药伤害遗迹，无严重的病害。估计亩产损失稻谷100～200千克，怀疑是不育系所致。所以，调查人员急速致电供种者，供种方也速派人员到田间调查，自认是不育系所致，愿赔2万多元的损失。

但是，受害的水稻又继续蔓延，百侯镇、湖寮镇也反映有此类问题，令人不解。最后，聘请华南农业大学的教授前来鉴定。教授来到田里看了一下午，未作声。第二天早晨，他独自一人早早起床，到城镇郊区稻田观察，回来后告诉我们，是大稻缘蝽为害的结果，并详细讲授了该害虫的生活习性与为害特点。这时，我们才恍然大悟！此次教训有三点：

（1）怀疑是不育系所致，依据不足，因稻株没有包颈症状，植株形态不像不育系，纯属误判。

（2）凡刺吸食的害虫，造成为害后一定有遗迹，要用放大镜细查细看后，方能启迪鉴定方向。

（3）农户不熟悉该害虫的生活习性，该害虫灌浆前期吸食，灌浆中后期迁飞，田间难免发现不了害虫。

特别纪实，以启后人。

5. 大面积突发穗颈瘟的调查与分析

2012年10月中旬，梅县松源镇五星、彩山、按背村的Q优6号杂交水稻大面积发生穗颈瘟，田间调查，情况综述如下：

（1）Q优6号杂优种在该镇推广种植已有3～4年，由于该镇属烟草生产基地，晚造才大面积种植水稻，肥水与气候条件良好。在2012年前已大面积种植Q优6号组合，田间表现均为高产、优质、抗病，深受农户欢迎。

（2）2012年晚造，松源镇种植Q优6号杂交水稻约1 500亩，抽穗开花后陆续发生穗颈瘟，随着时间的推移，该组合发生穗颈瘟病害越来越严重，所调查的田块里，凡是种Q优6号的田块都有严重程度不同的穗颈瘟病，个别田块严重的达到95%，一般严重的为50%～70%，个别田块为10%～20%，据说山区稍迟抽穗开花的田块只是零星发生。该镇农户一致反映Q优6号发生严重穗颈瘟病害的问题，但在同等地段、同等肥水、同样气候条件下，种植其他杂交水稻组合的农户均未反映此类病害问题；田间调查发现，其他杂交水稻组合及常规水稻包括糯稻品种发生穗颈瘟的概率很低，只有零星发生，不足影响产量。

（3）在五星村调查，凡种植Q优6号的水稻田都发生了穗颈瘟，特别是一块田中约有1.2亩的Q优6号，由于地势稍低洼，地下水位稍高，烟迹地的肥水管理水平较高，稻体有过氮现象，发生穗颈瘟问题相当严重，达到98%，造成失收。

（4）在按背村调查，一李姓农户反映，他家种田多，自给以后所剩余的稻谷全部卖给商家，由于Q优6号米质好，这几年都种植Q优6号杂交水稻。2012年早造除种烟外，还种了3亩Q优6号，抽穗后就发生了穗颈瘟病害，当时程度不那么严重而未反映上报；2012年晚造12亩水稻田都种植Q优6号，购种18千克，在抽穗开花灌浆后陆续发生穗颈瘟病害，严重程度达到了50%～70%。调查之日，已收刈了3亩田，预测亩收稻谷150～200千克，其亩产损失与发生穗颈瘟的概率基本一致。

综合上述情况，我们分析认为：其主要原因是Q优6号在该镇种植了3～4年时间，在农药、气候等因素作用下，稻瘟病的生理小种发生了变异，原先Q优6号抗的生理小种，诱变成为它专一性的感或高感的稻瘟病生理小种群体，导致Q优6号严重发生穗颈瘟病害。在这样的稻瘟病变异生理小种存在的状态下，田间的肥水、施药及区域等条件不同，呈现出田间发生不同程度的穗颈瘟发病的现象。

（1）肥水管理水平高，低洼渍水，植株含氮水平较高，稻体抗性下降，该田块发生穗颈瘟就特别严重，个别田块发病率达90%。

（2）肥水管理水平中上，排灌便利，植株含氮水平中上，施药适时，也发生较严重的穗颈瘟病害，大多数田块发病率为50%～70%。

（3）在村段田里，有一田块三面被房屋包围，肥水管理水平中等，由于避风，有效防止了大段水田稻瘟病菌的污染，该田块发生穗颈瘟病害才

10%左右。

（4）有人反映，边远山区的 Q 优 6 号未发生穗颈瘟，这也许是因为山区稻田远离村段田稻瘟病生理小种变异中心，没有受到变异的稻瘟病生理小种的污染，而不发生病害。据反映，其他地区的 Q 优 6 号均未发生严重穗颈瘟病害。

6. 三化螟为害水稻出现高位分蘖成穗的鉴定与分析

2010 年晚造，正是水稻收获时期，大埔县城附近山村有一农户反映，他家的水稻现在才抽穗扬花，是否搞错了种子？

我们实地调查发现，发生为害的稻田，地处海拔 200 多米的山区小盆地，耕作面积 20 多亩，但仅有该农户 2 亩多水稻田，大多数水田荒芜。

到田边一看，基本上满田的水稻都正在抽穗扬花，但参差不齐，仔细检查，发现约 15% 的稻穗已黄熟可收，分布以田边多，田中心少；叶色正常，比较青绿，无明显的病害。拔出一棵禾认真检查，发现稻株主穗枯死，出现两个高位分蘖成穗的现象，靠近基部的第一个高位分蘖，其幼穗正在抽穗扬花；剥开枯死的主穗，其基部有三化螟虫为害后的残留物迹。再拔出几棵禾分析，情况基本一样，有的主穗含苞而死，有的抽出后枯死；检查这几棵禾的稻株基部，剥开后发现几条高龄的三化螟虫。这些螟虫正潜伏在禾头内，准备化蛹越冬。检查完毕后，我们就下结论说，是三化螟虫为害造成的，不是种子问题。

我们分析说，该田的水稻，在分蘖盛期已聚集了三化螟虫，按道理当时田间已出现枯心苗，由于当时防治不及时或说防治效果不好，螟虫繁殖就越来越多。该地种植水稻的田少，2 亩多的水稻就成为它们最喜爱的食住与繁殖后代的场所，数代重叠，螟虫也就越积越多，难以防治。在水稻即将抽穗时期，也正是螟虫大量为害时期，所以致使水稻造成白穗或含苞而死的现象。水稻在抽穗前后受到螟虫为害后，由于稻株上的 3 ~ 4 片绿叶正处于光合作用旺盛时期，即“源”旺盛，光合产物就越积越多，然而主穗已被螟虫咬死，即“库”已灭，在这样的“源”与“库”失调的状况下，稻体积累的丰富物质就刺激高位的腋芽萌动发芽，出现高位分蘖的现象。当高位分蘖有 3 片完整绿叶后，就进入幼穗分化成稻穗，一个多月的时间，高位分蘖的幼穗就抽穗扬花，同样可以受精结实。当时，约有 15% 的稻穗未被螟虫为害，仍然按照生长规律抽穗扬花灌浆结实，因此田间就出现了 15% 稻穗已黄熟的现象。

上述的分析，农户认可，承认未能有效地做好三化螟虫的防治工作。

7. 水稻形成空粒的原因与防治措施

（1）水稻形成空粒的原因分析。

所谓空粒，即在水稻抽穗开花受精前，由于生理因素或外界因素引起的空粒。在正常栽培条件下，水稻空粒率是3%～10%，但在不良环境条件下，空粒率更高，严重的颗粒无收。造成水稻空粒的形成，主要有两种可能：一是生殖器官发育不健全；二是发育正常的颖花受外界条件的不良影响所致。其中，外界条件有：

①温度。孕穗期低温，主要导致雄性不育。根据研究，幼穗发育最适宜的温度是26℃～30℃，临界下限温度籼稻为21℃，粳稻为19℃，低于此下限温度则幼穗分化发育受影响，温度越低，受害越重。若遇到15℃以下的低温，会引起大量颖花退化，籼稻比粳稻更为严重，空粒率可达94%；早稻在减数分裂时期遇到日平均气温低于20℃以下，最低气温低于18℃时，有些品种、组合的空粒率达81%。广东省农科院认为，连续三天日平均气温23℃，开始有影响；日平均气温22℃时影响显著，空粒率达30%；日平均气温20.5℃时影响严重，空粒率达70%。临界上限温度为42℃，超过此上限也会引起大量的颖花退化和不孕，形成空粒。

开花期低温，主要危害花粉发育和授粉受精。根据中国科学院的研究，用不同低温处理稻穗后，发现其空粒主要来源于未开颖花和刚开花子房体未伸长的颖花，温度越低，受害越重。在温度25℃时，低温处理天数连续5天，不受精空粒率为14.5%，受精空粒率8.7%；低温处理天数连续4天，在温度20℃时，不受精空粒率为8.1%，受精空粒率33.5%；在温度17.5℃时，不受精空粒率为8.7%，受精空粒率40.0%；在温度15℃时，不受精空粒率为5.9%，受精空粒率47.0%。

开花期高温，同样危害花粉发育和授粉受精。据报道，开花前后连续7天气温超过35℃，则空粒率是正常的10倍。究其原因，高温致使花药中的花粉数目减少，花粉体积小，花粉粒中的积累淀粉少，花药不开裂的比率增多，导致空粒率高。开花时温度超过40℃，花丝容易凋萎，花粉和柱头易干枯，花粉发芽受阻，使空粒增多。

②湿度。水稻开花最适宜的相对湿度是75%～85%。湿度大，花粉粒往往吸水过多过快，膨胀破裂丧失生活力，影响受精结实，所以，花期多雨是造成结实不良、空粒率高的原因之一。不论高温还是低温，相对湿度低于60%时，正在抽穗扬花的水稻会发生生理障碍，使空粒增多。

③风。微风有利于颖花开放、传粉与受精。在风和日丽的天气，当花粉散播时，减缓了花粉粒垂直下降的速度，在稻穗群体表层形成一层花粉粒

层，有利于稻穗之间相互授粉，提高授粉概率。但是风速过大，花粉粒体小粒轻，易随风飘逝，同时稻穗摇摆过度，易损伤花器官，不利于接受花粉，造成授粉概率低。农谚“禾怕午时风”就是这个道理。

④氮肥。在花粉母细胞减数分裂期，氮肥适中，营养丰盛，有利于减少枝梗和颖花退化。氮素不足，枝梗和颖花减少或发育不良；氮肥过多，也会增加空粒。根据报道，在花粉三核发育时期，如果氮肥过多，反而使三核期花粉的淀粉含量低，只有正常的40%左右，总氨基酸含量比正常的低，其中脯氨酸相差更明显，最低的只有正常的60%左右，最终导致花粉粒细小，发芽率下降而空粒增多。生产上，在幼穗分化中期，要适施壮胎肥就是这个缘由。

⑤病虫害与农药。抽穗扬花前，病虫害的为害都能造成空粒增多或整穗死亡，此类事例不少；使用致死幼穗发育的农药，造成“死苞”现象也有不少事例，更应予重视；农药使用不科学，或药液浓度高等，都会对水稻性器官造成伤害，使空粒增加。

（2）防止水稻空粒的措施。

①选用耐寒性强、结实率高的品种、组合。一般选用在孕期中期及抽穗开花测定为耐寒性强的品种、组合；选用抗逆性强、生存力强和结实率较高的品种、组合。

②适时播种。根据当地的农业气象要求，安排好播期、抽穗开花期，尽量避开不良天气的影响，减少空粒率。

③巧用穗肥。穗肥很重要，但一定要根据田间禾苗的实际，做到“看苗看田看天”进行科学施用，瞻前顾后，分两次轻用，切忌过氮，造成空粒增多。

8.水稻形成秕粒的原因与防治措施

（1）水稻形成秕粒的原因分析。

所谓秕粒，是水稻开花授粉受精后，受生理因素或外界因素影响而终止灌浆结实，形成不实粒、半实粒或瘪粒的统称。正常情况下，水稻的秕粒率是5%左右，严重的达30%。造成秕粒的原因大体有如下四个方面：

①生理因素影响。形成秕粒的生理原因就是谷粒养分不足，所以谷粒发育中途停顿。引起谷粒养分不足的原因不外乎三个，一是开花较迟，粒位较差的籽粒，养分供应不足；二是籽粒的穗梗内维管束系统中，维管束较小的，数目较少的，养分不足；三是稻体的养料合成，因受影响造成养分不足。由于遗传发育等原因，水稻每一穗众多的颖花（籽粒）数之中，就客观存在着优势花和劣势花。一般优势花是先发育的，是穗梗中的维管束数目

较多且较大、粒位处于优势的颖花；劣势花是后发育的，是穗梗中的维管束数目较少且较小、粒位处于劣势的颖花。一般在第三枝梗上的劣势颖花和分化较迟的第二枝梗上的劣势颖花，易形成秕粒。

②灌浆期受温度影响。灌浆结实期间，最适宜的温度是21℃～25℃，有利于干物质的运输、转化和合成，促进种子成熟，缩短成熟期，并能增进干物质的累积，达到粒大粒重效果。但是在气温超过35℃且连续5天高温时，乳熟期的灌浆籽粒，实粒率较明显降低；对乳熟后期的灌浆籽粒，千粒重较明显降低。一般在黄熟期以后，高温影响较小。同样，低温也会危害灌浆结实。水稻灌浆结实期，气温下降到18℃以下，就受到危害。低温造成秕粒的原因，主要是降低了根部活力，即根系吸水吸肥能力下降，叶的光合物向穗部转送受到阻碍，穗部淀粉的积累能力降低，因而造成瘪粒增多。

③气象因素影响。光照直接影响有机物的合成，开花结实期遇到阴雨连绵的天气，光照弱，光合作用差，同化物质少，秕粒就增多。台风打断穗轴，撕裂叶片，倒伏荫蔽等，对同化物的制造和运输都造成危害，增多秕粒。

④栽培管理影响。种植密度大，氮肥足，过早封行，群体通风透光差，氮代谢旺的，秕粒增多；后期禾苗早衰或贪青的，同化物少，秕粒就增多。另外，病虫害严重或施用农药不科学，秕粒同样会增多。

（2）防止水稻秕粒的措施。

要减少秕粒，首先要防止根、叶早衰，因为谷粒充实与根、叶有直接的相关关系。根系活力强，青叶片数目多，光合产物多，输送能力强，有利于灌浆结实，秕粒减少。所以，防止秕粒的措施主要如下：

①保根系。搞好农田基本建设，改良土壤，增施有机质肥，创造根系生长的良好土壤条件，促使根系稳健生长，保持根活力旺盛；同时要科学排灌，特别是水稻生产后期，要干干湿湿用水，保持土壤通气，防止根系早衰；保持根系需肥量，促使后期“养老根”健而壮。

②提高光合作用。搞好前期的肥水管理，建立高产禾架，保持抽穗后仍有四五片青叶数，以防止水稻贪青徒长、早衰，保持足够绿叶面积，增强光合能力，不断制造养料供给谷粒充实。

③促进同化物运输。做好防治病虫害工作，维护好稻体，防止倒伏，创造良好的环境条件，有利于稻体有机物的运输与结实。

④适当施用粒肥及外源激素。看禾苗长势，看天气状况，可以适当使用氮肥与磷酸二氢钾进行根外喷施，或添加2克“920”喷施，以防止叶片早衰，保持光合作用旺盛，促进同化物的运输与谷粒的物质积累。

9. 水稻抽穗期喷施“920”植物激素的好处

“920”实质是赤霉素，多指赤霉酸，以 GA3 表示。赤霉素是天然植物激素，主要功能是促进细胞分裂和细胞生长，特别是对细胞的伸长有较显著效果，同时也参与核酸和蛋白质的合成，并具有促进 a－淀粉酶形成的作用。所以，赤霉素可以打破种子休眠，促进种子发芽、茎叶生长、抽穗、诱导开花、增加产量等。在水稻抽穗期，亩用 1～2 克“920”的水溶液，与尿素 200 克和磷酸二氢钾 200 克配水 50 千克液喷雾，有如下好处：

①抽穗较快且整齐。在水稻抽穗 5% 时，按上述配液喷雾，能促进分蘖茎节间和穗茎节间的伸长生长，使抽穗快捷且整齐，特别是分蘖多的组合，能提高成穗率，有较明显的作用。

②促进稻体代谢作用。赤霉素能延长功能叶的寿命、增加叶面积，提高光合作用，制造较多有机物；增强呼吸作用的效应，加速运输功能；促进根系的吸收活力，提高根系吸水和吸收无机盐的能力，有助于授粉结实。

③有利于灌浆结实。由于根叶活力增强，同化物增加，运输能力增强，极利于灌浆结实。据报道，始穗期使用赤霉素后，10 天内的灌浆速度有明显提高，15～20 天后逐渐减弱，促成籽粒饱满，一般可增产 5% 左右。

但是，禾苗过氮徒长的，不能施用；一般不能多用，否则会起反作用。

10. 水稻抽穗开花期受低温危害之释及案例分析

（1）水稻抽穗开花期受低温危害的机理。

在梅州市水稻开花期受低温为害，主要是指晚造水稻，早造水稻只是个别年份偶有发生。因为晚造水稻的抽穗开花都在 9 月下旬至 10 月上旬初，那时的天气往往受北方的冷空气南下影响，又冷又干，使正在抽穗扬花的水稻发生生理性的伤害。此时正值“寒露”前后，俗称受“寒露风”的影响。寒露风的指标，通俗说法是连续 3 天以上日平均气温低于 23℃，或一天最低温低于 17℃，水稻抽穗开花就受到危害。在早造，一般在 5 月中旬至 6 月上旬初，常有低温过程，主要为害水稻的幼穗分化发育，但偶有个别特殊年份，6 月中旬还有较轻的降温过程，此时正是中早品种、组合的抽穗扬花期，会受到一定的伤害。

水稻开花期是对冷害最敏感的时期，盛花期的穗子或正处于开花的颖花，受害较为严重；盛花前一天的穗子或开花前一天的颖花，受害相对较轻。根据有关报道，温度越低，开花越迟，气温低于 15℃时，低温期内不开花，即使有个别开花的，花药也不能散粉；气温 17℃时，开花散粉较差；气温 20℃时，花丝伸长极慢，大多数花药在颖内，散粉差。所以，寒露风为害水稻，轻者使水稻抽穗不能完全抽出，形成“包颈”和“黑壳”现象；重者使水稻不能抽穗结实，“包颈”严重或严重不结实。

低温危害水稻的机理：水稻开花期受低温危害后，花器受到损害，柱头变黑，生活力受损，花丝不伸长，花药不开裂，花粉粒被破坏，不能授粉受精。低温为害后，一般表现为结实率低，空粒率增多，严重的则全穗不能授粉受精发育，全部都是空粒，或者包颈严重，往往造成“望冬青”的现象。

（2）晚造水稻受“寒露风”影响为害的案例分析。

1997 年晚造，正值五华县水稻抽穗开花、授粉受精时期，田间的博优 200 等组合结实率严重低下，有一定种植面积，农户反响较大，都认为是种子质量问题。逐级上报，广东省农业厅派出专家组赶赴调查。调查结论为：是严重的寒露风所引起的自然灾害，并非种子质量问题。

分析其原因发现，五华农民习惯使用生育期较长的典型晚稻博优组合，正常年份均获得较好的收成。但在这年的 9 月下旬末到 10 月上旬，较强冷空气南下，气温骤降至 23℃以下。此时，正值五华县的博优 200 等系列组合处于花粉母细胞充实时期或抽穗扬花授粉受精时期，由于低温的为害，花粉母细胞发育受阻，不能充实而退化，丧失功能；正在抽穗扬花授粉的，也因低温而不能受精或双受精过程终止，形成大量空粒或瘪粒，造成结实率严重低下。然而，梅县等地的中早熟组合，在 9 月下旬至 10 月 1 日前抽穗授粉完毕，基本上未受寒流的影响。

（3）早造低温影响水稻结实率低的案例分析。

2006 年 6 月 18 日以来，梅州市的兴宁、蕉岭、五华、梅县、丰顺等地，陆续有农户反映部分水稻结实率严重偏低的现象。经实地调查，情况分析如下：

①受害情况。由于 2006 年五月华南地区受历史罕见低温影响，与梅州市生态区域相近的河源、韶关、清远等地，早造水稻结实率也比正常年份偏低，部分品种表现突出。梅州市的一些中早熟组合如天优 372、天优 428、优优 200、金优 602、优优 82、华优 107 等结实率严重偏低，最高结实率仅 64.9%，最低结实率只有 8%，普遍结实率 30% ~40%。据不完全统计，全市受影响的共有 87 个镇，面积约 11.5 万亩，预计损失稻谷 2.95 多万吨。

②分析原因。造成早造中早熟组合结实率明显偏低的主要原因，是 5 月中下旬至 6 月上旬受到罕见的长时间连续低温以及阴雨和寡照的影响。

一是在水稻幼穗分化过程中，对温度敏感的幼穗分化 4 ~6 期遇到异常低温。据兴宁和蕉岭城区气象站点的气象资料显示，5 月 13 日至 19 日连续 7 天日平均气温低于 23℃，最低温度分别为 15.4℃和 16.6℃，产生生理冷害，最后导致花粉不同程度的败育。

二是在5月底至6月上旬的抽穗扬花期，又遇到长时间（5月25日至6月8日，6月12日至15日）的低温阴雨与寡照天气，使本来花粉发育已受到较大影响的组合，在抽穗扬花时又受到雨水、低温的严重影响，不能正常开花授粉，影响受精结实。综合上述，气候是造成水稻结实率低的真实原因。

11. 水稻抽穗开花期受高温为害之释

所谓高温为害，是指超过了水稻生育期所能忍受的最高温度界限造成的伤害。一般水稻抽穗最适宜温度为25℃～35℃，超过40℃时抽穗困难；一般水稻开花最适宜温度为28℃～32℃，30℃为最理想，超过40℃，花药易干枯，花药开裂受到抑制，散粉力差，花粉粒变小，内容物不充实，发芽力降低，影响授粉受精。

许多研究表明，水稻在开花期，高温妨碍花粉成熟、花药的开裂，花粉在柱头不发芽及花粉管不伸长，由此造成的不受精，是对水稻最严重的为害。

这一时期是水稻对高温的敏感期，尤其是开花当天遇有高温胁迫，易诱发小花不育，造成受精障碍，严重影响结实率及产量。

近年来，由于温室效应的影响，气候有逐渐变暖的趋势，高温热害发生的频率有所加增，生产上应引起重视。

12. 杂交水稻制种低产原因的调查与分析

2009年9月中旬，平远县杂交水稻制种低产消息报道后，有关部门高度重视并迅速组织有关专家调查分析，调查结果如下：

河头、八尺二镇的二系杂交水稻制种面积约2 000亩，制种组合为“丰两优一号”，即母本广占63S、父本9311。田间所见，高产禾架，栽培水平高，无病虫害，父母亲本种子纯度高，抽穗整齐，花期基本相遇。据农户反映，去年以前都制这类组合，亩产一般200～250千克，高产的有300千克，但今年不知何原因，母本开花少，结实很差，怀疑母本种子有问题。

据调查，制种田有如下类别：

（1）在9月2日左右抽穗扬花的，制种产量低，约100千克，低的25千克左右，占较大面积。

（2）在9月10日左右抽穗扬花的，授粉刚结束2～3天，其结实率稍高，亩产125～150千克。

（3）现仍在扬花授粉的田块，结实率又稍高，傍晚气温较凉爽时，仍见母本有零星开花，估计产量可达175~200千克。

（4）据平远县农业技术干部调查反映，冷泉田、受荫较早的个别制种田块，亩产也有达200千克左右的。

平远县气象局提供的资料显示，9月2日至10日，日平均气温29.1℃，比历年同期27.3℃稍高1.8℃，空气湿度67.6%，比历年同期低11.4%（光照资料缺）。据估计，今年气温高，空气湿度低，光照强，实际田间的穗层气温超过40℃，空气湿度低于50%，光照强，蒸发量大，持续时间过长，十分不利于杂交水稻制种及授粉受精。

造成平远县杂交水稻制种产量低的原因，初步判断是在持续高温、干燥、强光照的天气条件下，由于母本广占63S亲本的抗高温、低湿、强光照的能力差所造成的，基本上可排除栽培、制种技术措施等人为因素。依据如下：

（1）二系杂交水稻制种的广占63S母本，是光温敏核不育系，一般在温度23.5℃以下，一定范围内随着温度、光照下降，自身结实率增高，故利用其特性，以作繁殖母本；反之，随着温度、光照升高，自身不育率增加，生产上用作二系杂交水稻制种。因由遗传基因决定，故二系不育系广占63S母本随着高温、低湿、强光条件，其不育性更显特别，说明其抗逆能力比常规品种（父本）差。

（2）借助三系杂交水稻制种的研究，开花时穗部最适宜的温度为28℃~32℃，相对湿度为75%~85%，昼夜温差达8℃~9℃，阳光充足的条件下，有利于开花授粉结实。但是，今年比较特别，气温高，空气干燥，光照强，持续时间长，对杂交水稻制种十分不利。

（3）在超出杂交水稻制种开花、授粉受精适宜天气条件下，会造成两方面的危害：一是在高温干燥条件下，母本不育系不开颖或少开颖，造成不能接受授粉；二是在高温干燥条件下，母本柱头很易干涸，即使有接受父本花粉，花粉粒也难以发芽与发育。

（4）正常杂交水稻异花授粉后，父本的花粉粒在母本柱头上随即就发芽发育，6~7个小时内完成双受精过程。在这个双受精过程中，要求天气适温适湿，在高温及低湿的不利条件下，均受挫折而引起空粒。今年天气异常，气温高，空气干燥，光照强，持续时间长，十分不利于杂交水稻制种异花授粉结实。

综合以上分析，今年的高温、干燥、强光天气，是导致杂交制种减产的真实原因。

13. 气温引发杂交水稻明显“二段灌浆”的调查与分析

（1）气温稍低引发杂交水稻明显“二段灌浆”的调查与分析。

这里的气温稍低，是指在晚造水稻抽穗、开花、灌浆结实期，气温下降引起个别品种、组合受到影响，而大部分品种、组合没有受到影响的天气状况。

2008 年的晚造，当时的梅州城区的芹洋还是农村，农户反映丰两优 1 号杂优组合结实率低下，怀疑是种子问题，要求解决。

在田间，丰两优 1 号生长良好，无病虫害，稻穗进入灌浆中期。接眼看稻穗，谷粒转黄色的稀稀拉拉，占该穗粒数 30% ~50%，而青色的谷粒占 50% ~70%，从表面上看，这种灌浆结实现象，难怪会使农户担忧。笔者细心检查了稻穗后，对农户说：“放心！这是因为丰两优 1 号受前几天低温影响，造成了该组合明显‘二段灌浆’的现象，约一星期后这些青色的谷粒会充实转黄，不会影响产量。”当即再取一稻穗向农户解释并提出建议。

①这些黄色饱满的谷粒，都是优势颖花粒，它们先争着灌浆结实；现在还是青色的谷粒，都是弱势颖花粒，弱势颖花粒多位于第三枝梗或迟发育的第二枝梗上，输送管道少而小，一般灌浆结实比较慢，通常情况下都比优势颖花粒慢 3 ~5 天。

②由于前段时间冷空气南下，气温降低，弱势颖花粒灌浆结实的速度又缓慢，所以造成优势颖花粒已充实转入黄熟期，而弱势颖花粒还处于乳熟期，时差就变得更大了，相差 5 ~7 天的时间。当着农户的面，笔者把青色谷粒用手一捏，呈现出白色米浆，说明它不是空粒，仍在灌浆充实过程中，农户见状，就排除了心中最担心的问题。

一般杂交水稻都有“二段灌浆”的现象，只不过丰两优 1 号稍受低温影响，就会造成弱势颖花灌浆速度缓慢，有明显的“二段灌浆”现象，这是该组合的遗传特性。

③建议农户施用叶面肥，或用磷酸二氢钾喷施，促进灌浆结实。

（2）气温稍高引发杂交水稻明显“二段灌浆”的调查与分析。

这里的气温稍高，是指在早造水稻抽穗、开花、灌浆结实期，正值盛夏，气温高、光照强引起个别品种、组合受到影响，而大部分品种、组合没有受到天气状况的影响。

2011 年 6 月中旬，正值早造水稻开花灌浆初期，兴宁市宁新镇的农户反映说，中优 122 组合只开花不结实，怀疑是种子问题。

我们到田边一看，的确使人吃惊！全田抽穗、开花、授粉基本结束，细看稻穗只有几粒在灌浆充实中，大部分籽粒仍未明显充实，整穗不弯腰曲背，全田植株整齐一致，应该不是种子纯度问题。据农户说，抽穗开花已有7天时间了，其他的品种、组合都能灌浆结实，稻穗能弯下去，中优122只有在这两天看得到弯下去一点点！

第一次遇上这种现象，我们心中疑惑着：是否在抽穗开花期前施用了农药，使授粉受精受到抑制或伤害？当时正是水稻开花授粉期间，气温较常年稍高，高温是否能这么严重伤害稻穗？我们认真检查了农药的使用，但说服力不强。只能对农户说，可能是抽穗开花期受高温影响，灌浆慢，要保持田间有水，过几天再来看看受害情况。我们只能暂时先安慰农户，但不敢下结论。

又过了三天时间，梅江区城北镇又有一农户反映中优122组合结实率低的问题。我们到田里一看，禾苗长势很好，无病虫害；稻穗上灌浆转入黄熟的谷粒占20%～30%，青色的谷粒已有较浓厚的米浆，证明在灌浆充实之中；随机抽取的稻穗，连同有灌浆的谷粒一起估算，中优122组合的结实率仍有85%以上，不会影响产量。

我们调查后，即下结论：是高温天气影响了中优122组合的灌浆结实速度，造成明显的“二段灌浆”的现象，按现实的情况，不会造成减产。事后，我们将这一情况通报兴宁市宁新镇的农户，让他们放心。

事实说明，低温与高温都能引发个别杂交稻组合有明显“二段灌浆”的现象，育种家在选育种过程中，常见此类现象，这是个别品种、组合的遗传特性。

14. 受旱水稻生态异常的调查分析与补救措施

2010年晚造，正值水稻抽穗扬花期，梅县城东镇书坑村有一农户反映说，家门口的一坵水稻，有的稻株抽穗开花，有的稻穗还是小小的，有的稻株稍高，有的稻株稍矮，怀疑是种子问题。我们前往调查，分析如下：

（1）正在抽穗的稻株与其他稻株相比，生育期相差8～10天；稻株比较，虽然大小有别，但是形态特征基本一样，特别是叶耳和叶舌，形态与颜色基本一样，说明大小稻株是同一品种、组合，不是种子问题。

（2）我们在田的四周走一圈，见到田比排灌水沟高；细查田块，不是很平整，凡发育较迟的稻株，均是处于田的稍高处地方；发育较好的稻株均在稍低的地方。这年秋旱，灌水不足存在较大疑因。

议论后，我们一致认为，在水稻生长发育过程中，由于天雨少，田间灌水不及时或不平衡，造成地势低的水分稍多，地势高的水分稍少，使禾苗生长发育不平衡。我们细心与农户沟通，阐述理由，农户才详细讲述了因受旱灌水的艰辛过程，也同意了我们的调查分析意见。

补救措施：一是迅速灌水；二是对发育慢的禾苗偏施尿素3～4千克，

并亩用2克“920”加磷酸二氢钾200克配水50千克喷施，促进稻穗加快发育。

15. 早造稻米比晚造稻米的品质稍差的原因

目前，对稻米品质的评价是以整精米率、粒长、垩白粒率、垩白度、直链淀粉含量和胶稠度6个主要指标来进行评定的。一般整精米率高，米粒细长，垩白（俗称腹白）粒率低，垩白度小，直链淀粉含量较低，胶稠度较高，其米质就较好；反之，其米质就较差。

水稻米质好与差主要取决于本身的遗传特性，但还受环境因素和栽培管理水平的影响，特别是在水稻灌浆结实前的20天，气温对稻米品质的影响较大。我们知道，水稻灌浆期最适宜的温度为21℃～25℃，如果水稻灌浆期遭遇35℃以上高温，稻粒就易停止发育，形成半实粒，而且造成米粒质地疏松、腹白扩大、千粒重降低、米质变差，这就是人们常说的“高温逼熟”现象。

早造水稻灌浆结实期，正值盛夏，气温较高，虽然直链淀粉的积累在灌浆前期受高温促进，但后期却受高温抑制。高温影响使粒重、糙米率、精米率、整精米率、直链淀粉含量和胶稠度都降低，使垩白粒率和垩白度增加；而且，高温还会导致蒸煮和食味品质变差，所以米质就较差。

同一品种、组合在晚造种植，在灌浆结实期气温较低，日夜温差较大，有利于同化物的积累，致使米粒较晶莹，垩白度小，垩白率低，营养成分增多，蒸煮和食味品质较好，米质就较好。这就是同一品种、组合，在早造比晚造种植，其稻米品质较差的真实原因。

16. 杂交水稻田间杂度调查与影响产量的估算方法

杂交水稻推广种植30多年来，由于杂交水稻繁制种的管理制度完善，技术水平提高，种子纯度越来越高，近10多年来基本未出现种子纯度问题。但是，在20世纪80年代，往往因个别组合的种子纯度问题而发生纠纷。笔者曾亲身经历过这一过程，参与田间调查，解决种子纯度问题。简易田间杂度调查与产量损失的估算，方法如下：

第一步，田间平均杂度调查。在含有杂株的稻田里，依据该组合的种植面积、田块面积，双方（含供种方）共同确认调查面积、每块田调查点数和每点的调查科数。一般每一田块调查3～5个点，每一个调查点调查100～200科（穴）禾苗。当时是插秧生产，故以科为基准单位，现抛秧的田块则以抛秧穴苗为基准单位。

但是，被调查的禾科，往往每一科（穴）禾苗有几棵谷粒苗，所以被调查到有杂株的每一科（穴）禾苗，就要认真分析其中杂株谷粒苗所占的份额，记下来作为该基准单位含杂株的数据。例如，调查科（穴）禾苗时，当发现有杂株的那一科（穴）禾苗，就要认真查看杂株有几棵谷粒苗，正常禾苗有几棵谷粒苗。假若杂株有 1 棵谷粒苗，正常禾苗有 4 棵谷粒苗，那么该基准单位含杂度为 $1/(1+4)=0.2$，即杂度记作 $n_1=0.2$；用同样的方法进行调查，分辨每一科（穴）禾苗，记录每一基准单位的含杂度。但本田前作的落粒谷所形成的杂株，不要计算在内，方为合情合理。

全田各调查点调查、分辨完成后，统计基准单位含杂度总数，与全部被调查的基准单位总数进行计算，得出的数据就是该组合的田间杂度。计算公式：

$$田间杂度(\%)=(n_1+n_2+n_3+\cdots)/N\times100\%$$

［注：N 是田间各点被调查禾科（穴）的总数］

然后，用同样的方法调查各类型田块的田间杂度，最后计算出田间平均杂度。

第二步，估算田间种子纯度。

假设要求种子纯度 100%，那么，

$$实际田间种子纯度(\%)=(1-田间平均杂度)\times100\%$$

这样计算出来的实际田间种子纯度，能基本反映出该组合出仓时的种子纯度。

第三步，估算田间产量损失。按照《种子法》，杂交水稻种子纯度不低于 96%，换言之，有法律依据追索赔损的田间杂度，就应该减去法律允许的含杂度，即 4%。那么，每亩田间产量损失按公式估算：

$$田间产量损失(千克/亩)=(田间平均杂度-4\%)\times通常亩产量$$

通常亩产量是指当地种植该组合的平均亩产量，或双方协商确认。

假如，田间平均杂度 16%，通常亩产量 450 千克，则可按公式计算：

$$田间亩产量损失=(16\%-4\%)\times450=54(千克/亩)$$

第四步，估算总额经济损失。按照该批杂交水稻种子数量，以亩用种1.5千克估算，可推算出该组合的种植面积多少亩；以种植面积与田间亩产量损失之积，也可推算出总计稻谷损失数量；然后按稻谷的市场价格，就可估算出该组合因种子纯度问题，造成经济损失的总额。

17. 为什么这株“稻穗”像芒花一样

1983年10月初，梅县城东镇有一农户在汕优杂交水稻田里，发现唯独有一株“稻穗”像芒花一样，白色而不结稻谷，颇有兴趣，摘下一穗寄给梅州日报社，要求解释。报社转给市农业局，笔者有缘见识。

认真端详这一“稻穗”，全是翅毛状稃片，呈白色；细查谷粒着生位置，有6个翅毛状的稃片，簇生在一起，远看恰似芒花。检查后，笔者下结论说是杂交水稻返祖遗传现象。随即写一文稿，刊登在《梅州日报》，给予解释。理由如下：

（1）护颖的来由。由第一章第一节的图1－1和第六章第二节的图6－1可以得知，每一小穗有三朵小花，其中只有一朵小花能发育，另两个小花退化，成为现代水稻的颖花。现代水稻谷粒的两个护颖，其实质是第一和第二不孕花退化的外稃，其着生点，是远古水稻幼穗发育成颖花的位置，本应发育成颖花的，但由于几万年的进化，已被退化淘汰，第一和第二颖花只各留下一个外稃，成为当今水稻谷粒的护颖，托护着谷粒。这是护颖的真实来由。

（2）遗传变异特性。当时生产上推广的杂交水稻，基本是珍汕97不育系（汕A）配组而成的组合。汕A是20世纪70年代中后期由野生稻与珍汕97配育而成的不育系，由于野生稻与现代水稻遗传距离远，导致雄性不育，成为杂交制种的品系，造福于人类。由于1983年配制的汕优系列组合与汕A配制的时段近，汕优系列组合就一定含有野生稻的原始遗传特性。因此，汕优系列组合在大田种植时，其后代就会遗传变异，出现不同类型的变异单株，出现的概率可能是千万分之一或百万分之一。

（3）返祖遗传现象。通俗地说，凡是生物体在代代相传过程中，其后代出现远古先祖的某一性状的现象，称为返祖遗传现象。就本“稻穗”而言，由于汕优系列组合含有野生稻的遗传基因，基因的配对发生错位，远古的基因表现出来，原已退化的第一、第二不孕花，发生变异，内外颖稃伸长变成翅毛状；现代谷粒的内外颖，同样也发生遗传变异成翅毛状；因此，在现代一粒稻谷的着生位置上，就变成了6片翅毛状的内外颖稃。由于遗传距离甚远，整个“稻穗”不孕而返祖变异，每一个现代颖花的着生位置都有6片翅毛状的内外颖稃，簇生在一起，整个“稻穗”白得就像芒花一样。

辐射育种过程中，辐射后的第一代种子，其返祖遗传现象较为常见。

18. 杂交水稻田间杂株来源之析

杂交水稻田间的杂株，主要来源于杂交水稻制种田，是除杂不及时或防杂措施不力所致。分析有如下五个方面：

（1）杂交水稻制种田中，母本不育系中有极少量的保持系，它们授粉受精后，仍然生产出不育系种子，在杂交水稻田间就能发现保持系和不育系的杂株。保持系可育，植株矮小，分蘖少，穗小；不育系不育，植株矮小，分蘖少，穗小，包颈严重。

（2）杂交水稻制种田中，若父本有变异植株，与母本不育系杂交后，就形成假的杂优种子；在大田种植后，就出现与正常的杂交水稻不同形态的杂株。

（3）杂交水稻制种田中，因隔离条件不足或受乘风影响，外来水稻花粉与制种田的不育系发生杂交，也形成假的杂优种子；在大田种植后，也表现为与正常的杂交水稻不同形态的杂株，与其来源的品种有相应的植株形态。例如，在 20 世纪 90 年代前，海南岛制种的，往往受到感光型典晚品种的花粉飘移而发生串粉受精，产生的种子在大田种植后，早造表现为植株高大，分蘖多，无幼穗分化；晚造表现为植株高大，分蘖多，有幼穗分化，因生育期长，不能抽穗或抽穗后不能成熟就收刈完了。

（4）前作水稻的落粒谷，若犁耕沤田时间短，易成田间杂株，在制种田与不育系杂交后，就形成了假的杂优种子。

（5）在杂交水稻种子收获、晒种、仓储、运输、销售等过程中，由于人的行为不慎，造成机械混杂，也是杂交水稻生产田中的杂源之一。

随着企业化生产，严把繁制种准入关，种子纯度越来越高，近 10 多年来就未发生过严重的种子不纯事件。

19.“换田不如换种”的解释

农村俗传一句话，即种植水稻“换田不如换种”，才能保持连年丰产。有什么道理呢？分析原因，主要有以下三个方面：

（1）常规品种多年多造种植后，田间杂度越积越大，高矮不一，成熟不一，影响着田间管理和产量。我们从本章内容可知，水稻开花、授粉受精过程中，自然杂交率有 0.2% ~1%，最高不超过 5%，再加上品种的遗传变异的成分，就使得该品种越来越多杂株，如果取其留种再种，后代又会分离，杂株就越积越多，影响产量。因此，生产上就应对该品种进行提纯复壮，除杂去劣，以保持该品种原有的种性。

（2）常规品种多年多造种植后，该品种对当地的病虫害抗性下降，特别是病害、生理小种的变异，将成为为害该品种的优势生理小种群，造成病害严重而产量下降。

（3）常规品种多年多造种植后，田地土壤中该品种所需的微量元素下降，显得生长不尽如人意。

杂交水稻，虽然年年造造购种种植，没有常规品种的杂度积累，但连年多造使用同一组合，也存在着第（2）、（3）方面的客观影响，需要换种种植，以利丰收。

20. 水稻倒伏的原因与预防措施

一般水稻因品种特性或栽培管理不当，在拔节抽穗后稍受风雨侵袭，就会发生平地倒伏现象，使产量受到不同程度的损失。由于倒伏后稻株的茎叶彼此重叠，影响着开花、授粉受精和灌浆结实，导致空粒或不实粒增多；株间湿度增大，易引发病虫害而造成产量损失。造成水稻倒伏的原因，有如下三方面：

（1）品种特性。水稻的抗倒伏性能，与品种、组合的遗传特性有密切的关系，特别是分蘖节向上的第二、三节的节间长度与茎粗，具有决定性的作用：节间长而茎较细，就易倒伏；节间短而茎较粗，抗倒能力就强。

一般稻株较瘦弱的、较高的品种、组合易发生倒伏。20 世纪 50 年代前，当时的老品种都是高植株，约 140 厘米，茎节间长，叶长，穗小粒少，禾秆长，秆谷比值大，易倒伏，产量不高。现代水稻品种、组合中，凡茎秆细弱的，第二和第三节长也易发生倒伏。

（2）栽培管理。栽培管理不当引起水稻倒伏，主要是指抛插密度过大、施用氮肥过量、排水露晒田不科学等。在这样的管理状况下，易使禾苗过早封行徒长，群体荫蔽，下部叶片早衰，造成光合产物减少，碳代谢物质减少，又会促进茎节间生长，使节间纤细，秆壁变薄，茎内空腔增大，厚壁组织木质化程度不良而易发生倒伏。

（3）生理因素。水稻在授粉受精后，米粒发育所需的灌浆物质，主要来自两部分：一部分是抽穗前贮存于稻体叶鞘和茎秆内的同化物质，占 20%～40%；另一部分是抽穗后叶片等的光合作用产生的光合产物，占 60%～80%。所以，一般在水稻抽穗开花后的第 15～20 天，叶鞘和茎秆中贮存的灌浆物质就基本转送完毕，即稻体内细胞壁的木质素、纤维素等，在酶的作用下分解为简单的糖类物质，输送到穗子中去，供米粒充实发育。此时，造成稻株茎秆木质素、纤维素等大量减少，坚韧度降低，因而易造成水稻倒伏。

因此，防止水稻倒伏，必须要根据当地的具体情况，如土壤、品种特性、抛插密度、肥料、气候等，全面考虑，采取如下措施：

（1）选用抗倒性能强的品种、组合。

（2）合理密植，适时适度露晒田。

（3）氮、磷、钾配合，适度增施钾肥。

通过合理的栽培管理措施，禾苗稳健生长，群体通风透光，根系发达并向下深扎，不徒长，茎秆短而粗，增强茎秆的坚韧性，就能有效地防止水稻倒伏的发生。

21. 综述水稻生产问题鉴定的经验与体会

水稻生产问题鉴定，有以下四个方面值得注意。

（1）要勤于学习、提高能力。知识来源于学习与实践。平时要注重学习与水稻有关的文章，并在实践中运用与探索，以丰富自己的知识，提高解决问题的能力；同时，深入调查，认真分析，有理有据，果断决策，是工作能力与水平的综合体现。

（2）鉴定处理问题，要抓住因果关系，果断决策。水稻生产问题发生时，在田间往往会出现各种各样的症状表现。除认真调查，科学分析外，更重要的是，要以严谨的因果关系来抓住问题的主要矛盾，果断决策。切忌面面俱到，没有解决问题的中心。例如，在五华县调查分析黑条矮缩病的过程中，由于黑条矮缩病先致禾苗发病，导致了田间各种各样的病害发生，调查人员一时茫然，分不清主次与先后，讨论不集中，因果关系梳理不准，迟迟难下结论。又如，某农药致禾苗死胎后，在调查时，田间同样有各种各样的病害发生，若抓不住主要矛盾，决策就不准确。

（3）农药为害水稻，分析判断易，揭示机理难。由于农药种类多，有许多农药都会对水稻有伤害，特别是在水稻生长发育敏感期，农药的性质与浓度差异，都有可能造成对水稻的伤害。按经验，易判断出是农药为害的结论，但因农药中成分不详，很难准确分析出其伤害机理。事例如下：

2011 年早造，水稻抽穗结实期间，梅县西阳镇有一农户反映，他家近 2 亩水稻全部不抽穗，含苞而死（见彩图 28），不知是什么原因。

我们前往调查，在现场可见其他农户的水稻正在灌浆结实，有的稻穗进入黄熟期。然而，该农户的近 2 亩水稻全部含苞而死。检查稻穗，幼穗分化已进入第六七期，也有即将抽出的现象；细看花蕊，无花药，颖花粒变形，但叶色青绿，无明显病虫害。我们分析判断是农药造成的危害，或是农药中有致死幼穗发育的化学成分所造成的。

细查农户用药情况，农户就拿出井冈霉素、三环唑和唑磷 · 毒死蜱三种农药，她说最后一次就是用这三种农药来混合施用，喷洒后禾苗就出现这样的现状。井冈霉素和三环唑是普通用药，查该唑磷·毒死蜱，是深圳某公司生产的杀虫剂，商品名为“铁不钻”，标明成分是总有效成分含量20%，其中唑磷含量10%，毒死蜱含量10%。是这个唑磷·毒死蜱农药中含有致死水稻幼穗发育的化学药物？还是三唑类农药增多起反作用？难以揭示造成水稻幼穗死亡的真实原因。这类现象，常常能遇到。

（4）迁飞性害虫的为害，鉴定要特别认真细致。迁飞性害虫为害水稻后，农户发现问题时，害虫又迁飞走了。调查时，只见问题的现状，难以寻找出害虫佐证，往往易造成误判。例如，大埔县部分水稻受大稻缘蝽为害后，田间基本寻找不到害虫，与稻穗不实粒联系不起来思考，往往易造成误判，教训深刻！今后，凡稻穗有明显不实粒的现状，应细查谷粒有无害虫刺吸食遗留的吸眼，若有，就应从害虫类别方面追查；若无，则从天气、农药等方面追查。

第七章　水稻高产栽培

水稻高产栽培是一项系统工程，包含着农田基础建设和良种良法配套的栽培技术，在单位面积内创造更高的产量。水稻高产，是依据水稻的生长规律和要求，科学地进行田间管理、技术调控，以促使生物体达到最大的生产能力。本章主要介绍水稻高产栽培基础知识与高产栽培范例。

第一节　水稻生产发展与创高产的现实意义

水稻是人们赖以生存的主要粮食作物，粮食创高产是人类的追求。新中国成立后，梅州市水稻生产的发展，经历了三次重大变革历程。

1. 推广矮秆良种

20 世纪 50 年代中期，广东省在矮化育种、改良高秆低产品种上取得重大变革。1955 年，育种家黄耀祥从广西引进“矮仔粘”矮秆种源；1956 年，广东省潮阳县农民洪群英、洪春利两人，又在台风过后的老品种“南特 16 号”田间，发现不倒伏的矮秆单株；育种家提出了矮秆育种的新目标，取得丰硕成果，选育出矮秆优良品种，并大面积推广种植，提高了水稻单产，取得了历史性的突破。

2. 改单季稻为双季稻

20 世纪 60 年代初期，广东省根据水稻的安全生育期，因地制宜，改单季稻为双季稻，水稻种植面积增加，有效地提高了总产。那时，梅州市单季稻有 13 万多亩，改革后增加了总产量。通过精耕细作，改造低产田，提高栽培技术，梅州市的水稻平均亩产比 1950 年增产近一倍。

3. 大面积推广杂交水稻

20 世纪 80 年代，梅州市大面积推广杂交水稻，大面积推广高产栽培技术，水稻单产有了质的飞跃。目前，全市种植杂交水稻面积达 90%，提高了水稻单产，增加了总产。据统计，2000 年的水稻单产比 1970 年又增产近一倍（详见表 7-1）。

20 世纪 90 年代后，超高产育种，新技术推广，粮食创高产，水稻生产向现代化推进，将步入第四阶段的飞跃发展时期。“杂交水稻之父”袁隆平，提出单产 1 吨的目标；1997 年在南京试种培矮 64/E32 组合，每亩产量 883.9 千克；经过 10 多年的奋斗，2014 年 10 月 10 日，在湖南省溆浦县横板桥乡红星村，农业部组织专家对第四期超级稻高产攻关基地进行测产验收，百亩片平均亩产达 1026.7 千克，实现了单产 1 吨的目标，再创世界新纪录。

自新中国成立到 2005 年，梅州市主要年份的水稻面积亩产情况如表 7-1 所示。

表 7-1　梅州市主要年份的水稻面积亩产情况

年份（年）	1949	1950	1955	1960	1965	1970	1975	1980	1985	1990	1995	2000	2005	
面积（万亩）	324.64	328.79	331.53	315.10	309.46	312.50	350.41	342.80	320.37	328.85	317.84	305.81	264.85	待续
亩产（千克）	117	119	160	149	215	223	241	293	338	336	410	445	426	
良种良法线示	老品种、老耕作				矮秆品种、精耕细作				杂交稻、新技术、创高产					

培育高产良种，配套高产栽培技术，大面积推广，对提高单产，增加总产，满足人民生活需要，确保国家粮食安全，有着重大的现实意义！

第二节　水稻高产的必备条件

水稻高产的必备条件，概括起来指高产田、高产种和配套的高产栽培技术。

1. 高产水稻田

水稻田是实现水稻高产的基础条件，是水稻生长和发挥最大生理产能的场所。高产水稻田，是农田基本建设的目标，良好的土质，科学的排灌系统，是粮食创高产的基础。水稻土的要求：要有较深厚的耕作层，要有含量较丰富的有机质，要有酸碱度适宜的土壤。

根据土壤普查资料，梅州市的水稻土，多以沼泽型、潜育型、淹育型为主；耕作层土养分含量平均为有机质 2.85%，其中全氮 0.154%、全磷 0.09%、全钾 1.219%。有机质含量属中上水平，1~3 级含量面积占水稻土的 76.45%，酸碱度为 5.5～6.5 的占 50.7%，耕作层达 15 厘米的占 54.2%，地下水位超过 60 厘米的占 80.1%。

20 世纪 70 年代建设高产稳产农田的基本标准是：水利设施完善，排灌分家，旱涝保收；耕作层深至 20 厘米，有机质含量 2%～3%，全氮含量 1%，酸碱度 6.5 左右；地下水位降至 60 厘米以下；田面平整，是泥沙比例适中的“深、软、松、肥”的水稻田；此外，要求土壤中有益微生物活动旺盛。

按照 20 世纪 80 年代水稻产量水平，平均每年土壤有机质下降 0.07%，即每年每亩减少土壤有机质 105 千克。所以，高产水稻土需要改造维护，培肥地力，才能保证高产稳产；生产实践中，增施有机质肥料，是改良水稻土最有效的措施之一。

2. 高产良种

高产良种是实现水稻高产的重要的决定因子。对任何一个水稻品种、组合的产量而言，其遗传特征特性起着重要的决定作用，环境与栽培条件对发挥其潜能起着重要主导作用。所以，采用高产良种，配套高产栽培技术，创造高产良好环境，是粮食创高产的基本要求。

一般的高产良种，它有如下形态生理特征：植株集散适中，叶片长短宽厚适宜，根系发达，分蘖力较强，穗大粒多，结实率高，千粒重 25 克左右，抗病抗倒抗逆性强，后期落色好，米质好，光合效率高，“源”、“流”、“库”协调。

杂交水稻是利用杂交优势的水稻，目前的科技易于配制选育出高产优质的超级稻组合。杂交水稻除具有良好的植株形态外，有其突出的生物学特性，即根系发达，功能旺盛，吸收力强；呼吸作用强；光呼吸强度较低，消耗同化产物较低；绿叶面积指数较大，叶绿素含量较高，光合作用较强，光合产物较多等。具有这些优良特性的，即是创高产的优良种子。

目前，农业部认定的超级稻品种有 Q 优 8 号、深优 9516、宜优 673、天优华占、深两优 5814 等。

3. 高产栽培技术

高产栽培技术是实现水稻高产的关键措施。水稻是生物体，有其生长发育规律，有其发挥增产的生理潜能，高产栽培技术措施，是依据当地的气候条件、土壤性质、品种性能，制定出肥水管理及综合防治的技术措施，创造良好的生态条件，最大限度地保护和发挥水稻的高产性能，实现高产目的。

目前，超级稻配套的栽培技术已趋于成熟，大面积推广，把超级稻的增产潜力，转化为大面积均衡增产，必将成为现实。

第三节　构成水稻高产的“三要素”

水稻的产量，是由有效穗数、穗粒数、粒重“三要素”构成。水稻一生中，各时期的生长都是紧紧围绕着有效穗数、穗粒数和粒重三个要素（见图 7-1）。

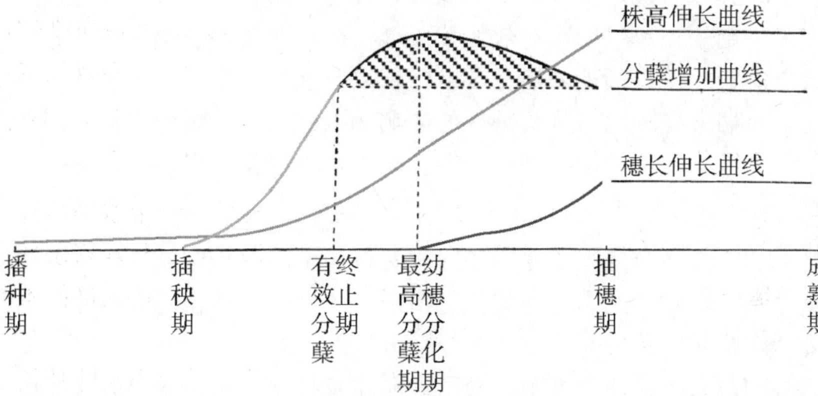

<table>
<tr><td>幼苗期</td><td>秧田分蘖期</td><td colspan="3">分蘖期</td><td colspan="3">幼穗发育期</td><td colspan="3">开花结实期</td></tr>
<tr><td colspan="2">秧田期</td><td>返青期</td><td>有效分蘖期</td><td>无效分蘖期</td><td>分化期</td><td>形成期</td><td>完成期</td><td>乳熟期</td><td>蜡熟期</td><td>完熟期</td></tr>
<tr><td colspan="5">营养生长期</td><td colspan="3">营养生长与生殖生长并进期</td><td colspan="3">生殖生长期</td></tr>
<tr><td colspan="2"></td><td colspan="3">穗数决定阶段</td><td colspan="3">穗数巩固阶段</td><td colspan="3"></td></tr>
<tr><td colspan="2"></td><td colspan="3">粒数奠定阶段</td><td colspan="3">粒数决定阶段</td><td colspan="3"></td></tr>
<tr><td colspan="2"></td><td colspan="3"></td><td colspan="3">粒数奠定阶段</td><td colspan="3">粒重决定阶段</td></tr>
</table>

图 7-1　水稻生长各时期

在“三要素”中，粒重的遗传特性相对较稳定，有效穗数和穗粒数受栽培条件影响相对较大，三者相互关联又相互制约，它们动态平衡构成水稻产量。所以，在高产栽培技术上，要以“确保亩有效穗数，增加每穗粒数，提高千粒重”为目标，统一协调，达到高产。

1. 有效穗数

穗数是“三要素”中形成产量最为基础的因素，穗数的基础主要在分蘖期，从分蘖始至最高分蘖期止，是有效穗数的决定阶段，最迟不超过最高分蘖期后的 7 ~ 10 天就奠定下来了。有效穗数是由基本苗数和单株分蘖成的穗数两个因素决定的，因此，在栽培管理技术上，要抛插足一定数量的基本苗数，并做好培育壮秧，早促分蘖，控制无效分蘖，提高成穗率，这些都是增加有效穗数的重要措施。

2. 穗粒数

颖花数是穗粒数的前身。最高分蘖期前，稻株物质的积累，是穗粒数的奠定阶段，其后是决定阶段。每一穗颖花数是由颖花分化数和败育或退化颖花数之差决定的，每一穗颖花数的积极增殖期是在第一、第二枝梗分化期和颖花分化期；此外，稻穗的扬花授粉受精以及灌浆结实，又决定着每穗实粒数，这些时期又受环境与栽培条件的影响。因此，在栽培管理上应创造良好环境条件，健身栽培，构建高产禾架，减少颖花退化，提高结实率。

3. 粒重

稻谷的粒重是由谷壳的体积和胚乳发育两个因素决定的。幼穗分化时期是粒重奠定阶段，灌浆结实期是粒重决定阶段。谷壳体积的大小，除由品种的遗传基因主导外，在幼穗分化的减数分裂期，当颖花急剧伸长时，受环境条件的影响最大，往往营养不足会阻碍颖花及枝梗生长，或导致败育，或使颖壳体积变小；此外，籽粒的充实，在灌浆结实期起着关键性的决定作用。稻体健壮，积累物质丰厚，根叶活力强，光合产物多，“源”、“流”、“库”协调，籽粒就充实饱满，千粒重就高。所以，在栽培上，此时期看苗长势适当增施壮穗肥、壮粒肥，是提高产量的有效措施之一。

综述高产田块，构成产量“三要素”的基本指标是：亩有效穗数 18 万 ~ 21 万、每穗粒 145 ~ 165 粒、千粒重 22 ~ 25 克。

例 1，兴宁市种植天优 998，亩有效穗数 18. 4 万、每穗实粒 167. 6 粒、千粒重 24. 5 克，亩产 765. 8 千克。

例 2，三亚市种植培杂 0293，亩有效穗数 21. 5 万、每穗实粒 174. 6 粒、千粒重 23. 7 克，亩产 826. 7 千克。

第四节　形成高产对氮、磷、钾的要求

水稻生长与发育，需要各种元素，特别是对氮、磷、钾的需要量比较多，这些是形成水稻高产必须满足的先决条件。

1. 水稻体内各时期需要的氮、磷、钾含量

在水稻全生长期，水稻体内各时期需要的氮、磷、钾含量不同（见图

7-2)，分蘖期需要氮含量最多，其次幼穗分化三期占之前的一半，再次灌浆后又占之前一半的水平量；分蘖始期需要磷含量高，幼穗分化前期达最高峰值，后减少；水稻前期需要钾含量较少，幼穗分化前期达最高峰值，以后逐渐减少。所以，水稻高产栽培一定要依据土壤肥力的实际，科学制订水稻各生育时期的用肥施肥计划，看苗情长势，看土质肥瘦，看天气雨晴，看病虫程度，灵活进行肥水管理，一般原则："前重中控后补"，亩施氮、磷、钾比例为 1:（0.2～0.4）:（0.8～1）。

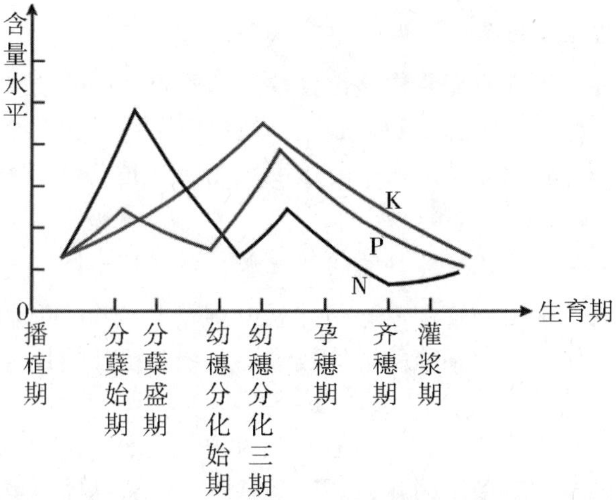

图 7-2　高产水稻体内各时期需要的氮、磷、钾的含量

2. 水稻高产所需氮、磷、钾的估算

20 世纪 80 年代土壤普查资料显示，在当时的地力产量（即不施肥测验的产量）前提下，每 500 克纯氮增产干谷 3.75 千克；每 500 克纯磷增产干谷 6.375 千克；每 500 克钾肥增产干谷 2.65 千克；这足以说明，氮、磷、钾对形成水稻产量的重要性。

根据试验测算，水稻亩产以每增加 100 千克稻谷计，需要氮、磷、钾的指标：纯氮 4.5～5.5 千克、五氧化二磷 2～3 千克、氧化钾 4～5 千克。按此比例，生产上就可以预算出水稻高产所需氮、磷、钾的施肥数量。

第五节　高产栽培技术要点

高产栽培技术，关键要因地制宜，依据品种、组合的特征特性、当地气候、土质和病虫的实际，科学地做好各阶段的技术管理工作。

1. 依据种子发芽的内外因素，做好杂交水稻浸种催芽工作

杂交水稻种子的特殊性：颖壳闭合往往不密或有开裂，种子成熟度有些差异，激素残留的可能性比较大，种子酶的活性比较强等。因此，要相应做好浸种催芽工作。

浸种前晒种 1 ~2 个小时，用强氯精等进行种子消毒；种子浸种后，每隔 3 ~4 个小时洗换水 1 次；高温破胸、适温催芽。催芽标准为胚芽半谷粒长，胚根一谷粒长。

2. 依据秧苗生长的条件，做好培育壮秧工作

要适时播种；用优质泥浆作塑盘育秧的基质土，将适量复合肥施于秧盘下作基质肥；一叶一心期与二叶一心期，适量施用稀释的腐熟尿水；三叶一心期，及时施用“断奶肥”，抛插前适度练苗，并适施“送嫁肥”、“送嫁药”；看天气，随即起苗，随即抛插。

3. 依据水稻分蘖的特性，科学调控肥水

秧苗抛插后，本田的管理重心是“长叶促蘖壮苗”，及时做好肥水管理与病虫害防治工作，以达到分蘖早、数量足、茎节粗壮的目的，为穗大粒多打下基础。

水稻在秧苗有 4 片叶（三叶一心）后才开始分蘖，叶片较多的分蘖株，成穗率较高且穗粒数较多。因此，要施足基肥，适时抛插；重施促蘖肥，适时施壮蘖肥；以水调气，够苗露晒，田间稻株苗数达到预计亩有效穗数的 1. 2 ~1. 3 倍时，“看田质看苗情看天气”，开始露晒田，控制无效分蘖缓慢消长，构建合理高产群体，通风透光，叶色顺调转色，生理状态良好，稻体健壮，确保亩有效穗数有 18 万 ~21 万粒。

4. 依据幼穗分化的生理特性，切实抓好促大穗技术

稻株健壮，茎、蘖、叶重，即内在物质积累多，就能产生较多数量的枝梗和颖花，形成大穗，特别在抽穗前 25 ~40 天，要特别注意田间管理；若叶片较长且叶色浓绿，氮肥过剩，无效分蘖过多，禾苗不健壮，不利于幼穗分化发育创高产。

孕穗期间，土壤含水量要达最大持水量的 90%，特别是幼穗花粉母细胞减数分裂期，田间要保持浅水。在花粉母细胞形成和减数分裂期，气温低和农药为害，易造成不育而结实率低或“死苞”现象。这一时期，管理上应特别注意肥水管理和综合防治。

田间管理技术要点是：视苗情适量施用壮穗肥、保花肥；科学用水调

气；做好病虫害防治工作；确保稻株绿叶有4～5片。

5.依据抽穗灌浆成熟时期的生理特性，做好保粒增重措施

水稻开花受精后，抽穗前贮存于叶鞘和茎秆中的淀粉，就在酶的作用下分解为糖类，并开始迅速地向穗部输送，三片功能叶的光合产物，也迅速地向穗部输送。所以，此时期的管理重心，是以“养根保叶”为目的，适量施用壮粒肥，促进“源”、“库”、“流”旺盛协调，提高结实率，增加籽粒重量。

杂交水稻有“二段灌浆”的生理特性，特别是有个别的杂交稻组合，高温与低温都能导致其“二段灌浆”的明显特性。所以，后期田间管理要施好壮粒肥，增喷根外肥；施好“破口药”；寸水抽穗开花，一干一湿黄熟，切忌过早断水；适时收割。

第六节　高产栽培技术范例

随着高产、超高产的水稻品种、组合不断推广，配套高产、超高产的栽培技术不断普及，有力地促进了水稻生产和发展。本节介绍高产栽培技术范例，以供参考应用。

1.梅州市水稻塑盘育秧抛秧高产栽培管理技术

（1）做好全年品种、组合对口安排。

确定适宜的播期，是确保安全齐穗，实现早、晚造增产的关键。在品种、组合对口上应遵循“四期”，即由播期、抛期、抽穗期、成熟期的合理安排和机（牛）耕能力来确定。

一般选择优质、高产、抗病的品种。早春湿冷天气，易造成烂秧、死苗；五、六月份的“龙舟水”及早台风的袭击对早稻开花授粉不利，并易引起水稻倒伏；六、七月份的高温、雨水易引起水稻感染病害，如稻瘟病、纹枯病等。因此，根据梅州市早造气候特点，在品种安排上，应以中早熟、中熟组合为主。七、八月份的高温烈日对晚稻回青有抑制作用，并易发生黑根、烂根；九月下旬至十月上旬，常有“寒露风”侵袭，影响晚造安全抽穗扬花。因此，晚造在品种安排上，应以中熟、中迟熟组合为主。

平原地区播期：早造中熟组合3月5日左右播种，3月下旬抛秧；中早熟组合3月8日至10日播种，4月上旬抛秧。晚稻迟熟组合7月5日左右播种，中迟熟组合7月8日至10日播种，中早熟组合7月10日至12日播种，7月22日至30日抛秧，秧龄12天左右。

各地要根据当地实际安排播期，确保晚造安全抽穗，山区播期应提早2～3天。每亩大田用种量：杂交稻1.25～1.5千克，优质稻2.0～2.5千克。

（2）搞好塑盘育秧。

肥育壮秧是抛秧生产的关键措施。选择排灌方便、阳光充足的水田或旱地作秧地。亩用塑料秧盘40～45片（每片561穴）或50片（每片468穴）均可。秧厢以1.3米左右宽为宜，水田放盘前每10平方米匀撒进口复合肥0.25千克作底肥，排放好秧盘，待营养土稍沉后，播种和压种。

播后早稻用薄膜覆盖，以防寒、防鼠、防雨，待气温回升，二叶一心期时要揭膜炼苗；晚稻用净稻草覆盖，以防夏季阳光曝晒及大雨冲刷。

苗期保持湿润的营养土，若二叶一心期叶色较黄，用腐熟尿液1千克兑水25千克的稀释液泼施；三叶一心期，施好“送嫁肥”、“送嫁药”，每平方米用尿素20克兑水5千克喷施，并适当施用防病虫农药；待秧苗达3.5叶左右时抛秧，抛前停止淋水，待盘土干爽后随即起秧，随即抛秧。

（3）施足底肥、抛好秧苗。

本田施足有机质肥及亩用碳铵、过磷酸钙各15～20千克作面层肥；深泥田隔夜抛秧，沙质田整平后抛秧，田面保持泥皮水或无水，确保秧苗在浅表土层生长。

抛前要检查秧盘空穴率，保证早稻亩抛足1.8万～2.0万科（穴），晚稻2.0万～2.2万科（穴）基本苗。中迟熟种、高产田抛稀些；早熟种、中低产田抛密些。要求“抛八留二，先抛后补”，力争均匀，抛后田面无水应放回浅水。

（4）科学用肥用水。

①早施前期肥。早晚稻应分别在抛后12天和15天施完前期肥，即分别在抛后3～4天、4～5天完成第一次施肥，亩用碳铵15千克、过磷酸钙10千克；施药除草，以除草剂混干泥粉均匀撒施。第二次施肥分别在抛后7～8天和9～10天施完，亩用尿素6～8千克加钾肥6～7千克，或进口复合肥20千克。最后分别在抛后11～12天、13～14天看苗补施平衡肥，亩用尿素2～3千克。

②科学用好水。采用前期浅水与中期露晒田相结合，抛秧期保持浅水，齐穗后干湿交替至成熟。一般在抛后苗数达到计划苗数的80%～90%时，即开始露晒田，把苗峰控制在32万左右，先露后晒，减少无效分蘖，提高成穗率。

③适施中后期肥。经过晒田后叶色转淡，在幼穗分化1～2期（即抛后35天左右），亩施尿素3～4千克、钾肥5千克或进口复合肥6～10千克；

在幼穗分化4～5期（即抛后45～50天），亩施进口复合肥3～4千克，促进枝梗颖花分化，增粒促大穗。齐穗期和灌浆期分别喷施磷酸二氢钾各一次。

（5）防治好病虫鼠害。

播种前和抛秧后，应注意防田鼠及福寿螺为害，中后期应重点防治三化螟、稻飞虱、纹枯病、稻瘟病、稻瘿蚊和鼠害。

2.兴宁市水稻增产攻关技术模式及规程

编者按：在兴宁市粮食创高产活动中，连续三年组织了省、市及国家统计局市级调查队有关人员对兴宁市刁坊镇进行实测调查，该镇2011年水稻平均亩产早造为567.78千克，晚造为562.43千克；2012年水稻平均亩产早造为596.17千克，晚造为580.03千克；2013年水稻平均亩产早造为602.64千克，晚造为588.30千克。对比粮食创高产前，平均每造亩产增加61.1～91.4千克，取得了优异成绩。2014年晚造，在省、市农业部门的指导下，开展了超级稻高产栽培示范活动。为此，特选编2014年晚造增产攻关技术模式及规程。

（1）生产模式与产量目标。

模式1，晚稻塑盘育秧点抛技术模式：高产、优质、抗病超级稻品种+精量播种+塑盘集中育秧+点抛秧+强源活库优米栽培+病虫害统防统治+机械收获。预期目标产量：双季晚稻攻关田百亩核心区亩产700千克，千亩示范区平均亩产达到600千克，万亩片平均亩产达到550千克。

模式2，晚稻专用塑盘育秧机插秧技术模式：高产、优质、抗病超级稻品种+精量播种+专用塑盘集中育秧+机插秧+强源活库优米栽培+病虫害统防统治+机械收获。预期目标产量：双季晚稻攻关田百亩核心区亩产680千克，千亩示范区平均亩产达到580千克，万亩片平均亩产达到530千克。

模式3，晚稻塑盘育秧点抛技术模式：高产、优质、抗病超级稻品种+精量播种+塑盘集中育秧+点抛秧+超级稻强化栽培+病虫害统防统治+机械收获。预期目标产量：双季晚稻攻关田百亩核心区亩产700千克，千亩示范区平均亩产达到600千克，万亩片平均亩产达到550千克。

模式4，晚稻专用塑盘育秧机插秧技术模式：高产、优质、抗病超级稻品种+精量播种+专用塑盘集中育秧+机插秧+超级稻强化栽培+病虫害统防统治+机械收获。预期目标产量：双季晚稻攻关田百亩核心区亩产680千克，千亩示范区平均亩产达到580千克，万亩片平均亩产达到530千克。

（2）晚季超级稻强“源”活“库”优米栽培技术规程。

①选用超级稻品种（组合）。

选用组合为深优9516、天优3618、五丰优615。

②秧田施用超级稻壮秧剂培育壮秧。

点抛秧：亩用塑盘60块（434穴/盘）。于7月5日至10日播种，亩用种量杂交稻1.5千克，将塑盘摆在秧床上，播种前在秧床的工作沟里灌入少量的水，每亩塑盘加入1千克“超级稻壮秧剂”，用铁耙来回拖拉形成泥浆，用勺将泥浆泼入塑盘上，刮平泥浆后播种。播后轻压种子防串根，排除田间渍水等，确保培育足壮秧苗。

机插秧：亩用机插秧专用塑盘20块。于7月5日至10日播种，亩用种量杂交稻2千克，将塑盘摆在秧床上，播种前在秧床的工作沟里灌入少量的水，按每亩塑盘加入1千克“超级稻壮秧剂”用量，用铁耙来回拖拉形成泥浆，用勺将泥浆泼入塑盘上，刮平泥浆后播种。播后轻压种子防串根，排除田间渍水等，确保培育足壮秧苗。

③适时适密抛插。

点抛秧：于7月17日至25日抛秧，控制秧龄在3.5叶以内。保证每亩抛1.7万（科）丛。

机插秧：于7月10日至22日插秧，控制秧龄在3~3.5叶以内。保证每亩插1.8万（科）丛。

④施用超级稻专用肥。

点抛秧：第一次犁田或旋耕田时，作基肥全层施用“超级稻专用肥”60千克/亩，耙田整平并经过一天的沉浆后才进行抛秧。抛后4~5天追施分蘖肥“超级稻专用肥”40千克/亩，促进早发分蘖。

机插秧：第一次犁田或旋耕田时，作基肥全层施用“超级稻专用肥”60千克/亩，耙田整平并经过一天的沉浆后才进行插秧。插后5~7天追施分蘖肥“超级稻专用肥”40千克/亩，促进早发分蘖。

⑤喷施超级稻米质改良剂。

在破口抽穗期结合病虫害防治，每亩用“超级稻米质改良剂”300克兑水100千克喷施一次。

⑥节水灌溉。

泥皮水抛（插）秧，抛（插）秧后前期保持浅水分蘖，够苗后排水露晒田。采取多露轻晒，控制无效分蘖，增强植株抗病、抗倒伏能力，减少病虫害发生。孕穗期至破口期保持浅湿交替，以湿为主，幼穗分化始期灌水3~4厘米，抽穗后保持浅水层以利于灌浆结实，黄熟期采取间歇灌溉，干湿交替，保持田间湿润。收获前5~6天断水，切忌后期过早断水。

⑦防治病虫草害。

根据病虫预报，及时防治病虫害。

3. 广东省早稻超级稻配套栽培技术

（1）适用范围与品种。

本技术适合于广东省双季稻的早稻手插秧和抛秧种植方式。适宜的超级稻品种有天优 998、桂农占、玉香占等，其他品种可参考使用。

（2）技术规程。

①产量与生育指标。

表 7-2　部分超级稻品种目标产量及其构成因子

品种	亩产（千克/亩）	有效穗数（万/亩）	每穗粒数（粒）	结实率（%）	千粒重（克）
天优 998	550	18.0	145	90	24.5
桂农占	550	21.0	140	85	22.3
玉香占	550	18.5	150	90	22.0

表 7-3　不同生育期叶龄与茎蘖指标

品种	叶龄				茎蘖数	
	移栽期		有效分蘖终止期	抽穗期	基本苗（万/亩）	最高苗（万/亩）
	插植	抛秧				
天优 998	5～6	4～4.5	10	15	6	30
桂农占	5～6	4～4.5	11	16	6	28
玉香占	5～6	4～4.5	10	15	6	26

②育秧。

确定播期。按当地日平均温度≥12℃的稳定期为播种期。播种期，潮汕等地在 2 月下旬，中南部地区在 3 月上旬，而偏北地区在 3 月中旬较适宜。播种后应采用塑料薄膜覆盖，以防冷害。

准备秧田。秧田要施足有机肥，全层施并沤田 15 天以上培肥地力。一般秧田每亩施过磷酸钙 20～25 千克作基肥。肥力较低的秧田，应适量增施有机肥作基肥，也可每亩施复合肥 15～20 千克作基肥。

精量播种。播种前晒种，宜在温和的阳光下晒种 2 小时左右。晒种后用强氯精 450～500 倍液，浸种 4～6 个小时消毒。用水洗干净后再浸种 8～10 个小时，浸种过程换水 2～3 次，浸种结束捞出种子后催芽。采用大田常规方法培育中大苗秧，每亩常规稻本田用种量1.5～2千克，秧田播种量10～12千克。每亩杂交稻本田用种量1～1.2千克，秧田播种量7～8千克。秧田播种量可根据秧式和移植叶龄而相应改变，一般采用中小秧移植的播种量可适当增加。

采用塑料软盘育秧，要严格控制播种量。一般常规稻（千粒重25克左右）的，每亩用种量为2千克，杂交稻为1.2千克左右。秧盘的数量，应根据秧盘的空穴数及计划抛植密度而定，还要扣除5%～10%的空穴损失率。计算公式为：

每亩用秧盘数＝计划抛植丛数/（每盘穴数－每盘穴数×空穴损失率）

如每亩大田计划抛1.8万丛（科），用502穴的秧盘，为38～40个；若用561穴的秧盘，为34～36个。

如用旧秧盘，应根据秧盘的损坏情况适当增加秧盘数量。

管理秧田。大田常规育秧，播种后一般应埋芽或用火烧土盖种。播种后晒秧板1～2天后至出叶才回水，实行二叶一心前期湿育、后期水育。施好秧苗二叶一心期断奶肥和四叶一心期促蘖肥。二叶一心期断奶肥，一般每亩可施腐熟人粪尿混少量磷钾肥，或施尿素3～4千克混少量磷钾肥，或施复合肥10～12千克。四叶一心期施促蘖肥，每亩可施尿素4～5千克混3～4千克氯化钾，或施复合肥10～15千克。

塑料软盘育秧一般采取泥浆播湿育的方法。按常规水田浆播育苗的做法，秧田施足基肥，耙烂耙平。播种后秧田灌沟水，保持秧畦湿润。适时追肥，在播后7～8天灌水，每亩秧田施复合肥5千克。抛秧前2天排水，促使畦面干爽，易于起秧和抛秧。

秧苗一叶一心期，每亩本田秧用15%多效唑1克兑水1千克喷施，可防止秧苗徒长，促进秧苗矮化，根系发达，增加分蘖，达到控上促下、延长秧龄、培育壮秧的目的。同时，要做好秧田病虫草管理。

③移栽。

整田。冬闲田可在秋茬作物收获后及时翻耕晒田，改良土壤物理性状。秋耕深度一般要在15厘米左右，深浅一致，不漏耕、不重耕。移植前施基肥整田，达到平、烂、净的整田质量标准。绿肥田在秧苗移植前15天左右耕翻，促使绿肥能迅速腐烂。

掌握秧龄。叶龄，大田育秧移植以5～6片叶为宜，塑盘秧在4～4.5片叶时抛植。

控制密度与规格。一般每亩插植或抛植1.7万～1.8万穴，插植规格为21.7厘米×16.7厘米或20厘米×20厘米。每亩高肥力稻田移植丛数（科）可少些，低肥力稻田移植丛数可多些。杂交稻带3个分蘖以上的秧苗，每丛（科）插1本苗；杂交稻带2个分蘖以下的秧苗，每丛（科）插2本苗，要求保证插植规格与苗数，浅插匀插。采取抛秧移植的，为保证秧苗分布均匀，每块田可以分2次抛，即先把本块田应抛秧苗的60%～70%全面抛1次，然后再将余下的抛到稀疏的地方，补均匀。抛秧后，田中间留工作行，把工作行的秧苗补到稀疏的地方。

④施肥。

总施肥量。在地力产量的基础上（即不施肥栽培的产量），按每亩增产100千克稻谷需施纯氮5（±0.5）千克计算本田期施肥量。采取前期定量，中后期根据叶色变化、禾苗生长势、天气状况酌情补肥。氮肥的施用，不同生育阶段施氮比例为：前期（包括基肥和回青肥、分蘖肥）施氮量占全生育期施氮总量的75%～80%、中期占20%～25%。中低肥力田块前期施氮量比例大些，中后期施氮量比例小些；高肥力田块前期施氮量比例相应减少，中后期施氮量比例相应增加。本田施肥以氮、磷、钾肥配施为原则，纯氮、五氧化二磷、氧化钾按1∶（0.3～0.5）∶（0.8～1）比例配施。磷肥70%作基肥，30%留作中后期施用或全部作基肥施用。钾肥比例为：前期（包括基肥、回青肥、分蘖肥）施钾量占全期施钾总量的50%，中后期占50%。各时期施肥量不同，如基肥：每亩施湿润腐熟土杂肥500千克，加过磷酸钙30千克；回青肥：移栽后3～4天，每亩施尿素5千克；始蘖肥：移栽后10～12天，每亩施尿素8千克，加氯化钾6千克；穗肥：幼穗分化1～2期，每亩施尿素5千克，加氯化钾7.5千克；粒肥：后期视禾苗长相巧施（或不施）壮尾肥，以提高结实率。

⑤水分管理。

前期：以泥皮水抛秧或浅水插秧；薄水促分蘖；移植后如遇阴雨天气，可排水，以露田为主，以增加土壤氧气，促进新根和分蘖生长。

中期。当苗数达到够苗的80%时，开始采取多露轻晒的方式露晒田，以促进根系深扎，提高抗性，防止倒伏，控制无效分蘖的产生，将每亩苗峰控制在35万左右，成穗率达60%，这样就可确保有足够的有效穗数，为高产奠定穗数基础，又能使稻株在幼穗分化前叶色适度转赤，为施分化肥做好准备。幼穗分化初期回浅水，施肥后保持湿润。

后期：抽穗扬花灌回浅水，以后保持湿润，收获前5～7天灌“跑马水”，切忌过早断水，以防止后期高温逼熟、禾苗早收和谷粒充实不饱满而影响产量。

⑥病虫草害综合防治。

前期：抛秧前统一组织毒杀田鼠和福寿螺（每亩用密达0.5千克），结合第一次追肥施除草剂（每亩用丁苄60~80克或稻无草35克），分蘖盛期施井冈霉素防治纹枯病（每亩用井冈霉素0.25千克兑水100千克喷施），并抓好三化螟、稻纵卷叶螟（可使用稻虫一次净和病穗灵）的防治。

中期：每亩用纹霉清250毫升和蚜虱净10克兑水100千克，喷施防治纹枯病和稻飞虱，并注意防治稻纵卷叶螟、白叶枯病和细菌性条斑病等。

后期：破口期、齐穗期均要喷药防治穗颈瘟、纹枯病和三化螟等；抽穗后注意防治稻飞虱，以免造成穿顶，影响产量。杀菌剂，每亩用瘟克星60克，或纹霉清250毫升。杀虫剂，每亩用90%杀虫单40~50克，10%吡虫啉10克，或每次每亩用乐斯本40毫升，兑水60千克喷施。成熟中后期要密切防治稻曲病，每亩用瘟格新60克，或75%三环唑30克，兑水60千克喷施。

本田期可应用频振式诱杀虫灯防治害虫。虫口密度太大时，可结合农药进行防治。

（3）注意事项。

①施肥总量要根据品种需肥性不同适当增减。例如，桂农占株形好，耐肥抗倒，可适当增加施氮量；天优998、玉香占耐肥性较差，要适当减少施肥量。

②早稻中期的穗肥施用量要根据禾苗的长势和天气情况酌情施用。

③早造雨水多，要切实抓好露晒田工作。

④要切实抓好“送嫁药”和“破口药”这两个病虫害防治的关键时期。

4. 水稻有机栽培技术规程

有机水稻生产是指在水稻整个生育期都不使用化学合成的肥料、农药、生长剂等物质，也不采用基因工程获得的生物及其产物的生产体系。有机水稻生产，通过使用有机肥料和适当耕作及养殖措施，以达到提高土壤肥力的作用；通过合理轮作、农业防治、生物防治和保持天敌等自然方法，控制病、虫、草害，实现有机产物。有机稻栽培，必须严格遵照技术规程。

（1）有机水稻栽培的基本条件。

有机水稻生产基地应选择远离城区、工矿区、交通主干线等污染区，周围生态环境良好，土壤符合GB15618—1995中的二级标准，空气符合GB3095—1996中的二级标准和GB9137的规定，灌溉水质符合GB5084—2005的规定。稻田应具中等以上肥力水平，水源充足、自流灌溉，与一般稻田之间应有500米以上的隔离带。前茬为绿肥田、冬闲田或是按有机生产方式种植的田块。使用的有机肥必须达到《绿色食品肥料使用标准》，使用的菌肥质量必须符合国家NY227—94行业标准。

（2）选择良种、培育壮秧。

①选择良种。根据当地的气候条件，选用熟期适合、优质高产、抗逆性强、抗病虫性强的品种。优质常规稻亩用种量1.5~2千克；优质杂交稻亩用种量1.25~1.5千克。

②浸种催芽。先晒种1~2个小时，然后用1%石灰水浸种8个小时左右，用清水将种子洗净后按常规要求进行浸种催芽；期间每隔3~4个小时换水洗种一次，特别是杂交稻种子，更要注意早春浸种催芽；种子催芽达到标准，即可待播。

③秧田准备。预留的秧田要隔冬翻犁，早春施足基肥，一般每亩秧田施充分腐熟优质有机肥3 000千克、矿质钙镁磷肥35千克，播种前翻耕2次，做到有机质肥沤制时间长、与泥土混合均匀。此秧田可用作大田常规育秧，其泥浆可作塑料软盘育秧的基质泥土。

④播种。采用大田常规育秧方式的，每亩优质常规稻秧田播种量为10~12.5千克；每亩优质杂交稻秧田播种量7~8千克。秧田播种量可根据育秧方式和移植叶龄而相应改变，一般采用中小秧移植的播种量可适当增加。做好1.2米左右宽秧厢后即可播种，随后轻轻压种，或用火烧土盖种。

采用塑料软盘育秧方式的，亩用塑料秧盘40~45片（每片561穴）或50片（每片468穴）均可，秧厢以1.2米宽，纵放塑料软盘的宽度为宜，排好秧盘后用本田泥浆填平盘内孔穴，稍等泥浆沉实一段时间后即可播种，随后轻轻压种。

秧田播种后，早春育秧应覆盖尼龙薄膜，以防寒保暖，但要密切注意天气变化，晴天高温应揭膜降温，切忌“烧苗”。晚造育秧应覆盖黑网或干净稻秆，以防烈日曝晒，待秧苗长出后，就要及时揭除黑网或稻草。

⑤秧田管理。播种后晒秧板1~2天，原则上出叶始，田沟有水而不过厢面，保持土壤湿润；大田育秧的在中后期进行水培，适时落干，增加土壤氧气。采用塑料软盘育秧方式的，原则上以保持土壤湿润为宜。秧苗一叶一心期、二叶一心期、三叶一心期各施一次稀释的腐熟的人尿液水，或施用稀释的腐熟的农家肥浸出液。大田秧苗叶片在5~6叶龄，塑盘秧叶片在3.5~4.0叶龄时就可抛插。

（3）精细整地、科学施肥。

①精细整地。有机稻生产，由于不能使用化学肥料，水稻生长发育所需

的一切营养物质，都是依赖本田的地力和当造前期施用的有机质。每年每造水稻生产，都消耗大量有机质，所以，培肥地力和增施有机质肥是有机稻增产的关键措施。有机水稻田应注意培肥地力，通常采用轮作、休闲、秸秆和稻秆还田等措施恢复和保持土壤肥力，提高土壤微生物活性。肥料以有机绿肥、沼肥、生物肥、充分腐熟的饼肥为主。优质菜籽枯饼，分析其氮∶五氧化二磷∶氯化钾含量比率为 5.3∶2.3∶1.3，养分全是水稻有机栽培使用的主要有机质肥料。

大田翻耕深度一般为 15 厘米，倡导耕耙 2 次。插秧整地前，亩施充分腐熟的圈肥或绿肥 2 000～3 000 千克、矿质钙镁磷肥 35 千克作基肥，然后耕耙做到田平、泥烂、肥匀。

②合理密植。大田育秧的，插植规格为 21 厘米×17 厘米或 20×20 厘米，亩插 1.8 万穴（科），基本苗 1.8 万～2.1 万穴（科）；抛秧的，抛足 1.8 万穴（科），基本苗 1.8 万～2.1 万穴（科）；最好抛插“隔夜田”或“隔午田”，做到薄水均匀抛插。

③科学用肥。本田追肥，一般在抛插秧后 5～7 天至抽穗前后，泼施腐熟的人粪尿、饼肥、沼液 3～4 次；或亩施腐熟的优质菜籽枯饼肥 50～80 千克，特别是露晒田后，看叶色变化，适施幼穗分化肥和后期保花增粒肥。田间追施肥料，一定要看禾苗长势而定，早造气温由低至高，有机质分解从慢到快；晚造气温由高至低，有机质分解从快到慢，所以要全面分析、决策肥料的用量与追肥的次数。

（4）合理用水、科学调控。

在有机质丰富的稻田，合理用水，科学调控，是田间管理的重要技术措施。土壤有机质的分解，微生物活性的增强，根系发达，分蘖增加，保持充足的光温条件，创造健壮高产群体等，均与合理用水息息相关。

①前期。用水原则：浅水插秧，泥皮水抛秧，薄水分蘖；抛插后，春季阴雨天气，可排水露田，增加土壤氧气，促进根蘖分化生长；夏季高温强光，可放活水养苗，防止曝晒。浅水施肥，自然落干，稍后覆浅水养苗，减少养分损失，提高土温，增加氧气，有利于新根生长和禾苗健壮。

②中期。当苗数达到够苗的 80% 时，开始采取多露轻晒，“看天气看土质看苗势”，灵活调控露晒田程度；促进根系深扎，控制无效分蘖，使叶色顺调转淡，禾体向碳代谢转化，确保足够有效穗数，为高产稳产奠定基础。幼穗分化时期，需要及时回水，施肥后保持田间湿润，促进穗大粒多。

③后期。原则上以寸水抽穗扬花，一干一湿成熟，放“跑马水”，保持土壤湿润，切忌水浸或过早断水，延长根叶活力，以提高结实率和千粒重。

（5）病虫草害，综合防治。

防治的基本原则，是从整个水稻田生产环境的生态系统出发，综合运用各种防治措施，创造不利于病虫草害滋生但有利于其各类天敌繁衍的环境条件，以此来保持农业生态系统的平衡和生物多样化，减少各类病虫草害所造成的损失。

①农业措施。通过水旱合理轮作、选择抗病品种、种子消毒、培育壮秧、合理密植、科学管理、健身栽培、增强抗体等，并采用人工拔除杂草、养鸭除虫、灯光诱杀等一系列措施来达到防治病虫草害的目的。

②生物药剂。稻瘟病发病初期，可亩用枯草芽孢杆菌可湿性粉剂20～30克兑水45～50千克喷雾防治，或亩用春雷霉素2～3克兑水1 000倍液喷雾；纹枯病发生初期，可亩用5%井冈霉素水剂100～150毫升兑水50千克喷雾，间隔10天再喷1次；稻曲病发生初期，在破口前和齐穗后亩枯草芽孢杆菌可湿性粉剂20～30克兑水45千克喷雾，防治2次；稻苞虫发生时，可亩用Bt乳剂200克兑水45～50千克喷雾防治；稻飞虱发生时，可用印楝素制剂、白僵菌制剂对稻株中下部喷雾防治；螟虫发生时，可亩用苏云金杆菌悬浮剂200～400克或印楝素制剂进行防治。施药期间，田间保持浅水。

（6）适时收获。

当90%稻穗达到完熟时期，即可收获。收晒、保管、运输别与其他稻谷混杂，确保有机稻谷纯净。

参考文献

1. 南京农学院等：《作物栽培学》，上海：上海科学技术出版社 1979 年版。

2. 上海师范大学生物系、上海市农业学校编：《水稻栽培生理》，上海：上海科学技术出版社 1980 年版。

3. 赵微平：《作物生理》，北京：农业出版社 1982 年版。

4. 徐是雄等：《种子生理的研究进展》，广州：中山大学出版社 1987 年版。

5. 莫惠栋等：《种稻原理和技术》，南京：江苏科学技术出版社 1981 年版。

6. 陈鹤等：《种子病害简明教程》，北京：农业出版社 1983 年版。

7. 浙江农业大学种子教研组编：《种子学简明教程》，北京：农业出版社 1983 年版。

8. 浙江农业大学种子教研组编：《种子贮藏简明教程》，北京：农业出版社 1983 年版。

9. 浙江农业大学种子教研组编：《种子贮藏简明教程》，北京：农业出版社 1983 年版。

10. 洪剑鸣等：《水稻生理性病害》，杭州：浙江科学技术出版社 1983 年版。

11. 浙江省农业科学院植物保护研究所：《水稻病毒病》，北京：农业出版社 1975 年版。

12. 梅县地区土壤普查办公室、梅县地区农业处：《广东省梅县地区土壤》，1986 年（内部资料）。

13. 熊振民、厉葆初：《世界水稻》，杭州：浙江省新闻出版局 1989 年版。

14. 莫家让编：《杂交水稻生理基础》，北京：农业出版社 1985 年版。

15. 李泽炳等编：《杂交水稻的研究与实践》，上海：上海科学技术出版社 1982 年版。

16. 中国农业科学院、湖南省农业科学院：《中国杂交水稻的发展》，北京：农业出版社 1991 年版。

17. 朱德峰等：《超越稻品种配套栽培技术》，北京：金盾出版社 2008 年版。

18. 青先国等:《水稻丰产高效实用技术》，长沙：湖南科学技术出版社 2008 年版。

19. 邢丹英：《提高水稻生产效益 100 问》，北京：金盾出版社 2009 年版。

20. 黄世文等:《水稻主要病虫害防控关键技术解析》，北京：金盾出版社 2010 年版。

21. 傅强等：《水稻病虫害诊断与防治原色图谱》，北京：金盾出版社 2011 年版。

22. 王本辉等:《粮食作物病虫害诊断与防治技术口诀》，北京：金盾出版社 2010 年版。

23. 鲁剑巍等:《水稻常见缺素症状图谱及矫正技术》，北京：中国农业出版社 2012 年版。

24. 唐韵等:《除草剂使用技术》，北京：化学工业出版社 2010 年版。

25. 吴竞仑等：《稻田杂草化学防除》，北京：化学工业出版社 2003 年版。

26. 张玉聚等:《除草剂安全使用与药害诊断原色图谱》，北京：金盾出版社 2006 年版。

27. 陆希声:《杂交水稻基本知识》，2006 年（内部资料）。

28. 蔡汉雄等:《种子法规汇编》，2006 年（内部资料）。